FORSCHUNGSBERICHTE DES LANDES NORDRHEIN-WESTFALEN

Nr. 2381

Herausgegeben im Auftrage des Ministerpräsidenten Heinz Kühn
vom Minister für Wissenschaft und Forschung Johannes Rau

Prof. Dr. -Ing. Helmut Domke
Lehrstuhl für konstruktive Gestaltung

Prof. Fritz Eller
Lehrstuhl für Entwerfen von Hoch- und Industriebauten
Rhein. -Westf. Techn. Hochschule Aachen

Erforschung gesetzmäßiger Zusammenhänge zwischen funktionellen und konstruktiven Gestaltungsmöglichkeiten

Westdeutscher Verlag 1974

Softcover reprint of the hardcover 1st edition 1974
Gesamtherstellung: Westdeutscher Verlag

ISBN-13: 978-3-531-02381-6 e-ISBN-13: 978-3-322-88269-1
DOI: 10.1007/978-3-322-88269-1

Inhalt

Kurzfassung des Abschlußberichtes

1. Allgemeines

Die funktionellen Gestaltungsmöglichkeiten waren stets durch das konstruktiv Machbare begrenzt. Der noch im Mittelalter recht enge Spielraum hat sich durch die Einführung neuer Materialien und durch die wissenschaftliche Entwicklung von Statik und Festigkeitslehre in unserer Zeit erheblich ausgeweitet. Der heute gegebene Entwurfsspielraum bei der Schaffung von Räumen, die gegen Umwelteinflüsse ausreichend abschirmen, wird jedoch nur in seltenen Fällen voll ausgenutzt.

Hierfür sind im wesentlichen zwei Gründe maßgebend:

1. Man ist bestrebt, keine höheren Anforderungen zu stellen als sie für die Erfüllung der verlangten Funktionen unabdingbar sind, damit der notwendige bauliche Aufwand so klein wie möglich gehalten wird.

2. Vorschriften und Bestimmungen passen sich nur langsam veränderten Ansprüchen der Nutzer und neuen technischen Gegebenheiten an.

1.1 Fragestellung

Bei dieser Sachlage ergibt sich die Frage, in welchem Maße die Nutzungsmöglichkeiten eines Raumes steigen, wenn seine Abmessungen über das ursprünglich mindestens für notwendig Gehaltene hinaus erweitert werden.

Um diese Frage konkret beantworten zu können, soll das Problem am Beispiel des sozialen Wohnungsbaues behandelt werden. Der soziale Wohnungsbau ist von besonderer wirtschaftlicher und politischer Bedeutung und gestattet die Behandlung aller wesentlichen Aspekte des Problems.

Ziel der Untersuchung wäre es festzustellen, wie sich die Qualität einer Wohnung durch Vergrößerung und Zuordnung der Räume verbessern ließe und in welcher Relation der dazu notwendige konstruktive Aufwand steht.

1.2 Abgrenzung der Untersuchung

Für die Herstellung von Wohnungsbauten kommen im wesentlichen zwei Systeme in Frage:

a) Die Massivbauweise
bei der alle tragenden Teile gleichzeitig raumabschließende Funktionen haben und

b) die Skelettbauweise
bei der die tragenden Funktionen durch ein Skelett und die raumabschließenden Funktionen durch hiervon unabhängige, gesonderte Bauteile übernommen werden.

Die Massivbauweise ist vom Herstellungsaufwand gesehen für Wohnungsbauten grundsätzlich die wirtschaftlichere, da hier jedes Bauteil gleichzeitig mehrere Funktionen wahrnimmt, während bei der Skelettbauweise jedes Bauteil nur eine Teilaufgabe erfüllt.

Der Nachteil der Massivbauweise liegt darin, daß ein einmal festgelegter Grundriß nur mit hohem Aufwand verändert werden kann, da jede Versetzung einer tragenden Wand Rückwirkung auf die gesamte Konstruktion hat.

Von der Funktion her erscheint daher die Skelettbauweise zweckmäßiger, weil die Aufstellung der raumabschließenden Wände unabhängig von der Tragkonstruktion vorgenommen werden kann. Tatsächlich ist diese freie Wahl der Raumgröße und -anordnung stark eingeschränkt, da aus funktionellen Gründen die Zugangstreppen zur Wohnung und die hochinstallierten Naßräume immer übereinander angeordnet werden müssen. Aus konstruktiven Gründen ist mindestens die Außenwand durch Stützen gegliedert, worauf bei der Raumaufteilung meistens Rücksicht genommen wird. Vor allem aber wird der Grundriß durch Innenstützen, die ja nicht irgendwo im Wohnraum stehen können, festgelegt.

Bei beiden Bauweisen lassen sich jedoch die fehlenden Variationsmöglichkeiten weitgehend ausgleichen, wenn die Räume einer Wohnung so groß gewählt werden, daß sie beliebige Funktionen erfüllen können. Im Grenzfall wurde es damit sogar möglich, durch nachträgliches Einziehen leichter Trennwände größere Räume wie Wohn-Eß-Räume und Kinderzimmer zu unterteilen. Darüber hinaus läßt sich ein zusätzlicher Raumgewinn nur durch Angliederung benachbarter kleinerer Wohneinheiten an größere erzielen.

Da der geringe Vorteil der Skelettbauweise den unvermeidlichen Mehraufwand nicht lohnt, wird die Untersuchung nur an der Massivbauweise durchgeführt. Eine solche Bauweise ist grundsätzlich für alle Baustoffe denkbar. Hier wird, um auch quantitativ vergleichbare Werte zu erhalten, das Problem exemplarisch nur für die Betonbauweise untersucht.

1.3 Beabsichtigte Durchführung der Untersuchung

Die Untersuchung wird zunächst getrennt für funktionelle Bedürfnisse und für konstruktive Möglichkeiten durchgeführt. Durch Gegenüberstellen der auf gleiche Parameter bezogenen Größen wird die gegenseitige Beeinflussung von Funktion und Konstruktion sichtbar gemacht.

Für Funktion und Konstruktion sind folgende Kriterien gleichermaßen, wenn auch unter verschiedenen Aspekten, wesentlich:

a) die Raumgröße und -form

b) Abschirmqualitäten gegenüber Feuchtigkeit, Temperaturunterschiede und Lärm

c) die Anordnung der Räume untereinander.

2. Funktion

Von der Funktion her gesehen sind hierzu folgende Untersuchungen notwendig:

2.1 Raumgröße und -form

2.1.1 Zahl der Möbelstellmöglichkeiten für eine bestimmte Raumnutzung

2.1.2 Feststellen der kritischen Größen, von denen ab ein Raum für verschiedene Zwecke genutzt werden kann

2.1.3 Feststellen der Größe, von der ab ein Raum sinnvoll unterteilbar erscheint

2.2 Abschirmqualitäten

2.2.1 Gegen Feuchtigkeit und Temperaturunterschiede. Übernahme der Bauvorschriften

2.2.2 Vorzüge einer verbesserten Lärmabschirmung

2.3 Anordnung der Räume

2.3.1 Einfluß auf die notwendigen Wege

2.3.2 Einfluß auf die Nutzungsmöglichkeit

2.3.3 Einfluß auf die Belichtung

3. Konstruktion

Von der Konstruktion her waren folgende Untersuchungen vorgesehen:

3.1 Raumgröße und -form

3.1.1 Raumform rechteckig von 1:1 bis 1:2 dabei eine Seite offen als Fensterwand

3.1.2 Raumgröße von 10 bis 100 m^2

3.1.3 Raumhöhe mit Rücksicht auf Nachbarräume konstant

3.2 Abschirmqualität
Die Abmessungen von Wänden und Decke werden nach statischen Notwendigkeiten vorgenommen. Reichen diese Abmessungen nicht aus, die nach den Bestimmungen verlangten Abschirmqualitäten zu gewährleisten, so wird ein zusätzlicher Bauaufwand notwendig, der getrennt zu ermitteln wäre für:

3.2.1 Feuchtigkeitsschutz

3.2.2 Wärme- und Kälteschutz

3.2.3 Schallschutz
Diese Fragen sind zunächst für den alleinstehenden Raum und dann für eine Raumgruppe zu untersuchen.

3.3 Raumanordnung

3.3.1 Einfluß auf statisch notwendige Abmessungen

3.3.1.1 bei nebeneinander angeordneten Räumen

3.3.1.2 bei übereinander angeordneten Räumen

3.3.1.2.1 bei genau übereinander stehenden Wänden mit gleichmäßiger Lasteinleitung

3.3.1.2.2 wie 1, jedoch mit ungleichmäßiger Lasteinleitung (Unterzüge und Wandscheiben)

3.3.1.2.3 nicht übereinander stehende Wände (zusätzliche Deckenbeanspruchung)

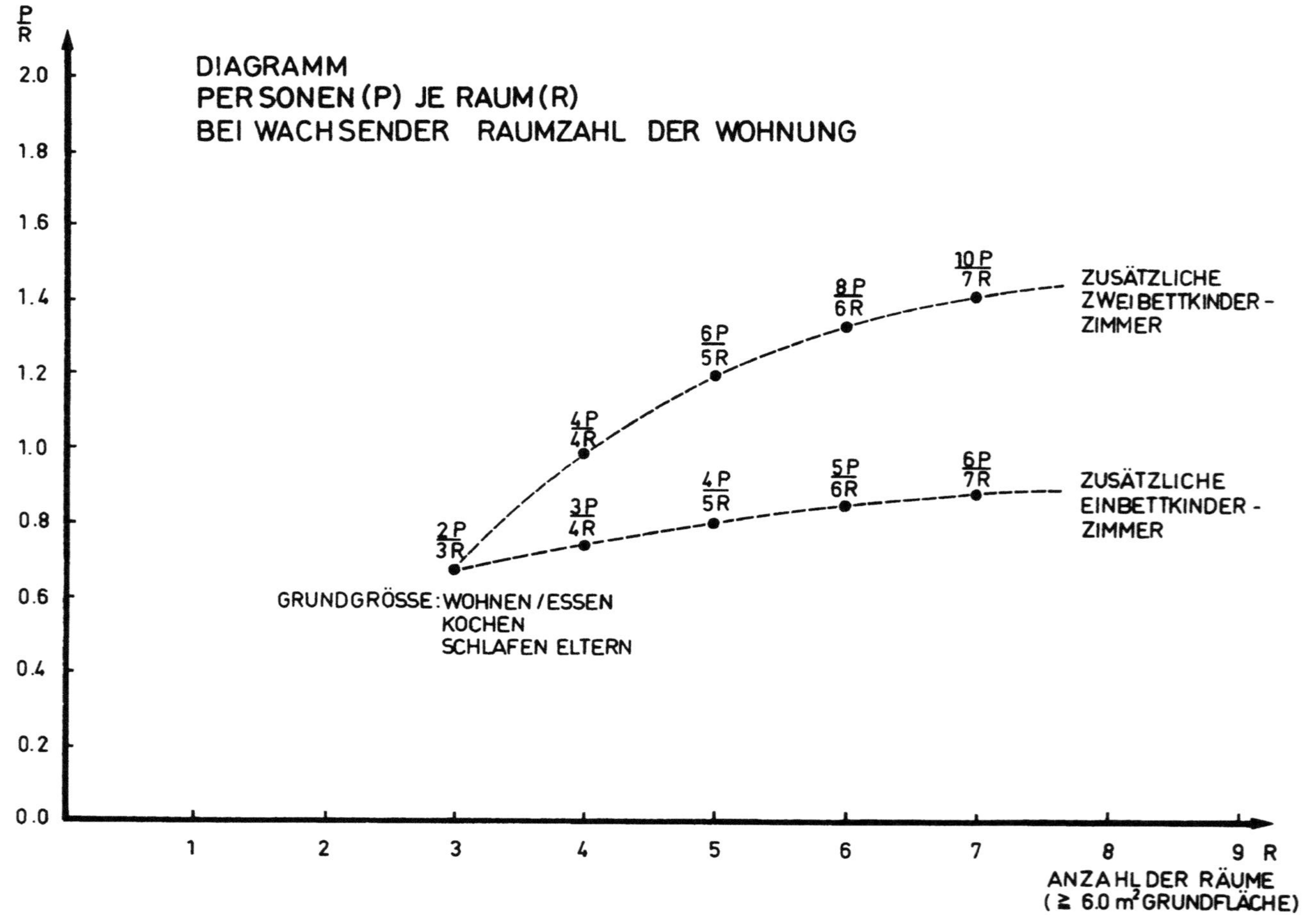
DIAGRAMM
PERSONEN (P) JE RAUM (R)
BEI WACHSENDER RAUMZAHL DER WOHNUNG
P/R
2.0
1.8
1.6
1.4
1.2
1.0
0.8
0.6
0.4
0.2
0.0
1
2
3
4
5
6
7
8
9 R
ANZAHL DER RÄUME
(≥ 6.0 m² GRUNDFLÄCHE)
2P/3R
4P/4R
6P/5R
8P/6R
10P/7R
3P/4R
4P/5R
5P/6R
6P/7R
GRUNDGRÖSSE: WOHNEN/ESSEN
KOCHEN
SCHLAFEN ELTERN
ZUSÄTZLICHE
ZWEIBETTKINDER-
ZIMMER
ZUSÄTZLICHE
EINBETTKINDER-
ZIMMER

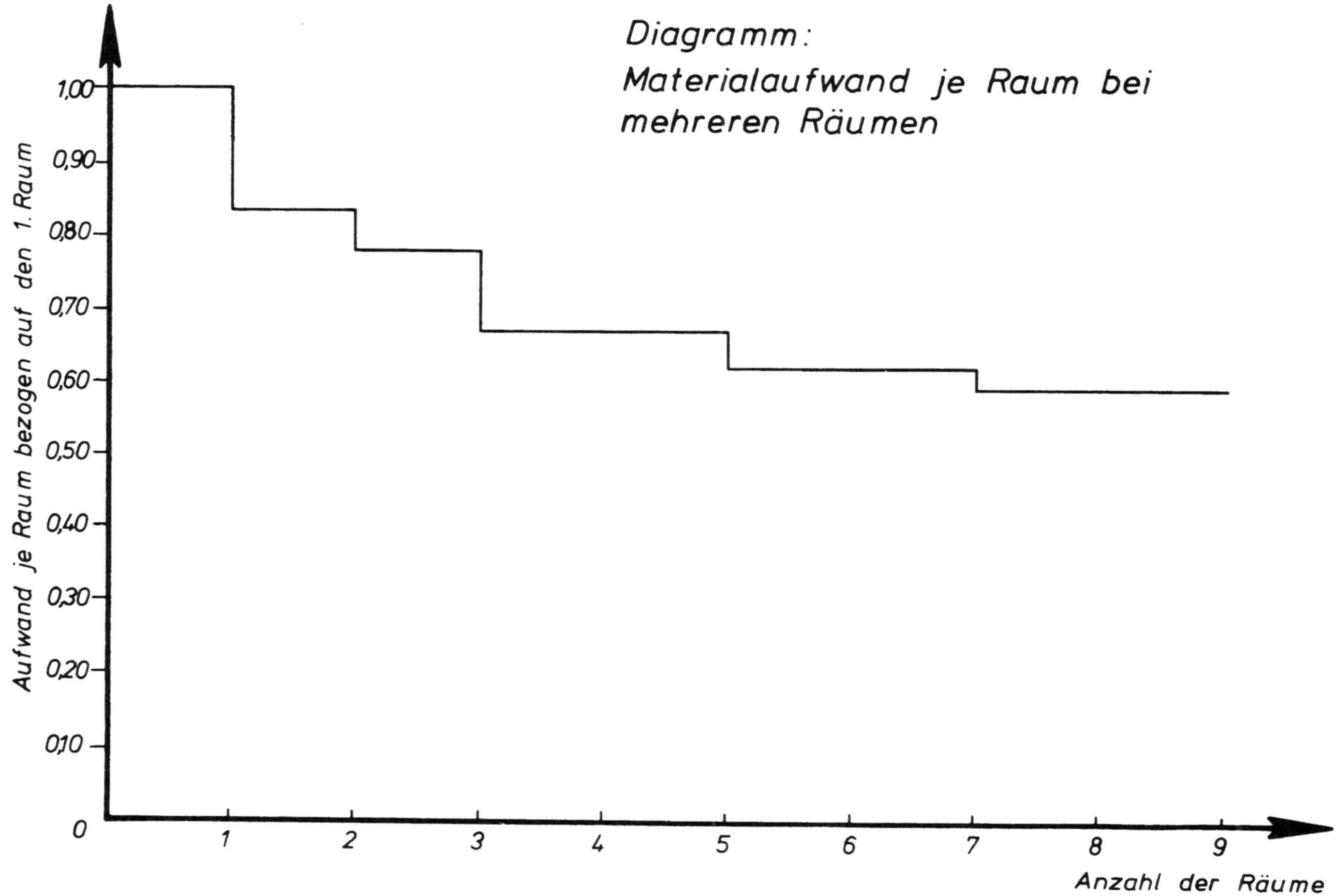
Diagramm:
Materialaufwand je Raum bei mehreren Räumen
Aufwand je Raum bezogen auf den 1. Raum
1,00
0,90
0,80
0,70
0,60
0,50
0,40
0,30
0,20
0,10
0
1
2
3
4
5
6
7
8
9
Anzahl der Räume

DIAGRAMM
ERWEITERUNG DES NUTZUNGSSPIELRAUMS (N)
IN ABHÄNGIGKEIT VON DER GRUNDRISSFLÄCHE ($\bar{F}$)

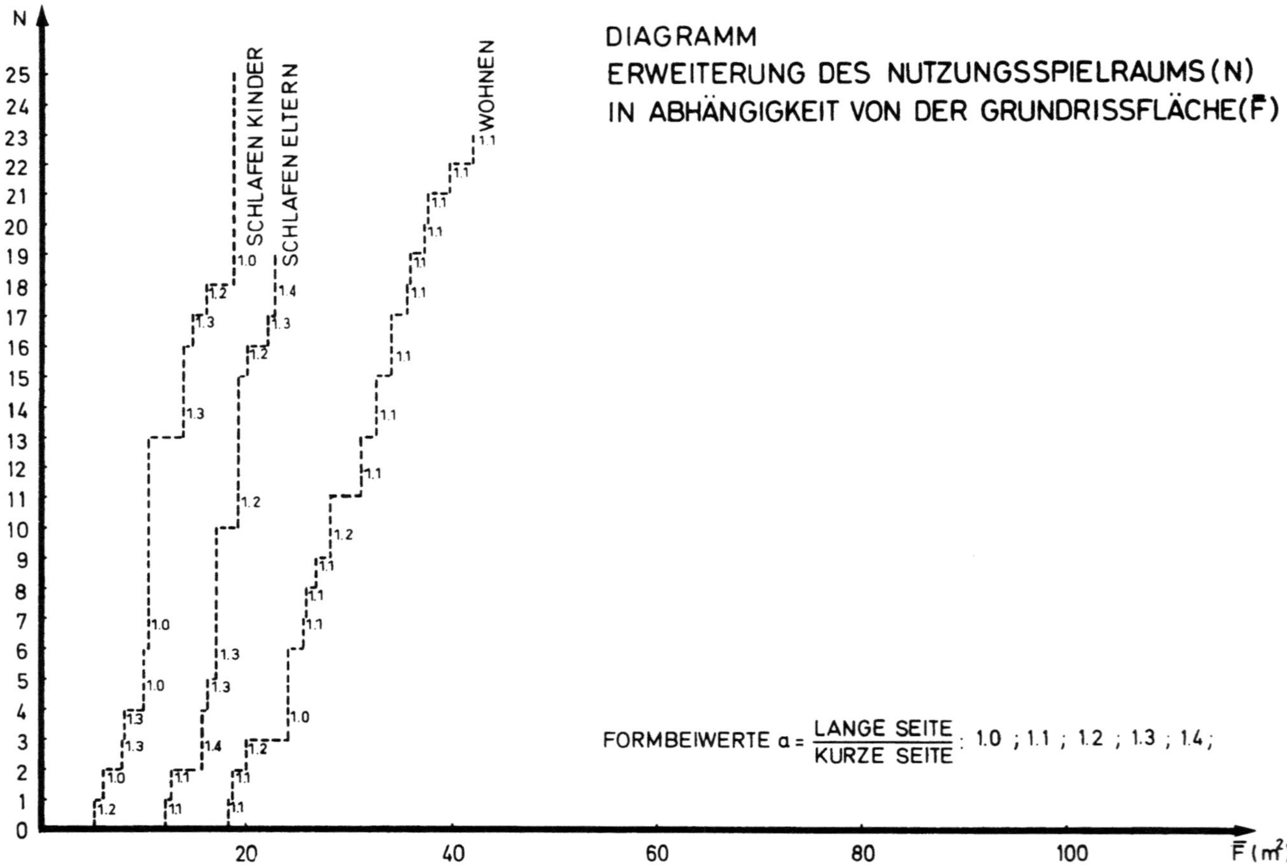

FORMBEIWERTE $a = \frac{\text{LANGE SEITE}}{\text{KURZE SEITE}}$: 1.0 ; 1.1 ; 1.2 ; 1.3 ; 1.4 ;

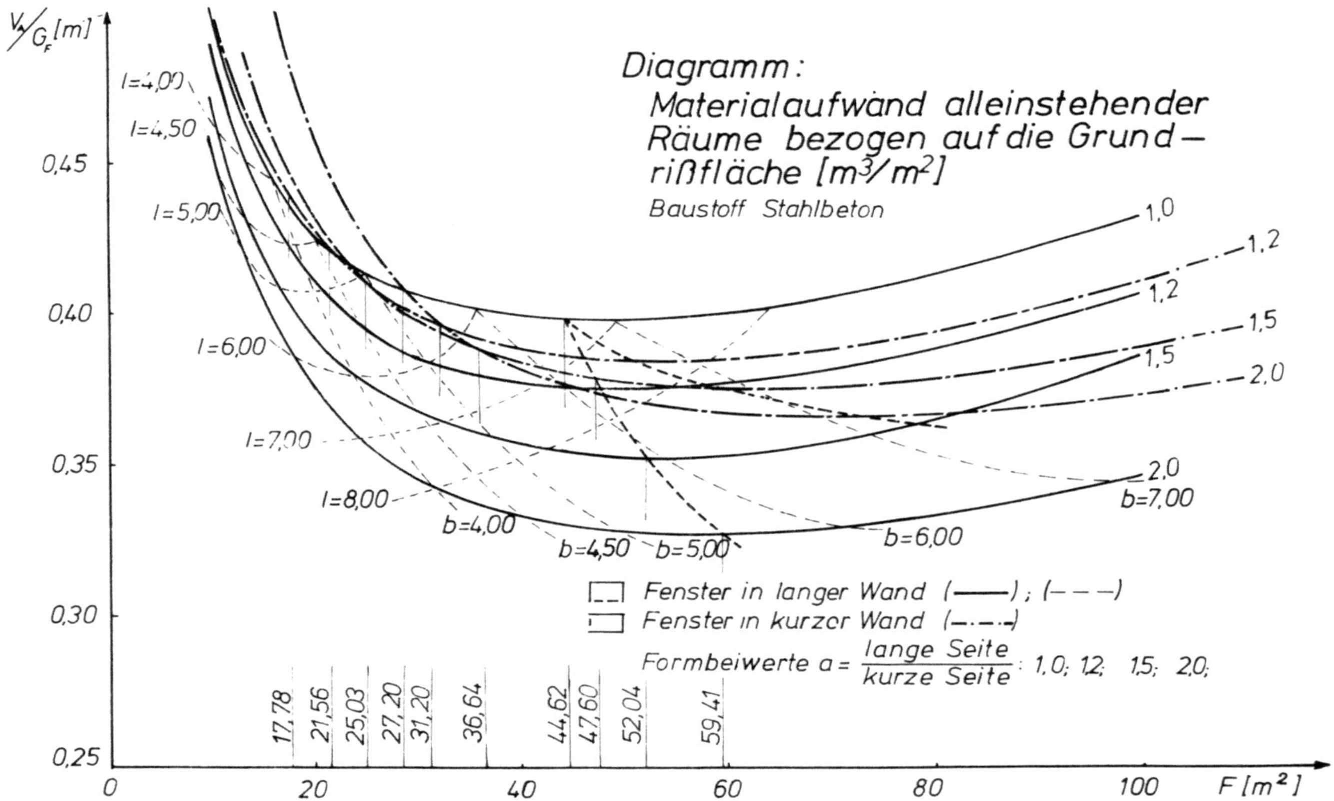
Diagramm:
Materialaufwand alleinstehender Räume bezogen auf die Grundrißfläche [m³/m²]
Baustoff Stahlbeton
V/G_F [m]
0,45
0,40
0,35
0,30
0,25
0
20
40
60
80
100
F [m²]
l=4,00
l=4,50
l=5,00
l=6,00
l=7,00
l=8,00
b=4,00
b=4,50
b=5,00
b=6,00
b=7,00
1,0
1,2
1,2
1,5
1,5
2,0
2,0
17,78
21,56
25,03
27,20
31,20
36,64
44,62
47,60
52,04
59,41
Fenster in langer Wand (——); (– – –)
Fenster in kurzer Wand (–·–·–)
Formbeiwerte a = lange Seite / kurze Seite : 1,0; 1,2; 1,5; 2,0;

4. Ergebnis der Untersuchung

Es zeigt sich, daß die funktionelle Nutzungsmöglichkeit eines Raumes mit wachsender Größe sprungartig ansteigt, während der konstruktive Aufwand dagegen sich mit zunehmender Raumgröße stetig ändert. (Diagramm S. 8/9)

Andererseits ändert sich die funktionelle Nutzungsmöglichkeit einer Wohnung mit wachsender Raumzahl nur wenig, während sich hier der konstruktive Aufwand sprungartig vermindert. (Diagramm S. 10/11)

Da im Rahmen der bisherigen Forschungsarbeit nicht alle zu untersuchenden Fragen bearbeitet werden konnten, ist das Ergebnis noch unvollständig. Die erkennbar gewordene Tendenz dürfte jedoch bewiesen sein.

Abschlußbericht

1. Einleitung

1.1 Aufgabenstellung und Untersuchungsansatz

Bei der Abwicklung einer Bauaufgabe formuliert der Planer die aufgabenspezifischen Nutzungsforderungen; anschließend wählt der Konstrukteur aus dem Feld der zur Verfügung stehenden Möglichkeiten die der Aufgabenstellung angemessene Lösung für das konstruktive Gefüge aus.

Kennzeichnend für dieses - vereinfacht dargestellte - arbeitsteilige Vorgehen ist die Trennung der einzelnen Tätigkeiten in für sich selbständige Arbeitsbereiche, deren Zusammenhang lediglich durch die Reihenfolge der zielgerichteten Planungsschritte gewährleistet ist.

Abhängigkeiten zwischen diesen eigengesetzlichen Bereichen sind in der Regel nur in Richtung auf die Konstruktion, nicht jedoch in umgekehrter Richtung festzustellen.

Es stellt sich die Frage, ob bei dieser Arbeitsabfolge optimale, an den Kriterien der Zweckerfüllung und des erforderlichen Aufwandes zu messende Ergebnisse folgerichtig erreichbar sind.

Da sich aus der Zweckbestimmung einer Bauaufgabe die nutzungsbedingten, qualitativ und quantitativ unterschiedlichen Mindestforderungen ableiten, bestimmen diese Mindestforderungen erfahrungsgemäß sehr weitgehend die Ausprägung der Konstruktion.

Dagegen erscheint der Sachverhalt unzureichend geklärt, welche Nutzungsmöglichkeiten infolge Überschreitens dieser Mindestforderungen bei einem bestimmten konstruktiven Aufwand vorhanden sind bzw. bei einem entsprechenden Mehraufwand entstehen. Zwar ist eine Unterschreitung dieser Mindestforderungen funktionell ausgeschlossen, nicht jedoch eine Überschreitung.

In der Untersuchung dieser Zusammenhänge ist der Ansatz der vorliegenden Arbeit zu sehen; dieser Ansatz vermeidet die Nachteile der abfolgebedingten Trennung der funktionellen und konstruktiven Tätigkeitsbereiche.

Wenn auch für beide Bereiche selbständige Beiträge erarbeitet werden, so gewährleisten Zielsetzung und Ergebnis der Untersuchungen die angestrebte Einheit.

1.2 Vorgehen

1.2.1 Nutzungsbezogene Kriterien für die Durchführung Wahl einer Bauaufgabe als Untersuchungsobjekt

Für die Formulierung der aufgabenspezifischen Nutzungsforderungen, welche sich in qualitativer und quantitativer Hinsicht unterscheiden, sind im wesentlichen folgende Kriterien maßgebend:

Forderungen, welche die Abmessungen der einzelnen Nutzungsbereiche bedingen;

Forderungen, welche Raumhöhen, ständige und Verkehrslasten, den erforderlichen Wärme- und Schallschutz, ferner Belichtungs- und Beleuchtungsqualitäten und -quantitäten festlegen.

Es erwies sich als vorteilhaft, die mit dieser Zielsetzung verbundenen Entwicklungsschritte an einer konkreten Bauaufgabe darzustellen.

Als Untersuchungsobjekt bot sich der öffentlich geförderte Wohnungsbau an, da diese Bauaufgabe hinsichtlich der Durchführung der Untersuchung günstige Voraussetzungen bietet, - einerseits geeignet aufgrund der anschaulichen, bekannten funktionellen Zusammenhänge und des verfügbaren Quellenmaterials, andererseits von besonderer Bedeutung infolge des außerordentlich großen jährlichen Neubauvolumens.

Für die Bauaufgabe Wohnungsbau wurde ein Katalog der nutzungsspezifischen Forderungen 1) entwickelt.

Folgende funktionellen Elemente sind zu unterscheiden:

1. Ausschließlich zu einer Wohnung gehörende und dem dauernden Aufenthalt von Menschen dienende Räume (Wohnen, Kochen, Essen, Schlafen usf.);

2. ausschließlich zu einer Wohnung gehörende und nicht dem dauernden Aufenthalt von Menschen dienende Räume (Körperpflegen, Erschließen der Wohnung, Lagern von Vorräten und Abstellgut usf.);

3. anteilmäßig zu mehreren Wohnungen gehörende oder mehreren Wohnungen dienende Räume (Erschließen des Gebäudes usf.).

Unabhängig von der Anzahl der Nutzer müssen innerhalb einer Wohnung mindestens vorhanden sein:

Wohnraum (mit Eßplatz), Küche, Bad, WC, Schlafraum; bei Vergrößerung des Haushaltes werden zusätzlich erforderlich: Flächen für Wohnraum, Eßplatz, Schlafräume und Flure; ferner sanitäre Ausstattung (Ausstattungsteile, Fläche).

In sich abgeschlossene Wohneinheiten können hinsichtlich der baulichen Struktur

vereinzelt,
horizontal gereiht und vertikal gestapelt
(auch terrassenartig versetzt)

angeordnet werden.

---

1) Im wesentlichen sind folgende Bestimmungen maßgebend:
DIN 18011: Stellflächen, Abstände und Bewegungsflächen im Wohnungsbau;
DIN 18022: Küche, Bad, WC, Hausarbeitsraum;
Planungsgrundlagen für den Wohnungsbau;
das II. Wohnungsbaugesetz und die Wohnungsbau-Finanzierungsbestimmungen (Nordrhein-Westfalen).

Da eine gleichartige Struktur kaum auf den Bedarf der Nutzer abgestimmt werden kann, ist eine Mischung unterschiedlicher Bautypen und hinsichtlich der Raumanzahl unterschiedlicher Wohneinheiten anzustreben.

Um erforderliche Änderungen der Wohnungsgrößen zu ermöglichen, sollten "Schalträume" jeweils zwischen benachbarten Wohnungen vorgesehen werden, - Räume, die je nach Bedarf und Verfügbarkeit zuzuordnen sind.

1.2.2 Konstruktionsbezogene Kriterien für die Durchführung Festlegung des Untersuchungsmodells

Für die Wahl der geeigneten Konstruktion sind folgende Kriterien wesentlich:

Von dem konstruktiven Gefüge aufzunehmende Kräfte;
Abmessungen der Räume;
Ansprüche an die Veränderbarkeit der Raumbegrenzungen;
durch notwendige Öffnungen bedingte Auflösung der Wandflächen;
Beschaffenheit der abschirmenden Oberfläche der Räume
(in klimatischer und akustischer Hinsicht).

Die Veränderbarkeit der Nutzung der Räume wird am besten gewährleistet bei vollkommen freier Beweglichkeit der raumabschließenden Bauteile: Eine große waagerechte Fläche müßte somit zur Verfügung stehen, die neben den normalen Verkehrslasten das Gewicht der raumabgrenzenden Wände aufzunehmen hat. Diese Bedingungen erfüllt die Skelettbauweise. Die vollkommene Veränderbarkeit der Nutzung würde jedoch insbesondere bei mehrgeschossiger Anordnung der Flächen durch die nutzungsbedingten Erschließungs- und Installationskerne der einzelnen Wohnungen eingeengt.

Zu diesen Zwängen kommen Nachteile aufgrund konstruktionsbedingter Kriterien:

Die Skelettbauweise ist für die Möglichkeiten der Veränderbarkeit sehr aufwendig, weil die Abmessungen der Deckenplatte so groß gewählt werden müssen, daß alle jemals erforderlichen Belastungen aufgenommen werden können. Dadurch wird in den seltensten Fällen eine volle Ausnutzung der Materialien erreicht.

Eine bessere Ausnutzung aller Bauteile wird mit der Massivbauweise erzielt. Durch die Anordnung der übereinander stehenden Wände und die dadurch bedingten kürzeren Spannweiten der Decken wird hinsichtlich der Dimensionierung der Decken Material eingespart. Die Veränderbarkeit der Nutzung solcher zu Wohnungen zugeordneter Räume ist allerdings stark eingeschränkt; diese Nachteile sollten überwunden werden: Die Räume sind daraufhin zu untersuchen, inwieweit eine Erweiterung der Nutzungsmöglichkeiten zugelassen werden kann -, d.h. wie ändert sich der Nutzungsspielraum mit zunehmender Raumgröße?

Ein weiterer (begrenzter) Beitrag zur Überwindung der Einschränkungen bietet die Möglichkeit der nachträglichen Teilung, d.h. die Nutzung eines Raumes durch Einfügen von Zwischenwänden zu verändern.

Als Folge ergibt sich für den Konstrukteur die Frage: Wie verändert sich der materialbedingte Aufwand bei wachsender Raumgröße? Hierbei werden die Räume als einseitig offen konzipiert, so daß Form und Größe des Fensters ungebunden sind.

Erweiterte Nutzungsmöglichkeiten setzen eine freie Disposition der Türöffnungen voraus (die freie Disposition der Fensteröffnungen ist durch die Wahl des einseitig offenen Raumes gewährleistet). Ein in dieser Hinsicht idealer Baustoff existiert nicht; für das Untersuchungsmodell wird beispielhaft Stahlbeton gewählt.

1.2.3 Gemeinsames Vorgehen

Aufgrund der nutzungs- und konstruktionsbezogenen Kriterien wurde der genannte Vorschlag für das konstruktive Gefüge entwickelt. Rückwirkungen von der Konstruktion auf die Nutzung werden berücksichtigt, indem untersucht wird, welche zusätzlichen Nutzungsmöglichkeiten durch Veränderung des materialbedingten Aufwandes entstehen.

Die Raumbegrenzungen umschließen Räume, die nur eine bestimmte Anordnungsmöglichkeit der Stell- und Bewegungsflächen zulassen, falls nicht eine gewisse flächenmäßige Überschreitung der den Bestimmungen entsprechenden Mindestflächen zugelassen wird: In dem Maße einer Vergrößerung der Grundflächen wächst auch die Anzahl der unterschiedlichen Nutzungsmöglichkeiten - und zwar in der Weise, wie die Abmessungen der einzelnen Formate zur Deckung gebracht werden können. Um diese Zusammenhänge zu erschließen, werden insgesamt 121 den Bestimmungen entsprechende Mindestflächen für die einzelnen Nutzungsbereiche untersucht.

Angesichts dieser Zunahme der Nutzungsmöglichkeiten ist die Aussage aus konstruktiver Sicht bedeutungsvoll, in welchem Ausmaß die Vergrößerung der Grundflächen sich auf den materialbedingten Aufwand auswirkt.

Funktioneller Beitrag

1. Einleitung

1.1 Aufgabenstellung und Gliederung des funktionellen Beitrags

Im Oktober 1969 wurden in der Form eines gemeinsamen Schreibens Zwischenberichte über die Art des Vorgehens und den Stand der Arbeiten von den beiden an der Forschungsaufgabe beteiligten Lehrstühlen 1) an den Herrn Ministerpräsidenten des Landes Nordrhein-Westfalen / Landesamt für Forschung gesandt.

Die in diesen Zwischenberichten niedergelegten Arbeitsgliederungen liegen den bisherigen Untersuchungen zugrunde. Im folgenden wird die Gliederung des funktionellen Beitrags wiedergegeben.

Im Anschluß an diese Übersicht werden - unter Bezug auf die jeweils vorangestellte Arbeitsgliederung - wesentliche Gesichtspunkte dieser speziell auf den Wohnungsbau bezogenen Untersuchung erläutert und mit Zeichnungen belegt.

1.2 Arbeitsabschnitte:

1. Ermittlung der Häufigkeit von Räumen nach ihren Raumabmessungen für gegebene Zweckbestimmungen:

Diese Untersuchung stellt für die Bearbeitung des Forschungsvorhabens in konstruktiver Hinsicht nötige Rahmenwerte als Auswahl sehr häufig realisierter Raumabmessungen von Räumen mit gegebenen Zweckbestimmungen zur Verfügung.

2. Zweckbestimmungen von Räumen:

Im Rahmen dieser Untersuchung ist die Klärung des Begriffes der Zweckbestimmung von Räumen unerläßlich, welche durch Personen im allgemeinen, nutzende Personen im besonderen und allgemeine Nutzung bedingt ist. Sie läßt sich durch eine Reihe von Kriterien festlegen, z.B. personenbezogener, gegenstandsbezogener und allgemein beanspruchender Art. Aufgrund dieser Kriterien können Forderungen für die Realisierung der Zweckbestimmungen festgestellt und in den Auswirkungen der flächenmäßigen und räumlichen Abmessungen, ferner in der Berücksichtigung nach der Art und Größe der mechanischen, visuellen, klimatischen und akustischen Ansprüche beschrieben werden.

Darüber hinaus soll festgestellt werden, ob und in welchem Umfang für diese Räume neben den vorgegebenen Zweckbestimmungen noch weitere erfüllbar sind. Es ist zu untersuchen, welcher zusätzliche Aufwand durch diese erweiterten Nutzungsmöglichkeiten bedingt ist.

---

1) Lehrstuhl für Konstruktive Gestaltung (o. Prof. Dr.-Ing. H. Domke)
- Zwischenbericht vom 24.10.1969 -;
Lehrstuhl für Hochbauentwurf und Industriebau (o. Prof. F. Eller)
- Zwischenbericht vom 28.10.1969.

3. Zuordnung von Räumen:

In Entsprechung zu dem Begriff der Zweckbestimmung von Räumen, die sich auf die festgestellten Kriterien für den Innenraum beziehen, umfaßt der Begriff der Raumzuordnung die Auswirkungen dieser Zweckbestimmungen in Hinblick auf die qualitativen und quantitativen Eigenschaften der Raumbeziehungen.

In diesem Zusammenhang sollen diese Eigenschaften der Raumbeziehungen festgestellt werden.

Dieses Vorgehen wurde übereinstimmend mit dem Lehrstuhl für Konstruktive Gestaltung entwickelt.

1.2.1 Erster Arbeitsabschnitt: Ermittlung der Häufigkeit von Räumen nach ihren Raumabmessungen für gegebene Zweckbestimmungen

Diese Untersuchung stellt für die Bearbeitung des Forschungsvorhabens in konstruktiver Hinsicht nötige Rahmenwerte als Auswahl sehr häufig realisierter Raumabmessungen von Räumen mit gegebenen Zweckbestimmungen zur Verfügung. -

Um die Raumabmessungen aller Bauaufgaben hinsichtlich ihrer Häufigkeit zu erfassen, reicht das vorhandene Material entweder nicht aus 2) oder es ist nicht genügend aufbereitet.

Im folgenden wird von dem größten Anteil einer Bauaufgabe an dem Gesamtvolumen eines Jahres auf die Häufigkeit der Raumabmessungen dieser Gebäudeart gegenüber den realisierten Raumabmessungen der übrigen Gebäudearten geschlossen. Dieser Schritt trifft für den Vergleich von Bauaufgaben mit wenig und stark differenzierten Raumabmessungen zu (Wohnungsbau gegenüber gewerblichen Betriebsgebäuden).

Die obengenannte Ermittlung der häufigsten Raumabmessungen aller Gebäudearten gliedert sich in folgende Schritte:

1. Ermittlung des Bauvolumens nach Gebäudearten: Umbauter Raum, Anzahl der Gebäude und veranschlagte reine Baukosten / 1965 / Nordrhein-Westfalen 3)

---

2) Entsprechende Anfragen bei den statistischen Ämtern (Land und Bund) blieben ergebnislos.
§ 2 des Bundesgesetzes über die Durchführung von Statistiken der Bauwirtschaft (BauStg) vom 20.8.1960 schreibt u.a. die Erfassung von Lage, Art, Größe (nicht Abmessungen), Ausstattung, Baukosten und Bauherren der Gebäude, Wohnungen und Wohnräume sowie die Art der Baumaßnahme vor.

3) Beiträge zur Statistik des Landes Nordrhein-Westfalen, 1966, Heft 217, Seite 30.

Gebäudearten	Baugenehmigungen insgesamt umbauter Raum (1000 cbm)	Gebäude (Anzahl)	veranschlagte reine Baukosten (1000.- DM)
Wohnbau insgesamt	67.435,2	58 776	7.016.190,0
Nichtwohnbau insgesamt	43.585,5	10 885	3.761.851,0
davon: Anstaltsgebäude (Klöster, Erziehungsheime, Flüchtlingslager, Hotels, Internate, Krankenhäuser, Pensionen, Waisenhäuser u.a.m.)	2.663,7	442	413.633,0
Bürogebäude	3.844,2	640	525.427,0
Landwirtsch. Betriebsgebäude	3.811,9	2 405	154.976,0
Gewerbliche Betriebsgebäude	23.466,5	4 035	1.388.055,0
Schulen	3.512,4	359	562.257,0
Sonstige Nichtwohngebäude	6.286,8	3 004	717.503,0

vgl. Abb. 1

2. Ermittlung des größten Volumenanteils einer Gebäudeart: Anteil der Gebäudearten am Gesamtbauvolumen 1965/NRW:

Anteil (Gebäudeart)	Prozent (umbauter Raum)	
Wohnbau	60,7 %	(67.435.2 x 1000 cbm)
Gewerbl. Betriebsgebäude	21,1 %	(23.466.5 x 1000 cbm)
Sonstige Nichtwohngebäude	5,7 %	(6.286.8 x 1000 cbm)
Landwirt. Betriebsgebäude	3,4 %	(3.811.9 x 1000 cbm)
Bürogebäude	3,5 %	(3.844.2 x 1000 cbm)
Schulen	3,2 %	(3.512.4 x 1000 cbm)
Anstaltsgebäude	2,4 %	(2.663.7 x 1000 cbm)

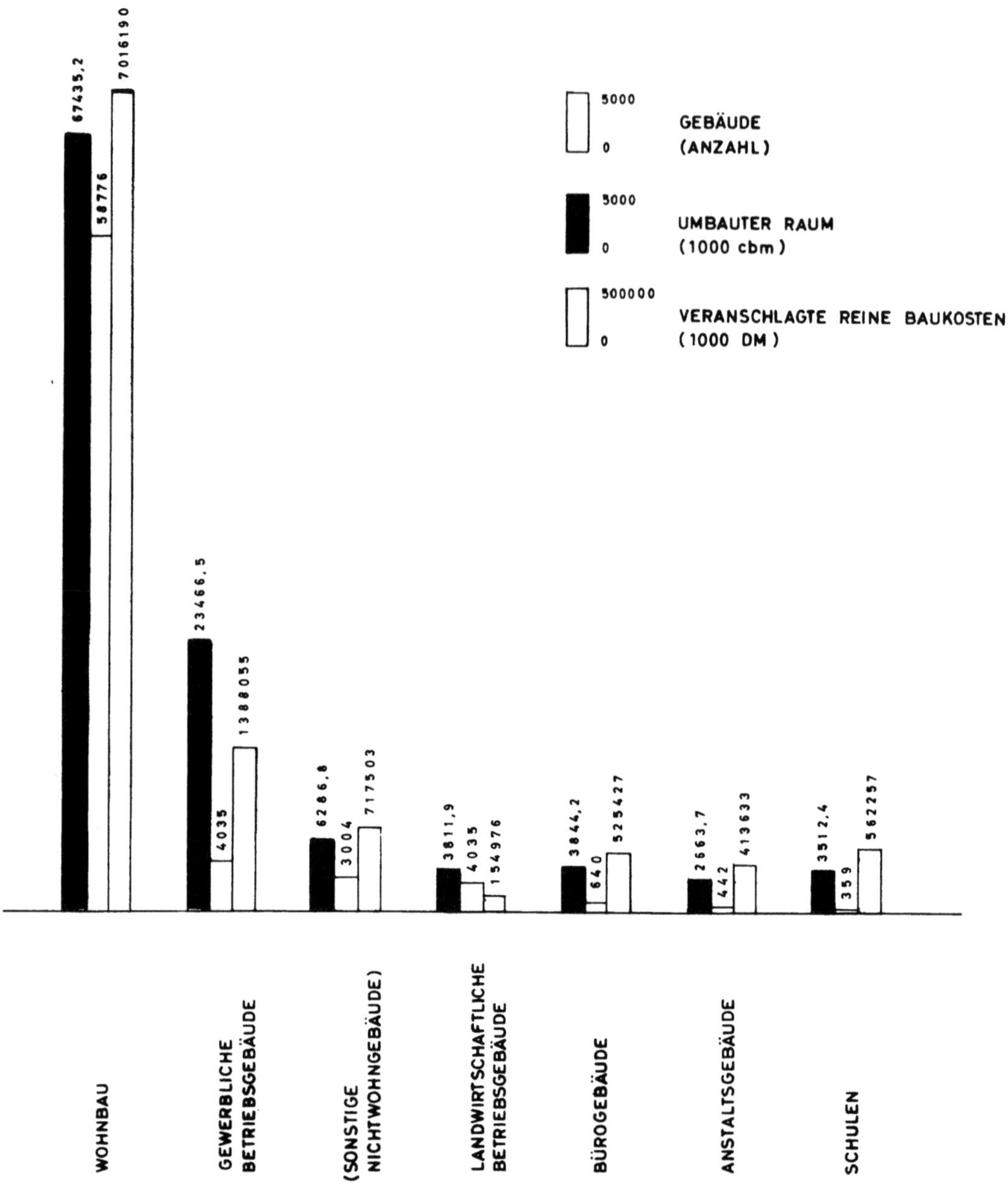

Abb. 1: Genehmigte Gebäude, umbauter Raum und veranschlagte reine Baukosten / 1965 / Nordrhein-Westfalen
westialen.

Diese 60,7 % des auf den Wohnbau entfallenden Gesamtbauvolumens teilen sich bezüglich der Bauherren wie folgt auf:

Bauherren	Prozent	(umbauter Raum)
Private Haushalte	64,0 %	(43.066.2 x 1000 cbm)
Gemeinnützige Wohnungs- und ländliche Siedlungsunternehmen	21,4 %	(14.464.6 x 1000 cbm)
Freie Wohnungsunternehmen	6,1 %	(4.126.0 x 1000 cbm)
Sonstige Unternehmen	6,0 %	(4.076.5 x 1000 cbm)
Gebietskörperschaften und Organisationen ohne Erwerbscharakter	2,5 %	(1.701.9 x 1000 cbm)

Von dem Anteil des Wohnbaues (60,7 %) am Gesamtbauvolumen 1965/NRW kann auf die überwiegende Häufigkeit der im Wohnbau verwendeten Raumabmessungen von den insgesamt realisierten Raumabmessungen (BRD) geschlossen werden - unter der gerechtfertigten Voraussetzung, daß die benutzten statistischen Angaben (NRW) auf die BRD bezogen werden können (vgl. Baufertigstellungen 1965/BRD).

Der Anteil gewerblicher Betriebsgebäude am Gesamtbauvolumen 1965 (NRW) steht zwar mit 21,1 % an zweiter Stelle, weist jedoch hinsichtlich der Häufigkeit der Raumabmessungen infolge des differenzierteren Raumbedarfs dieser Gebäudeart nicht derartig überwiegende Häufungen gleicher bzw. gering voneinander abweichender Raumabmessungen wie der Wohnbau auf; denn der Wohnbau beinhaltet im wesentlichen nur Raumgrößen bzw. Raumabmessungen innerhalb eines verhältnismäßig engen Streubereiches (vgl. Zusammenstellung von Raumabmessungen in Demonstrativbauvorhaben, Bl. 1).

Für die übrigen Gebäudearten mit höchstens 5,7 %-Anteil (als "sonstige Nichtwohngebäude") am Gesamtbauvolumen scheidet obige Betrachtung mit Sicherheit aus.

Der Wohnbau weist die größte Anzahl gleicher bzw. gering voneinander abweichender Raumabmessungen von allen Gebäudearten auf.

Wohnbau

Diese Aussage kann aufgrund der vom Statistischen Bundesamt für 1965 auf die Bundesrepublik bezogenen Zahlenwerte (Verlag Kohlhammer, Bestellnr. 240300-67, Seite 7) hinsichtlich der Baufertigstellungen erhärtet werden:

Anteil des Wohnbaues	(238.027.000 cbm)	=	60,0 % und
Anteil des Nichtwohnbaues	(159.376.000 cbm)	=	40,0 % am
Gesamtbauvolumen BRD	(397.403.000 cbm)	=	100,0 %.

Diesem Anteil des Wohnbaues entsprechen

232.536 Wohngebäude (Neu- und Wiederaufbau)		=	100,0 %, davon
135.278 mit 1 Wohnung	4)	=	58,2 %,
62.955 mit 2 Wohnungen		=	27,0 %,
34.303 mit 3 Wohnungen		=	14,8 %

mit 535.613 Wohnungen (Neu- und Wiederaufbau)	=	100,0 %, davon
mit 1 und 2 Wohnräumen	=	8,3 %,
mit 3 Wohnräumen	=	15,4 %,
mit 4 Wohnräumen	=	37,3 %,
mit 5 und mehr Wohnräumen	=	39,0 % 5). -

Es zeigt sich somit, daß

1. der überwiegende Anteil (58,2 %) der Wohngebäude nur mit 1 Wohnung (als Einfamilienhaus) und nur etwas mehr als ein Viertel (27 %) der Wohngebäude mit 2 Wohnungen (als Doppel- bzw. Einliegerwohnhaus) ausgestattet ist,

2. der überwiegende Anteil (76,3 %) der Wohnungen mit 4 und mehr Wohnräumen ausgestattet ist. -

Diese Ausführungen unterstreichen die Bedeutung und Eigenart der Bauaufgabe Wohnungsbau 6), auf welche sich im folgenden die Untersuchungen beziehen:

1. Häufigkeit der Raumabmessungen;
2. Aus den Zweckbestimmungen abgeleitete Forderungen für die Realisierung der Räume;
3. Zuordnung von Wohnräumen:

a) Zuordnung von 4 und mehr Wohnräumen zu einem abgeschlossenen Wohngebäude auf einer Ebene 7):
......"freistehendes Einfamilienhaus"......

b) Zuordnung von je 4 und mehr Wohnräumen zu abgeschlossenen Raumverbänden (Wohnungen) in einem Wohngebäude auf einer Ebene nebeneinander (Reihung):
......"Reihenhaus"......

c) Zuordnung von je 4 und mehr Wohnräumen zu abgeschlossenen Raumverbänden (Wohnungen) in einem Wohngebäude auf mehreren Ebenen über- und nebeneinander (Stapelung und Reihung):
......"mehrgeschossiges Wohngebäude"......

---

4) Davon 62.458 (fertiggestellte) Eigenheimhäuser mit öffentlichen Mitteln gefördert.

5) vgl. Jahrbuch des deutschen Baugewerbes, Ausgabe 1968, Bonn, Zentralverband des deutschen Baugewerbes e.V., Seite 83 (VII).

6) Die Begriffe "Wohnungsbau" und "Wohnbau" sind gleichbedeutend. Im Sprachgebrauch der Statistik wird der Begriff "Wohnbau" bevorzugt.

7) Unabhängig von der Familiengröße müssen vorhanden sein: Wohnzimmer (evtl. mit Eßplatz), Küche, Bad, WC, Elternschlafzimmer; zusätzlich werden bei Vergrößerung der Familie nötig: Kinderzimmer (Anzahl, Größe), Wohnzimmer (Größe, Eßplatz), sanitäre Ausstattung (Anzahl Einrichtungsteile, Raumgröße).

Hinsichtlich des mehrgeschossigen Wohngebäudes - als besonders komplexer Organisationsform - sind folgende Erschließungsmöglichkeiten gebräuchlich (vgl. Sting, H.: Der Grundriß im mehrgeschossigen Wohnbau, Architektur und Wohnform, 2/1969):

I Vertikale Erschließungseinheiten. Spännertypen (Stapelung gleichartiger Wohnungsgruppen um gemeinsamen Verkehrskern)

- Zweiseitig orientierbare Sektionen mit einaxialer Additionsfähigkeit (zeilenförmig oder versetzt angeordnet)

- allseitig orientierbare polygonale Grundformen mit zweiaxialer Additionsfähigkeit

- Freistehende Einheiten

II Horizontale Erschließungseinheiten. Gangtypen (Aneinanderreihung gleichartiger Wohnungen oder Wohnungsgruppen entlang eines gemeinsamen Flurs)

- Einheiten mit eingeschossiger Grundrißanlage

- Einheiten mit zwei- und dreigeschossiger Grundrißanlage (Maisonettetypen)

- Einheiten mit versetztgeschossiger Grundrißanlage (Split-Level-Typen)

III Zweiwegesysteme. Erschließungsprinzip, das die Eigenschaften vertikal und horizontal strukturierter Grundsysteme miteinander verbindet (enge Verflechtung der Wohnungsnachbarschaften in beiden Richtungen)

- Außengangtypen

- Innengangtypen. -

Die im Wohnungsbau verwendeten Bauarten sind im wesentlichen Massiv- und in geringerem Umfang Skelettbauweisen, im einzelnen sind in der Regel folgende Bauarten gebräuchlich:

- Massivbau mit tragenden Querwänden,
- Massivbau mit tragenden Längswänden,
- Massivbau mit tragenden Quer- und Längswänden,
- Massiver Gerippebau mit nicht tragender Wandausfachung,
- Massiver Gerippebau mit in Wandelemente gegossenen Stützen,
- Stahlgerippebau,
- Holzgerippebau,
- Fertigteilbau. 8)

Raumabmessungen

Aus den Ausführungen wird deutlich, daß bei der sehr großen Anzahl neuerbauter Wohnungen (1965 BRD: 535.613) nur eine Stichprobe hinsichtlich der Häufigkeitsverteilung von Raumabmessungen praktikabel ist. Von der Häufigkeit gewisser Maße für Raumbreiten und -tiefen kann auf Vorzugsmaße für den Wohnungsbau geschlossen werden.

---

8) vgl. Leonhardt, F.: Konstruktion, in "Neuer Wohnbau", Ravensburg, 1952.

Als Unterlage wird eine vom Bundesministerium für Wohnungswesen und Städtebau angeregte Untersuchung 9) benutzt. Diese Arbeit fußt auf der Auswertung mehrerer Hundert (310) Wohnungsgrundrisse von Bauvorhaben, die zur Darlegung einer mit den "Grundsätzen für Demonstrativbauvorhaben" des obengenannten Ministeriums und den einschlägigen Planungsnormen 10) erreichbaren Wohnungsqualität realisiert worden sind. Hierbei ist zu beachten, daß hinsichtlich der erforderlichen Größe der Einzelräume der Einfluß des Gebäudetyps (mehrgeschossiger Wohnbau, Einfamilienhaus ...) von untergeordneter Bedeutung ist (vgl. Zusammenstellung von Raumabmessungen in Demonstrativbauvorhaben, Bl. 1).

In der graphischen Darstellung (Abb. 2) werden - bezogen auf einen 25 cm Modul - folgende Maße für häufige Raumbreiten abgelesen:

Nr. (in Abb. 2)	Prozentanteil (%) der erfaßten Raumbreiten (310)	Raumbreiten (cm) (parallel zur Außenwand)	Zweckbestimmung
1	9,2	225	Küche, Eßplatz (4-er), 1-Bett-Kinderzimmer, Treppenhaus
2	8,7	350	Wohnzimmer, Elternschlafzimmer, 2-Bett-Kinderz.
3	6,7	250	Küche, Eßplatz, 1-Bett-Kinderz., Treppenhaus, Hausarbeitsraum m. san. Install., evtl. 2-Bett-Kinderz.
4	5,5	175	Bad, Flur, Abstellraum
5	4,5	100	WC, Flur, Abstellraum
6	3,8	375	Wohnz., Elternschlafz.
7	3,7	275	2-Bett-Kinderz., evtl. Elternschlafzimmer
8	3,2	300	2-Bett-Kinderzimmer
9	2,5	400	Wohnz., Elternschlafz.
10	1,8	425	Wohnzimmer (Nr. 10–16)
11	0,9	450	
12	0,8	475	
13	0,4	550	
14	0,4	575	
15	0,3	600	
16	0,3	625	

d.h. 52,7 % der erfaßten Abmessungen (310) liegen bei den 16 o.a. Einzelmaßen

9) Informationen Nr. 15 (1968): Wirtschaftliche Planung von Mehrfamilienhäusern, Institut für Bauforschung e.V., Hannover.

10) Es handelt sich insbesondere um die Normen DIN 18022 (Küche, Bad, WC, Hausarbeitsraum; Planungsgrundlagen für den Wohnungsbau), DIN 18011 (Stellfl., Abstände u. Bewegungsflächen im Wohnungsbau), DIN 4172, 4174, 18050, 18100 u.a.

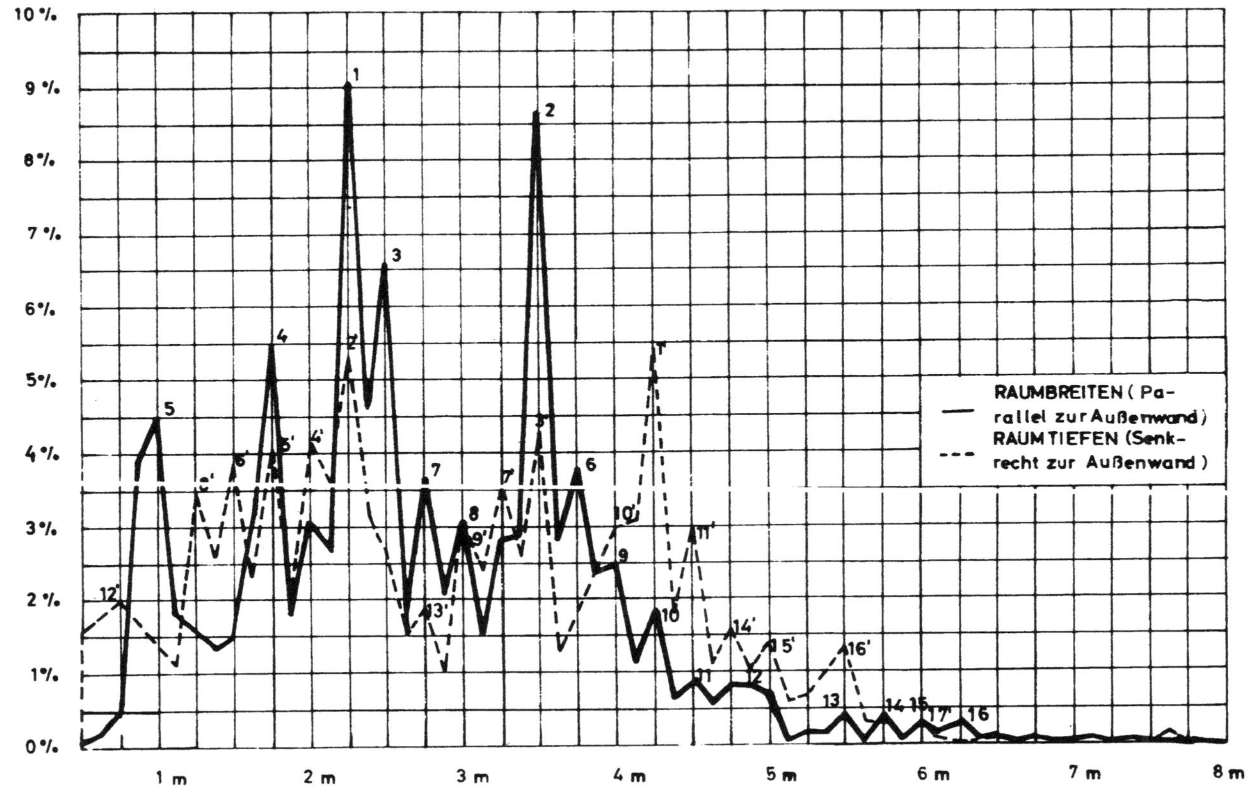

Abb. 2: Häufigkeit von Raumbreiten und Raumtiefen bei 310 verschiedenen Wohnungsgrundrissen aus größeren Bauvorhaben
(Quelle: Triebel, W. - Kräntzer, K.R. - Kothe, B.: Informationen Nr. 15: Wirtschaftliche Planung von Mehrfamilienhäusern, Bad Godesberg, 1968, Institut für Bauforschung e.V., Hannover)

Für häufige Raumtiefen sind entsprechend folgende Maße ablesbar:

Nr. (in Abb. 2)	Prozentanteil (%) der erfaßten Raumtiefen (310)	Raumtiefen (cm) (senkrecht zur Außenwand)	Zweckbestimmung
1'	5,4	425	Elternschlafz., evtl. Wohnz., 2-Bett-Kinderz. mit Spielfläche
2'	5,3	225	Bad m. Dusche, Hausarbeitsraum
3'	4,4	350	Elternschlafz. (o. Kinderbett), 2-Bett-Kinderz. mit Spielfläche,
4'	4,2	200	Küche
5'	4,1	175	WC, Abstellraum, Balkon, Loggia
6'	3,9	150	Abstellraum, Balkon, Loggia
7'	3,6	325	Eßplatz, 1-Bett-Kinderz. mit Spielfläche, 2-Bett-Kinderz.
8'	3,5	125	Balkon, Abstellraum
9'	3,2	300	Eßplatz, Küche, Bad
10'	3,0	400	Wohnz., Elternschlafz.
11'	3,0	450	Elternschlafz., Wohnz., Treppenhaus
12'	2,0	50	Abstellschrank
13'	1,8	275	Eßplatz, Küche, Bad
14'	1,7	475	Wohnz., Treppenhaus
15'	1,4	500	Wohnzimmer
16'	1,3	550	Elternschlafz. (m. Kinderbett), Wohnzimmer
17'	0,3	600	Wohnzimmer

d.h. 52,1 % der erfaßten Abmessungen (310) liegen bei den 17 o.a. Einzelmaßen

Nach Zuordnung der Maße für Raumbreiten und -tiefen ergeben sich für Räume in Wohnungen diese häufig gewählten Seitenverhältnisse (Breite/Tiefe):

Wohnzimmer: 12) 350/600
13) 375/600
14) 425/475 11) } 12)
15) 425/600

11) Maße in cm. In der Reihenfolge der Häufigkeit werden erst die Raumbreiten, dann die Raumtiefen genannt.

12) Wohnzimmer-Abmessungen weichen stärker voneinander ab als die der anderen Räume, d.h. neben den angegebenen Maßen wird hier eine Vielzahl anderer Seitenverhältnisse verwendet.

Eßraum(-platz):	10) 250/325	
	11) 250/375	
Elternschlafzimmer:	16) 350/425	(m.K.-Bett)
	17) 350/350	(o.K.-Bett)
	18) 275/550	(m.K.-Bett)
Einbettkinderzimmer:	19) 225/325	(m.Spielfläche)
	10) 250/325	(m.Spielfläche)
Zweibettkinder-zimmer:	17) 350/350	(m.Spielfläche)
	20) 350/325	(m.Spielfläche)
	21) 250/425	(o.Spielfläche)
Küche:	1) 225/300	
	2) 250/350	
	3) 250/300	
	4) 250/275	
Bad:	5) 175/225	
	6) 175/300	
	7) 175/275	
WC:	8) 100/175	
Hausarbeitsraum:	9) 250/225	(für trockene Arbeiten)
Treppenhaus: (Zweispänner)	22) 225/450	
	23) 225/475	
	24) 250/475	

vgl. 9) S. 24, unterste Reihe, Bl. 2.

Raumabmessungen in Demonstrativbauvorhaben

Ergänzend zu den genannten häufigen Abmessungen (Seitenverhältnisse) von Räumen in Wohnungen veranschaulicht Blatt 1 die Auswertung einer Stichprobe von 48 Wohnungsgrundrissen verschiedener Gebäudetypen 13) des öffentlich geförderten Wohnungsbaues. Es kann folgendes festgestellt werden:

1. Einzelraumabmessungen liegen in einem relativ geringen Streubereich (bei ähnlicher Grundrißorganisation). Ausnahmen bilden:

Wohnräume	(Mehrgeschoßbau / Einfamilienhaus),
Kinderzimmer	(mit / ohne Spielfläche),
Bäder	(mit / ohne WC; mit / ohne Hausarbeit (naß)).

2. Der Einfluß des Gebäudetyps auf die Einzelabmessungen beschränkt sich im wesentlichen auf:

a) Die Orientierung der größeren Räume (Wohnzimmer, Elternschlafzimmer, 2-Bett-Kinderzimmer),

b) die Größe der Wohnräume (siehe unter 1.).

13) Freistehendes Einfamilienhaus, Einfamilienhaus und Mehrgeschoßbau.

Folgende Einzelräume verschiedener Zweckbestimmung weisen teilweise nahezu gleiche Abmessungen (Seitenverhältnisse) auf:

Elternschlafzimmer / 2-Bett-Kinderzimmer,
Kochküchen / Eßräume / 1-Bett-Kinderzimmer,
Bäder / Eßplätze,
Wohnräume / Elternschlafzimmer,
1-Bett-Kinderzimmer / Treppenhäuser,
Kochküchen / Treppenhäuser.

(vgl. Tabelle)

1.2.2 Zweiter Arbeitsabschnitt: Zweckbestimmungen von Räumen

Im Rahmen dieser Untersuchung ist die Klärung des Begriffes der Zweckbestimmung von Räumen unerläßlich, welche durch Personen im allgemeinen, nutzende Personen im besonderen und allgemeine Nutzung bedingt ist. Sie läßt sich durch eine Reihe von Kriterien festlegen, z.B. personenbezogener, gegenstandsbezogener, bewegungsbezogener und allgemein beanspruchender Art. Aufgrund dieser Kriterien können Forderungen für die Realisierung der Zweckbestimmungen festgestellt und in den Auswirkungen der flächenmäßigen und räumlichen Abmessungen, ferner in der Berücksichtigung nach der Art und Größe der mechanischen, visuellen, klimatischen und akustischen Ansprüche beschrieben werden.

Darüber hinaus soll festgestellt werden, ob und in welchem Umfang für diese Räume neben den vorgegebenen Zweckbestimmungen noch weitere erfüllbar sind. Es ist zu untersuchen, welcher Aufwand durch diese erweiterten Nutzungsmöglichkeiten bedingt ist. -

Nachdem sich im ersten Arbeitsabschnitt die Darstellung der Raumabmessungen dem Häufigkeitskriterium entsprechend auf den Wohnbau konzentrierte, soll im zweiten Arbeitsabschnitt durch analytisches Vorgehen dargelegt werden, welche Forderungen im einzelnen "raumbildend" - d.h. für die Realisierung der Zweckbestimmungen von Räumen in Wohnungen notwendig - sind und einen wesentlichen Einfluß auf die konstruktive Gestaltung von Wänden und Decken dieser Räume ausüben.

Es werden im folgenden die Planungsunterlagen zusammengefaßt, welche die wechselseitigen Beziehungen zwischen Gebäudefunktion und -konstruktion nach den heute gültigen, auf einschlägigen Forschungsergebnissen fußenden Empfehlungen a), Richtlinien b), Normen c) und Vorschriften d) des mit öffentlichen Mitteln geförderten Wohnungsbaues bedingen. Diese Planungsunterlagen werden als ein durch die Erfahrung korrigierbarer (empirischer) Katalog im obigen Sinne nach folgender Gliederung bezüglich der aus den Zweckbestimmungen resultierenden Forderungen aufgeführt:

- Flächenmäßige Abmessungen	(Nutzflächen,...)
- räumliche Abmessungen	(lichte Höhen,...)
- mechanische Ansprüche	(Nutzlasten,...)
- visuelle Ansprüche	(Belichtung, Beleuchtung, Farbgebung,...)
- klimatische Ansprüche	(Wärmeschutz, Behaglichkeit, Heizung, Lüftung,...)
- akustische Ansprüche	(Schallschutz, Schalldämmung, Hörsamkeit,...)

Tab. zu Blatt 1 (Raumabmessungen)

Breite	/ Tiefe	
- (500-700)	/ ca. 400 (400-500)	Wohnräume (Einfamilienhaus)
- (350-400)	/ ca. 550 (450-600	Wohnräume (Mehrgeschoßbau)
ca. 350u.275 -	/ ca. 400u.450 (375-400)	Elternschlafräume
ca. 350 (325-380) (275-300)	/ ca. 350 (325-410) / (410-450)	2-Bett-Kinderzimmer
ca. 250	/ ca. 410	1-Bett-Kinderzimmer (1-2 -Bett)
ca. 240 -	/ ca. 430 (400-550)	Treppenhäuser
- (180-240)	/ - (400-420)	Kochküchen (ältere Grundrisse)
ca. 250 (230-280)	/ - (275-375)	1-Bett-Kinderzimmer
ca. 240 (225-290)	/ ca. 310 (170-340)	Kochküchen
ca. 225 (210-250)	/ - (240-350)	Eßräume (-plätze) (mit/ohne Verkehrs- bzw. Spielfläche)
ca. 350 (335-500)	/ ca. 250 (225-270)	Koch- bzw. Eßküchen
ca. 160 (150-190)	/ ca. 300 (275-315)	Bäder (mit/ohne WC)
ca. 175 (140-200)	/ 200u.225 (200-240)	Bäder (mit WC)
- (200-250)	/ - (150-200)	Eßplätze
ca. 250u.350 (240-350) (450-650)	/ ca. 150 (120-175)	Balkone
ca. 150 (150-180)	/ ca. 160 (150-160)	Bäder (ohne WC)
ca. 90 (80-130)	/ 160u.175 (110-200)	WC

Bevorzugtes Maß z.B. ca. 400
Streubereich z.B. (350-400)

Zu diesen primären Forderungen sind zusätzliche Forderungen zu berücksichtigen.

- Sicherheit, d.h. Räume sollen

  standsicher,
  brandsicher,
  verkehrssicher und
  hygienisch einwandfrei realisiert werden;

- Wirtschaftlichkeit, z.B.:

  Durch die angemessene Wahl der Bauart, Bauteile und Baustoffe sollte der Aufwand für die technische Lebensdauer auf ein wirtschaftliches Verhältnis zur Nutzungsdauer abgestimmt werden; Anteil der Außenwandfläche/Volumen,...

Als Quellen dieses Katalogs der Forderungen dient insbesondere folgende Literatur:

a) Bobran, H.W.: Handbuch der Bauphysik, Frankfurt a.M./Wien 1967.
   Böckl, W.: Die Anforderungen an den Wärmeschutz von Aufenthaltsräumen und ihre Begründung insbesondere für Außenwände, Jahrbuch des Bauwesens 1967, Stuttgart 1966.
   Croiset, M.: Le confort thermique en saison froide, Paris 1965, Centre Scientifique et Technique du Bâtiment.
   Neufert, E.: Bauentwurfslehre, Berlin 1966.
   Lüftungs- und Klimatechnik, Veröffentlichung der Fa. Ideal-Standard, Bonn, S. 49 (VII).

b) VDI-Richtlinien:

   2052 (Lüftung von Küchen);
   2058 (Beurteilung und Abwehr von Arbeitslärm).

c) Normen:

DIN	283		(→ Wohnungen, Begriffe);
DIN	1055		(→ Lastannahmen);
DIN	1946		(→ Lüftungstechnische Anlagen);
DIN	4102		(→ Brandschutz);
DIN	4108		(→ Wärmeschutz);
DIN	4109		(→ Schallschutz);
DIN	4172	14)	(→ Maßordnung);
DIN	4174	14)	(→ Geschoßhöhen u. Treppensteigungen);
DIN	4701		(→ Wärmebedarf);
DIN	5034		(→ Tageslicht);
DIN	5035		(→ Künstliches Licht);
DIN	18011	14)	(→ Stellflächen, Abstände, Bewegungsflächen);
DIN	18017		(→ Lüftung von Bädern und Aborten);
DIN	18022		(→ Küche, Bad, WC, Hausarbeitsraum);
DIN	18050	14)	(→ Fensteröffnungen);
DIN	18064		(→ Treppen);
DIN	18065		(→ Treppen);
DIN	18100	14)	(→ Türöffnungen).

14) Entwurfs- Pflichtnormen des mit öffentlichen Mitteln geförderten Wohnungsbaues (lt. Wohnungsbaufinanzierungsbestimmungen 1967).

d) Bauordnungen für das Land Nordrhein-Westfalen (BauONW) mit Durchführungsverordnungen (DVO) und der Verordnung über den Bau und Betrieb von Garagen (GarVO), Düsseldorf, 1970.

Die Wohnungsbau-Finanzierungsbestimmungen (WFB) 1967, Stand : 1970, Essen.

Zur Charakterisierung dieses Katalogs der Forderungen muß auf seine empirische Ermittlung verwiesen werden; kritische Überprüfungen und Ergänzungen insbesondere der in den Normen und Richtlinien niedergelegten Forderungen würden entsprechende Korrekturen auslösen.

Es ist jedoch mit großer Sicherheit anzunehmen, daß sich Änderungen vorrangig auf die Quantität spezieller Forderungen (z.B. größere Bewegungsfläche) und nicht gleichermaßen auf deren Qualität (z.B. Bewegungsfläche an sich) beziehen, d.h. die Anzahl der erfaßten Forderungen wird als repräsentativ für den Wohnungsbau verstanden.

In seinem Aufbau berücksichtigt der Katalog zunächst - soweit überschaubar - die mehreren Räumen zukommenden Forderungen (z.B. erforderliche Raumhöhe in Aufenthaltsräumen), danach die Forderungen der Einzelräume (z.B. Stellflächen in Küche, Bad usf.).

Anhand dieses Katalogs werden sämtliche Forderungen in einer Liste registriert ("Synoptische Veranschaulichung", vgl. Bl. 2) und verglichen (Aussonderung gleicher Kombinationen von Forderungen; es kann eine Reduktion auf möglichst wenige verschiedene Forderungskombinationen (Räume) durchgeführt werden, die alle ursprünglich verlangten Einzel-Zweckbestimmungen erfüllen können; evtl. durch Hinzufügen nicht raumspezifischer Forderungen).

Regeln für die Anwendung der Synoptischen Veranschaulichung "Forderungen für Räume in Wohnungen" (vgl. Bl. 2).

Erforderliche Unterlagen:

a) Transparentes Deckblatt (Bl. 2);
b) Lichtpause.

1. Auf dem transparenten Deckblatt wird der gewünschte Raum mit seinen Forderungen (F,R,M,V,K,A) in senkrechter Spalte aufgeführt.

2. Durch Überlagern des transparenten Deckblattes mit einem beliebigen anderen, als baulich realisiert gedachten Raum (beliebige andere Spalte der Lichtpause) werden beim Vergleich der Forderungen folgende Fälle unterschieden:

a) "Gewünschte" und realisierte Forderungen decken sich vollständig,
b) zu den realisierten Forderungen müssen einige "gewünschte" hinzugefügt werden,
c) nicht "gewünschte", aber realisierte Forderungen sind miteinander verträglich, d.h. sie können bestehen bleiben,
d) nicht "gewünschte", aber realisierte Forderungen sind nicht miteinander verträglich, d.h. sie müssen entfallen.

3. Um den Umfang notwendiger Veränderungen richtig einstufen zu können, müssen die einzelnen Forderungen in ihrer Rangfolge berücksichtigt werden.

4. Es können unter Umständen mehrere gewünschte Räume mit ihren Forderungen (Transparentspalten) einem realisierten Raum mit seinen Forderungen in der geschilderten Weise überlagert werden.

Verwendete Zeichen:

(2)	Anspruch bei einer Auswahlmöglichkeit zwischen mehreren Ansprüchen (Alternativen)
[2]	Empfohlener Wert
2	In konstruktiver Hinsicht wichtige Forderung
$\underline{\overline{2}}$ $\underline{\overline{(3)}}$ $\underline{\overline{(4)}}$; $\underline{\overline{2}}\vert\underline{\underline{8}}$	Verknüpfungen von Alternativen
$\overline{(2)} - \underline{(4)}$	Abhängigkeit bei gleichzeitigem Auftreten mehrerer Forderungen

Folgerungen aufgrund der Aussagen der Synoptischen Veranschaulichung

Da insbesondere die flächenmäßigen Abmessungen der Einzelstell- und Bewegungsflächen die Differenzierung der Räume (Funktionsbereiche) verursachen, ist zu überlegen, auf welchem Weg eine Vereinheitlichung der Raumabmessungen zugunsten einer Reduzierung des Aufwandes herbeigeführt werden kann.

Es zeichnet sich folgende Möglichkeit ab:

Für eine bestimmte Anzahl häufig realisierter Räume (Funktionsbereiche) - vgl. Bl. 1 - wird eine Überlagerung ihrer Grundrisse vorgenommen. Die Abmessungen dieser Räume sind zuvor auf ihre Eignung hinsichtlich der Zweckerfüllung zu überprüfen (unter Berücksichtigung der genannten Stellflächen, Bewegungsflächen und Abstände. Vgl. Bemessungszeichnungen/Mindestflächen: Anhang). Je nach Gleichartigkeit der Abmessungen verschiedener Räume (Funktionsbereiche) werden sich unter Umständen mehrere Grundrisse decken. Eine geringfügige Überschreitung von Mindestflächen einzelner Räume 15) zugunsten z.B. einer höheren Auflage vorgefertigter Elemente gleicher Abmessungen kann sich als durchaus wirtschaftlich erweisen. -

Für die übrigen fünf Forderungsarten kann der methodische Weg der Überlagerung entsprechend angewendet werden, da - wie in der Einleitung des Zweiten Arbeitsabschnittes festgestellt - jeder einzelne Raum als eine bestimmte Kombination verschiedener Forderungen zu verstehen ist. Das Verfahren der Überlagerung kann grundsätzlich durch Diagramme erfolgen, in denen den verschiedenen Raumnutzungen die Forderungen als bestimmte quantitative Werte gegenübergestellt und auf ihre Gleichartigkeit bzw. auf ihre Abweichungen voneinander untersucht werden (Raumhöhen in m, Verkehrslasten in kp/m^2, Tageslichtquotienten in %, Raumlufttemperaturen in ^{o}C, Lautstärken in DIN-phon,...).

Folgerung: Es muß überprüft werden, ob die Erfüllung der Maximalforderung den Aufwand für alle anderen Fälle nicht zu sehr

15) Im Sinne des Hinzufügens nicht raumspezifischer Forderungen.

belastet, - falls diese Maximalforderung durch einen wenig häufigen (extremen) Funktionsbereich gestellt wird.

In diesem Fall empfiehlt sich eine weitere Aufteilung der Funktionsbereiche in Gruppen mit möglichst großer Anzahl gleicher Einheiten unter Festlegung der jeweiligen vom Aufwand her vertretbaren Maximalforderung.

Katalog der Forderungen (Merkmalliste)

Forderungen allgemeiner Art

Flächenmäßige Abmessungen (F):

Für transportable Einzelöfen für feste und flüssige Brennstoffe sind folgende Stellflächen erforderlich (DIN 18011):

	Räume	Stellflächen b	t
F 107	unter 18 m^2	1,10 m	0,70 m
F 108	ab 18 m^2	1,25 m	0,80 m

(Erforderliche seitliche und rückwärtige Sicherheitsabstände eingeschlossen).

Anmerkung:

Für Zentralheizungskörper werden keine besonderen Stellflächen ausgewiesen, da sie meist im Einschnitt der Fensterbrüstungen liegen.

Laut § 45 BauONW dürfen für Hochhäuser keine Einzelfeuerstätten und Stockwerkheizungen vorgesehen werden.

Räumliche Abmessungen (R):

R 1 Die lichte Höhe muß mindestens 2,50 m betragen, jedoch kann für Einfamilienhäuser und Aufenthaltsräume als Dachräume eine Höhe von 2,30 m gestattet werden. Aufenthaltsräume sind nur in Vollgeschossen zulässig (§ 59 BauONW).

R 2 Für Keller: Mindestgeschoßhöhe 2,25 m (lt. DIN 4174).
Türhöhen und Türbreiten (Rohbaurichtmaße, DIN 18100):
Einflügelige Türen -

R 5 2,00/0,625,
R 6 2,00/0,750,
R 7 2,00/0,875,
R 8 2,00/1,000.

Zweiflügelige Türen -

R 9 2,00/1,125,
R 10 2,00/1,250,
R 11 2,00/1,500,

R 12 2,125/1,125,
R 13 2,125/1,250,
R 14 2,250/1,125,
R 15 2,250/1,250.

Brüstungshöhen: 16)

R 16 0,80 Normalhöhe (für Wohnräume $<$ 4. Vollgesch., sonst 0,90), § 16 Erste DVO

R 17 ca. 1,70 WC, Bad;

R 24 0,90 Treppengeländerhöhe ($<$ 10 m Absturzhöhe, sonst 1,10),".

Fensterhöhen und -breiten:

R 18 Für alle Aufenthaltsräume ist die Bestimmung der Fensterbreite nach DIN 5034 in Entsprechung zur Forderung V 3 (Tageslichtquotient $T \gg 1$ %) vorzunehmen und mit den Rohbaurichtmaßen nach DIN 18050 abzustimmen.

Mechanische Ansprüche (M):

Verkehrslasten sind von der Konstruktion unabhängig, veränderliche oder bewegliche Belastungen eines Bauteiles durch Personen, Einrichtungsteile usf.

Folgende lotrechte Verkehrslasten sind im Wohnungsbau anzusetzen (DIN 1055) 17):

M 1 150 Kp/m^2 für tragende Wände, Pfeiler und Decken mit ausreichender Querverteilung der Lasten, sonst 200 Kp/m^2.

M 2 350 Kp/m^2 für Treppen einschließlich der Treppenabsätze und Treppenzugänge, ferner für Haushaltungskeller.

M 3 500 Kp/m^2 für Balkone und offene, gegen Innenräume abgeschlossene Hauslauben (Loggien). 18)

Waagrechte Verkehrslasten (DIN 1055):

M 4 50 Kp/m Seitenkraft an Brüstungen und Geländern in Holmhöhe bei Treppen, Balkonen und offenen Hauslauben; betrifft ferner die Festigkeit leichter Trennwände gegenüber gelegentlicher waagrechter Belastung.

Visuelle Ansprüche (V):

V 1 Natürliche Belichtung ist für jeden Aufenthaltsraum erforderlich, notwendige Fenster müssen unmittelbar ins Freie führen (§ 59 BauONW).

V 2 1/8 der Raumgrundfläche als Mindestfensterfläche (§ 43 1. DVO zu § 59 BauONW) für Aufenthaltsräume.

16) Für Wohn-, Schlaf- und Eßräume können massive Brüstungen bei Anordnung von Balkons, abschließenden Gitterstäben odgl. entfallen.

17) Mindern der Verkehrslasten bei $>$ 3 Vollgeschossen: vgl. DIN 1055, Bl. 3, Tab. 2.

18) U.U. ferner für Kohlenkeller und befahrbare Hofkellerdecken usf. (Feuerwehrfahrzeuge jedoch mit 9 t $\hat{=}$600 Kp/m^2 berücksichtigen).

V 3 Ausreichende Tagesbeleuchtung ist gesichert, wenn auf der Nutzebene bis zu einem Abstand vom Fenster von der halben Raumtiefe der Tageslichtquotient T = Ei/Ea = 1 % nicht unterschritten wird (niedrigster Bezugswert Ea = 5000 Lux).

DIN 5034 E gibt ein Verfahren zur Ermittlung der notwendigen Fensterfläche in der Angabe von Fensterbreiten zu gegebenen Fensterhöhen für Aufenthaltsräume an (vgl. R 18). Folgende Bedingungen sind zu beachten (bei einseitiger Belichtung durch senkrechte, rechteckige Fenster):

a) Tageslichtquotient T = 1 % bei bedecktem Himmel, wobei $T = \tau \cdot K_1 \cdot K_2 \cdot (T_H+T_V+T_R)$.

Es bedeuten:

τ Absorption des Lichts in der Glasfläche,

k_1 Versprossung,

k_2 Verschmutzung,

T_H Himmelslichtanteil (bestimmbar z.B. mit Hilfe des Himmelslichtdiagrammes, vgl. DIN 5034, Bbl. 1, Seite 2),

T_V Außenreflexionsanteil (ergibt sich aus dem Produkt des im Punkt P wirksamen Raumwinkels der Verbauung und deren Leuchtdichte; vgl. DIN 5034, Bbl. 1, Seite 2),

T_R Innenreflexionsanteil (bestimmbar z.B. mit Hilfe des Nomogrammes der DIN 5034, Bbl. 1, Seite 3); zur Bestimmung des Innenreflexionsanteils werden den Tabellen folgende Reflexionsgrade zugrunde gelegt (DIN 5034, Bbl. 1, Seite 3, Abb. 5):

- Für die Decke ς_D = 0,7 (helle Decke),
- für die Wände ς_W = 0,5 (helle Wand u. dunkle Möbel),
- für den Fußb. ς_B = 0,15 (dunkl. Fußb.).

b) Meßebene 0,85 m über Fußboden;
Meßpunkt 1 m von einer Seitenwand des Raumes entfernt;
Abstand des Meßpunktes: Hälfte der Raumtiefe vor dem Fenster.

c) Höhe Fensterbrüstung: 0,85 m über OKFFB.

d) Höhe Fenstersturz : 0,30 m (UK Sturz bis UK Decke).

e) Raumhöhe : Fensterhöhe + Brüstungshöhe + Sturzhöhe.

f) Fensterfläche etwa symmetrisch in der Fensterwand gelegen.

g) Verbauung: Parallele, zeilenförmige und gleichmäßig hohe Bebauung gegenüber liegend. Der Verbauungshöhenwinkel ε_V soll etwa dem Verbauungsabstandswinkel α entsprechen (trifft bei großem Gebäudeabstand zu).

Tabelle Notwendige Fensterbreite für Wohnräume

$h_V : t_V$	b_F (m)	h (m)	b (m)	Fensterbreite b_F (m) bei einer Raumtiefe t (m) 3,00	3,50	4,00	4,50	5,00	5,50	6,00	6,50
1 : 1	1,35	2,50	2	1,4	1,8	—	—	—	—	—	—
			3	1,8	2,3	2,8	—	—	—	—	—
			4	2,3	2,9	3,55	4,0	—	—	—	—
			5	2,95	3,6	4,25	5,0	—	—	—	—
			6	3,7	4,3	5,05	5,85	—	—	—	—
	1,60	2,75	2	0,89	1,5	1,8	—	—	—	—	—
			3	1,1	1,85	2,25	2,7	—	—	—	—
			4	1,65	2,3	2,8	3,3	3,9	—	—	—
			5	2,3	2,9	3,4	4,0	4,5	5,0	—	—
			6	3,0	3,6	4,2	4,75	5,5	6,0	—	—
	1,85	3,00	2	0,5	1,0	1,5	1,8	—	—	—	—
			3	0,85	1,25	1,9	2,3	2,75	3,0	—	—
			4	1,07	1,7	2,4	2,75	3,2	3,75	4,0	—
			5	1,45	2,25	2,9	3,4	3,9	4,47	5,0	—
			6	2,0	2,9	3,6	4,1	4,6	5,25	5,85	—
1 : 1,5	1,35	2,50	2	0,63	0,9	1,7	—	—	—	—	—
			3	0,96	1,25	2,2	2,75	—	—	—	—
			4	1,15	1,75	2,7	3,4	3,9	—	—	—
			5	1,75	2,35	3,35	4,1	4,75	—	—	—
			6	2,4	3,0	3,9	4,95	5,6	—	—	—
	1,60	2,75	2	0,4	0,6	1,0	1,55	2,0	—	—	—
			3	0,55	0,85	1,25	1,9	2,6	2,95	—	—
			4	0,87	1,15	1,55	2,35	3,2	3,65	4,0	—
			5	1,2	1,55	2,1	2,95	3,9	4,4	4,9	—
			6	1,5	1,95	2,65	3,55	4,8	5,1	5,7	—
	1,85	3,00	2	0,25	0,5	0,65	1,0	1,4	1,95	—	—
			3	0,5	0,6	0,85	1,2	1,7	2,45	2,8	3,0
			4	0,63	0,8	1,1	1,55	2,15	3,0	3,45	3,85
			5	0,88	1,08	1,5	1,95	2,6	3,65	4,2	4,6
			6	1,32	1,55	1,85	2,45	3,2	4,3	4,9	5,4
1 : 2	1,35	2,50	2	0,4	0,7	1,0	1,35	1,95	—	—	—
			3	0,6	0,9	1,25	1,7	2,4	3,0		
			4	0,9	1,2	1,6	2,15	3,0	3,95	—	—
			5	1,3	1,65	2,15	2,75	3,65	4,8	—	—
			6	1,75	2,2	2,75	3,4	4,4	5,65	—	—
	1,60	2,75	2	0,3	0,45	0,65	0,95	1,25	1,55	—	—
			3	0,5	0,65	0,85	1,2	1,55	1,95	2,7	—
			4	0,65	0,9	1,1	1,5	1,95	2,45	3,25	4,0
			5	0,93	1,25	1,55	1,95	2,6	3,0	4,0	5,0
			6	1,37	1,65	2,0	2,45	3,05	3,65	4,65	5,8
	1,85	3,00	2	0,25	0,35	0,5	0,7	0,95	1,2	1,5	1,8
			3	0,4	0,5	0,65	0,85	1,15	1,5	1,8	2,2
			4	0,54	0,7	0,88	1,1	1,4	1,85	2,2	2,7
			5	0,75	0,88	1,23	1,45	1,8	2,25	2,7	3,25
			6	1,11	1,24	1,6	1,85	2,25	2,7	3,25	3,85
1 : 2,5	1,35	2,50	2	0,37	0,6	0,85	1,05	1,4	1,9	—	—
			3	0,55	0,75	1,0	1,25	1,75	2,35	3,0	—
			4	0,8	1,0	1,3	1,65	2,1	2,85	3,6	—
			5	1,15	1,4	1,75	2,2	2,65	3,4	4,35	5,0
			6	1,55	1,9	2,35	2,8	3,25	4,1	5,1	6,0
	1,60	2,75	2	0,25	0,4	0,6	0,8	1,0	1,25	1,55	2,0
			3	0,45	0,55	0,75	0,95	1,2	1,5	1,95	2,45
			4	0,6	0,8	1,0	1,2	1,5	1,85	2,3	2,95
			5	0,9	1,05	1,3	1,65	2,0	2,35	2,8	3,5
			6	1,2	1,45	1,75	2,1	2,5	2,9	3,35	4,15
	1,85	3,00	2	0,2	0,3	0,45	0,6	0,8	1,0	1,2	1,45
			3	0,35	0,45	0,6	0,75	0,9	1,2	1,45	1,7
			4	0,5	0,6	0,8	0,95	1,2	1,4	1,7	2,05
			5	0,72	0,86	1,02	1,23	1,45	1,75	2,07	2,45
			6	1,07	1,2	1,35	1,65	1,82	2,2	2,6	3,0
1 : 3	1,35	2,50	2	0,34	0,5	0,72	0,92	1,2	1,52	1,86	—
			3	0,49	0,67	0,89	1,1	1,45	1,85	2,3	2,5
			4	0,73	0,91	1,25	1,45	1,78	2,25	2,8	3,4
			5	1,09	1,35	1,6	1,92	2,3	2,85	3,4	4,05
			6	1,5	1,9	2,2	2,5	2,9	3,44	4,05	4,82
	1,60	2,75	2	0,24	0,36	0,53	0,72	0,9	1,1	1,35	1,65
			3	0,4	0,52	0,69	0,88	1,05	1,3	1,65	2,0
			4	0,56	0,75	0,9	1,12	1,33	1,56	1,95	2,38
			5	0,83	1,0	1,23	1,46	1,72	2,0	2,4	2,85
			6	1,2	1,35	1,67	1,95	2,25	2,57	2,95	3,45
	1,85	3,00	2	0,24	0,32	0,4	0,57	0,72	0,9	1,06	1,23
			3	0,33	0,43	0,54	0,68	0,85	1,05	1,24	1,45
			4	0,48	0,58	0,73	0,87	1,05	1,38	1,52	1,75
			5	0,72	0,81	1,01	1,17	1,35	1,58	1,85	2,13
			6	1,07	1,12	1,35	1,55	1,79	2,05	2,33	2,65

i) Lichtverluste werden durch den Transmissionsgrad τ = 0,8 (Doppelverglasung) berücksichtigt;

ferner durch k_1 = 0,75 (Versprossung) und
k_2 = 0,8 (Verschmutzung). -

Ausgehend von bestimmten, sehr häufigen Raumabmessungen (b/t) und der im Wohnungsbau als Mindestforderung vorhandenen Raumhöhe von 2,50 m (R 1) kann für jeden Raum eine Mindestfensterfläche bestimmt werden 19), die Schwierigkeit liegt in der Annahme einer bestimmten Verbauungssituation.

Beispiel:

Verbauung : $h_V : t_V$ = 1 : 3
Raum : Wohnzimmer
(b/t/h) (425/600/250)

Ergebnis:

Fensterhöhe : 1,35 m,
Fensterbreite: 2,95 m,
Sturzhöhe : 0,30 m,
Brüstungshöhe: 0,85 m.

Diese Abmessungen gewährleisten nach Tab. DIN 5034, Bbl. 2, Seite 3 einen Tageslichtquotienten T = 1 % in halber Raumtiefe für den obengenannten Raum. Diese Fenstermaße sind mit den Rohbau-Richtmaßen der DIN 18050 abzustimmen.

V 4 Raumwirkungsgrad η (betr. Reflexionsgrad und Raumproportion) niedrig, mit etwa 25 % ansetzen, um der farbigen Gestaltung des Raumes genügend Spielraum zu lassen (DIN 5034).

V 5 Wohn- und Schlafräume müssen ausreichende Besonnung erhalten (WFB).

Laut DIN 5035 gilt:

V 6 Anwendung örtlicher Beleuchtung durch Lichtquellen warmer Lichtfarbe. Für Räume, die vornehmlich der Entspannung dienen, kann das Verhältnis Emin/Emax = 0,1 vorteilhaft sein.

V 7 Für Räume mit arbeitsplatzorientierter Allgemeinbeleuchtung (z.B. Küche, Hausarbeitsraum ...) ist das Verhältnis Emin/Emax $\gg$ 0,5 angebracht.

Beleuchtungsstärken (Lux), Allgemeinbeleuchtung:

V 8 120 - 150 (Küche, Hausarbeitsraum und Bad),
V 9 60 - 120 (Wohn- und Schlafzimmer),
V 10 30 - 60 (Nebenräume).

---

19) Vgl. Bl. 4: Für bestimmte Raumabmessungen im Wohnungsbau erforderliche Fensterflächen zur Gewährleistung des Tageslichtquotienten T = 1 %.

Beleuchtungsstärken (Lux), örtliche Beleuchtung:

V 11 250 - 500 (Küchenarbeiten, Lesen, Schreiben),
V 12 500 -1000 (Näharbeiten).

V 13 Leuchtdichte von sichtbaren Lichtquellen in Richtung auf das Auge so gering wie möglich (Lampen im Sichtbereich im Winkel bis zu 30° über der Horizontalen sollen keine höhere Leuchtdichte als 0,4 sb besitzen).

V 14 Blendung durch Vermeiden von Leuchtdichtekontrasten ausschalten.

V 15 In Arbeitsräumen ist eine weiße Lichtfarbe (Tageslichtwirkung: 1000 Lux leuchtstarkes, weißfarbiges Licht) erforderlich, in

V 18 Räumen, die der Entspannung dienen, eine warme Lichtfarbe.

Klimatische Ansprüche (K):

Die innere Wärmeerzeugung des Menschen und die äußere Wärmeabgabe müssen in einem Gleichgewicht stehen (Mängelerscheinungen: Fieber, Hitzschlag, Frieren usf.).

Die Gesamtwärmeabgabe, die entsprechend den physikalischen Umgebungsbedingungen gesteuert wird, setzt sich wie folgt zusammen (je nach Tätigkeit von 80 bis 500 kcal/h lt. Croiset) -

durch Strahlung von der Haut- und Kleideroberfläche;
durch Leitung und Konvektion von der Haut- und Kleideroberfläche an die Luft;
durch Verdampfung von Feuchtigkeit der Haut und Kleidung (bei Verdunstung von 1 l Wasser werden 600 Kcal verbraucht);
durch Zuführung von Wärme und Wasserdampf an die Atemluft.

K 1 Der behagliche Wert der Hauttemperatur beträgt im Mittel 31,5°C bei einer Temperatur der ruhigen Luft von 18,8°C

Hinsichtlich der Behaglichkeit sind folgende Temperaturen einzuhalten (Croiset):

K 2 Während der kalten Jahreszeit (beheizte Räume):

- Minimale Raumlufttemperatur = 18°C (in Zimmermitte),
- Maximal zulässiger Temperaturabfall, beispielsweise vor Ventilatoröffnungen = 2°C,
- Maximale Temperaturdifferenz zwischen Kopf und Füßen (bei Deckenstrahlungsheizungen) = 2°C,
- Maximale Bodentemperatur = 27°C.

K 3 Während der warmen Jahreszeit:

- Maximale Lufttemperatur = 27°C,
- Maximale Geschwindigkeit der Luft (Lüftung) = 0,5 m/sec.

K 4 Die relative Luftfeuchtigkeit sollte sich in beheizten Räumen zwischen 30 % und 70 % in Abhängigkeit von t bewegen (Diagramm der Behaglichkeitszone 20)).

Die Feuchtigkeitsregelung ist durch Wandaufbau, Anstrich und Putz beeinflußbar, vor allem durch Art und Intensität

K 5 der natürlichen oder künstlichen Belüftung (besonders wichtig für Bad, Küche und Hausarbeitsraum).

K 6 Die natürliche Belüftung muß für jeden Aufenthaltsraum gewährleistet sein, wenn nicht aus Gründen der Benutzbarkeit ausdrücklich der Einbau von Lüftungs- und Klimaanlagen gefordert wird (§ 59 BauONW).

Treppenräume in Gebäuden > 3 Vollgeschosse müssen ohnehin an einer Außenwand liegen (§ 39 BauONW) Querlüftung oder Lüftung über Eck (nicht über Treppenraum) muß für jede Wohnung gewährleistet sein (§ 60 BauONW); begründete Ausnahmen zulässig.

K 7 Der spezifische Luftraum pro Person (3 cbm) und die Anzahl des stündlichen Luftwechsels (7-10-fach) nach DIN 1946, Bl. 2 können bedingt auf den Wohnbau bezogen werden. Im Bauwerk stets vorhandene Fugen sind für bestimmte Luftmengen durchlässig. Laut DIN 4701 berechnet sich diese stündlich durch eine Fensterfuge eindringende Luftmenge zu

$$V = l \cdot a \cdot (P_a - P_i)^{\frac{2}{3}} \quad (m^3/h).$$

l = Länge der Fugen des Fensters in m,

a = Zahlenbeiwert (z.B. Holzeinfachfenster $a = 4,5$, Stahlfenster $a = 1,5$),

P_a = Druck der Außenluft auf das Fenster in mm WS,

P_i = Druck an der Innenseite des Fensters in mm WS.

Der stündliche Wärmebedarf (Gesamtwärmebedarf) Q_h setzt sich zusammen aus dem Transmissionswärmebedarf Q_T und dem Lüftungswärmebedarf Q_L:

$$Q_h = Q_T + Q_L.$$

Der Transmissionswärmebedarf wird ermittelt aus dem Transmissionswärmeverlust des Raumes (Wärmedurchgang durch alle Wandbauteile) unter Berücksichtigung von Zuschlagsfaktoren.

---

20) vgl. (i,x)-Diagramm feuchter Luft, aus: Lüftungs- und Klimatechnik, Veröffentlichung der Fa. Ideal-Standard, Bonn, S. 49 (VII).

(i,x)-Diagramm feuchter Luft

Gültig für Barometerstand P = 760 Torr ± 20 Torr

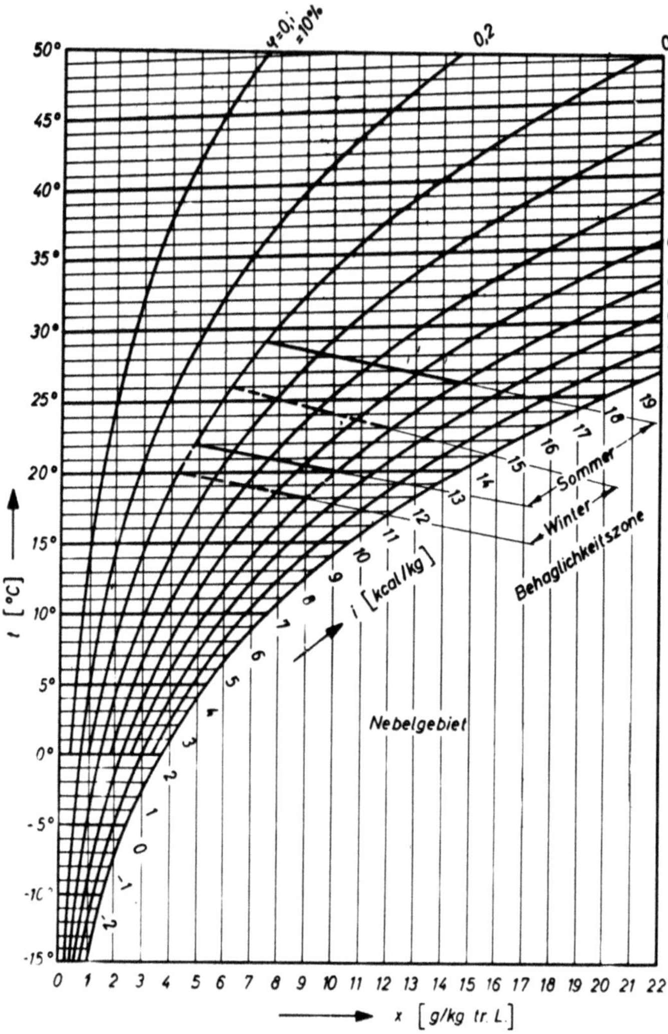

i = Wärmeinhalt für 1 kg tr. L. (trockene Luft) gemischt mit x kg Wasserdampf, also in kcal/(i+x) kg f. L. (feuchte Luft)

x = absolute Feuchte in g/kg tr. L.

φ = relative Luftfeuchtigkeit

t = Temperatur der Luft in °C

Der Lüftungswärmebedarf dient der Sicherstellung der Erwärmung der Luftmengen, die bei Windanfall durch Undichtheiten der Fenster und Türen in einen Raum einströmen können.

Darüber hinaus ist jedoch zu berücksichtigen, daß aus hygienischen Gründen ein ca. 7-10facher stündlicher Luftwechsel - je nach Raumnutzung sehr verschieden - in Anlehnung an DIN 1946 vonnöten ist, d.h. die Anforderungen der DIN 4108 unter diesem Gesichtspunkt zu überprüfen sind.

DIN 1946 gibt die erforderliche "Außenluftrate" an (d.h. Anteil der stündlich einzuführenden Außenluft):

20 m^3/h je Person (Räume mit Rauchverbot),
30 m^3/h je Person (Räume mit Raucherlaubnis).

Außenluftrate	Mindestaußenluftrate bei Räumen	
	mit Rauchverbot	mit Raucherlaubnis
^oC	m^3/h je Person	m^3/h je Person
-20	8	12
-15	10	15
-10	13	20
- 5	16	24
0 bis 26	20	30
über 26	15	23

K 8 Für fensterlose, künstlich zu lüftende Bäder und Aborte müssen getrennte Zu- und Abluftschächte (für Bad und WC einer Wohnung auch ein gemeinsamer Schacht zulässig) vorgesehen werden (DIN 18017); als Querschnittflächen der Schächte sind notwendig (rund, quadratisch oder rechteckig 2/3):

100 cm^2 bei glatten Wandungen,
150 cm^2 bei mäßig rauhen Wandungen,
250 cm^2 bei fugenverstrichenen Wandungen.

Der waagrechte Kanal - querdurchgehend für alle Schächte gemeinsam - muß an zwei entgegengesetzten Gebäudeseiten mit der Außenluft in Verbindung stehen, sein Querschnitt beträgt mind. 80 % der Summe aller Schachtquerschnitte.

K 9 An den Wärmeschutz werden in Abhängigkeit von den Wärmedämmgebieten (I-III) bestimmte Anforderungen als Wärmedurchlaßwiderstand ($1/\Lambda = d/\lambda$) gestellt (DIN 4108):

Wärmedämmgebiet:	I	II	III	
für Außenwände	0,45	0,55	0,65	$m^2\ h^oC/Kcal$
für Trennwände	0,3	0,3	0,4	$m^2\ h^oC/Kcal$
für Wohnungstrenndecken	0,55	0,55	0,55	$m^2\ h^oC/Kcal$
für Wohnungstrenndecken an der ungünstigsten Stelle	(0,4)	(0,4)	(0,4)	$m^2\ h^oC/Kcal$

Wärmedurchlaßwiderstand, Luftfeuchtigkeit und Temperaturstand müssen in ihrer Abhängigkeit auf mögliche Tauwasserbildung hin untersucht werden (vgl. Diagramm lt. Böckl):

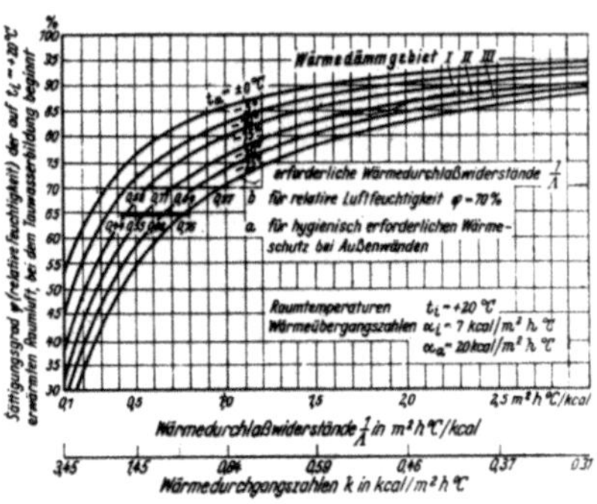

Wärmedurchlaßwiderstände und Tauwasserbildung

K 10 Für den mit öffentlichen Mitteln geförderten Wohnungsbau gilt lt. WFB 1967, daß der bauliche Wärmeschutz so gegenüber dem bauaufsichtlichen Mindestwärmeschutz lt. DIN 4108 erhöht werden muß, daß der nach DIN 4701 ermittelte Wärmebedarf folgende Werte je qm Wohnfläche, ohne Balkon und Loggia, nicht überschreitet:

Bei Mehrfamilienhäusern	110 Kcal/h je qm,
bei eingebauten Reiheneigenheimen	120 Kcal/h je qm,
bei Endhäusern von Reiheneigenheimen, bei Doppelhäusern usf.	130 Kcal/h je qm,
bei freistehenden Eigenheimen	150 Kcal/h je qm.

K 11 Heizung erforderlich.

Akustische Ansprüche (A):

Für die Benutzbarkeit von Wohnungen sind zwei Aspekte der Schallwirkung wesentlich:

a) Schallschutz und Schalldämmung;

b) Raumakustik, d.h. Hörsamkeit als die Eignung von Räumen beliebiger Größe bezüglich einer deutlichen Wahrnehmung der Sprache, des Gesangs usf.

Im Rahmen dieser Arbeit werden vorrangig Schallschutz und Schalldämmung in ihrer Auswirkung auf den Wohnungsbau als Einflußgrößen betrachtet.

Zur Charakterisierung der Verträglichkeit des Schalles für den Menschen dienen folgende Werte (Bobran) für das Lautstärkenmaß (DIN-Phon):

Bis 30 DIN-Phon ist ungestörtes Arbeiten mit unbehindeter Konzentrationsfähigkeit gewährleistet;
bis 65 DIN-Phon sind keine organischen Schäden zu erwarten (Lautstärke der normalen Unterhaltungssprache);
ab 65 DIN-Phon werden durch Haut- und Organdurchblutungsstörungen neurotische Erscheinungen begünstigt;
ab 90 DIN-Phon ist mit Ohrenschädigung zu rechnen;
ab 120 DIN-Phon (z.B. bei Detonationen) werden organische Lähmungserscheinungen - unter Umständen Tod - verursacht.

Für folgende Situationen sind bestimmte Lautstärken (DIN-Phon) maximal zulässig (VDI 2058):

50 Arbeiten mit geistiger Konzentration;
60 in Wohnungen innerhalb von Gebieten, die nur vorwiegend Wohnzwecken dienen, tags;
45 wie oben, nachts;
50 innerhalb reiner Wohngebiete, tags;
35 wie oben, nachts. -

Für Räume in Wohnungen (Wohn-, Schlaf- und Arbeitsräume) sind folgende Lautstärken lt. DIN 4109 zulässig (in Raummitte gemessen):

A 1 $\leq$ 40 DIN-Phon (tags ·-·-·) 7-22^h,

A 2 $\leq$ 30 DIN-Phon (nachts ---).

Lautstärke (DIN-Phon) und Schallpegel (dB) sind nur beim subjektiven Hörvergleich mit dem Normschall von 1000 Hz identisch (vgl. Diagramme lt. Bobran, S. 35). Die Verdoppelung der Lautstärke oder des Schallpegels bedeutet keine Verdoppelung der Zahlenwerte (logarithmisches Maß):

$$L = 10 \cdot \lg \frac{P^2}{P_o^2} \quad (dB).$$

(P_o: Bezugsschalldruck, bei etwa 1000 Hz eben noch hörbar, d.h. $P_o = 2 \cdot 10^{-4}$ µbar).

In Abhängigkeit von der Hauptstörfrequenz sind folgende Lautstärken für Schlaf und Ruhe maximal erträglich (Bobran, S. 39):

A 3 50 Hz : ca. 55 DIN-Phon,
150 Hz : ca. 40 DIN-Phon,
500 Hz : ca. 34 DIN-Phon,
1000 Hz : ca. 33 DIN-Phon,
5000 Hz : ca. 34 DIN-Phon,

(Signatur: ····).

A 4 Anhand sogenannter Sollkurven unterscheidet DIN 4109 Schallschutzmaße für den Luftschall (LSM) und den Trittschall (TSM) als Mindestmaß der Luftschalldämmung (dB) bzw. als Höchstmaß des zulässigen Normtrittschallpegels (dB) beim Schalldurchgang durch Decken und Wände (vgl. Diagramm lt. Bobran, S. 45):

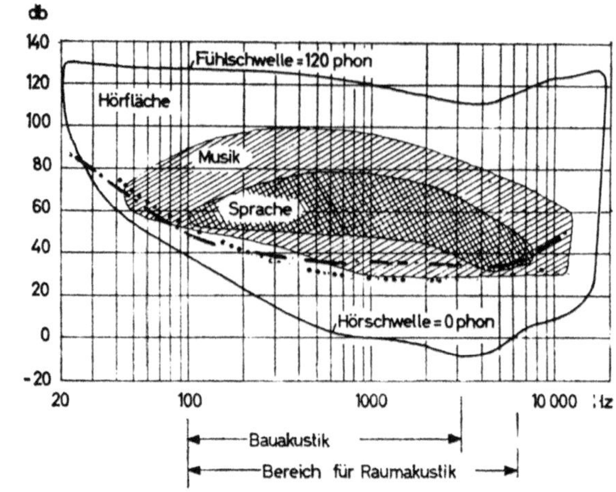

Hörfläche eines ideal empfindlichen menschlichen Ohres im Vergleich zum größten Frequenzbereich für Musik und Sprache. Die → Hörfläche kennzeichnet denjenigen Bereich, in dem das Ohr überhaupt noch Schall wahrnehmen kann. Sie wird nach unten durch die → Hörschwelle und nach oben durch die → Schmerz- oder Fühlschwelle begrenzt, die gegen hohe und tiefe Frequenzen ineinander übergehen. Im Durchschnitt ist die Hörfläche des Menschen kleiner, was u.a. der Grund dafür ist, daß der bau- und raumakustisch wichtige Frequenzbereich lediglich auf 100 bis 3200 Hz bzw. 6400 Hz festgelegt wurde.

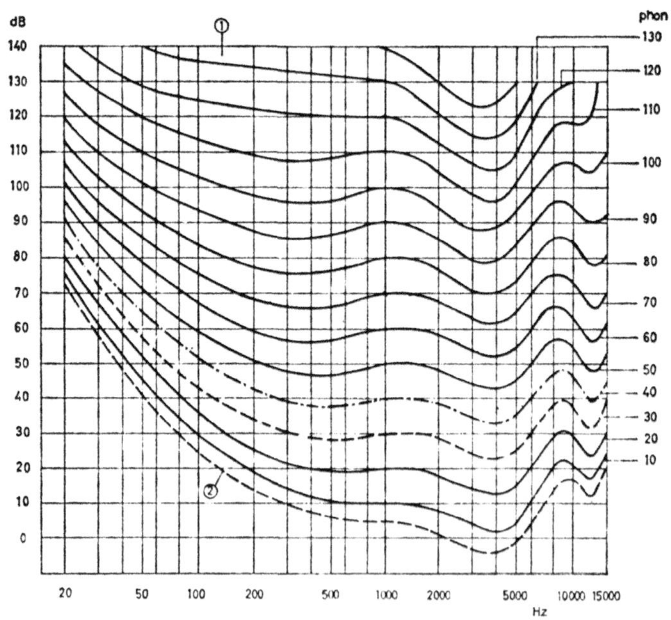

Zusammenhang zwischen Schallpegel in dB, Lautstärke in Phon und Frequenz (Hz) bei reinen Tönen und zweiohrigem Hören im freien Schallfeld nach → ISO-Empfehlung Nr. 352.

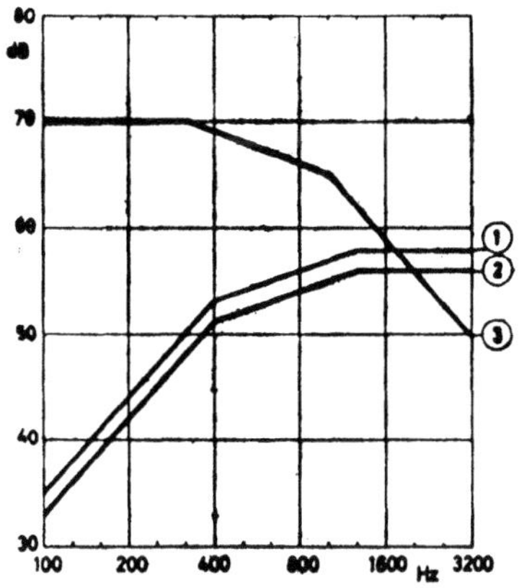

Sollkurven für den Luftschallschutz und Trittschallschutz nach DIN 4109.

1) Erforderliches Mindestmaß der Luftschalldämmung für Wände und Decken auf Prüfständen ohne Nebenwege (Schalldämm-Maß R).

2) Erforderliches Luftschalldämm-Maß für Wände und Decken im Bau und auf Prüfständen mit bauüblichen Nebenwegen (Schalldämm-Maß R').

3) Max. zulässiger Normtrittschallpegel auf Decken in Prüfständen ohne Nebenwege (Normtrittschallpegel Ln) und auf Decken im Bau und auf Prüfständen mit bauüblichen Nebenwegen (Normtrittschallpegel L'n). -

Als bautechnische Maßnahmen zur Gewährleistung des Schallschutzes sind folgende vier Grundprinzipien für Schallschutzmaßnahmen im Bauwesen (Bobran, S. 43) zu beachten:

A 5 Luftschalldämmung:

Der Schall wird durch schwere und dichte Baustoffe daran gehindert, sich von einem Raum in den anderen auszubreiten. Dies geschieht vorwiegend durch die Reflexion der Luftschallwellen.

A 6 Schallabsorption:

(Luftschalldämpfung): Die Reflexion der Schallwellen (z.B. an einem dämmenden Bauteil) wird durch "Bremsen" der schwingenden Luftteilchen in einem besonderen Schallschluckstoff oder Mitschwinger verringert oder ganz aufgehoben. Schallabsorption im Sinne der Baunormen ist auch vorhanden, wenn Luftschall durch Raumbegrenzungen oder Öffnungen hindurchgeht.

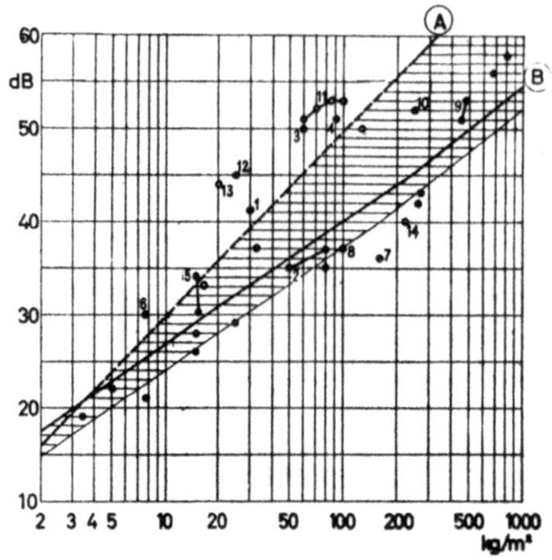

Mittlere Luftschalldämmung von einfachen Schalen und Doppelschalen in Abhängigkeit vom Gewicht. Die gestrichelte Gerade A kennzeichnet die nach der Massentheorie zu erwartende Dämmung. Die geknickte Linie B gibt die Werte nach dem empirischen Bergerschen Gewichtsgesetz an. Die Einzelwerte bedeuten:

1 2,5 cm dicke Holzwolle-Leichtbauplatte, einseitig Kalkputz
2 beidseitig verputzte Holzwolle-Leichtbauplatte, Gesamtdicke 7 cm
3 Holzwolle-Leichtbauplatten mit Magnesit verklebt, Gesamtdicke 11 cm
4 2 Strohplatten mit Mörtel verklebt, Gesamtdicke 12 cm
5 2 mm dickes Stahlblech
6 1 mm dickes Stahlblech
7 vierteIsteindicke Ziegelwand
8 10 cm dicke, beidseitig verputzte Wand aus leichten porösen Steinen
9 25 cm dicke, vollfugig gemauerte Vollziegelwand, beidseitig Putz
10 steife Stahlbeton-Rippendecke ohne Hohlkörper
11 Doppelwände aus biegeweichen Platten
12 1 und 2 mm dickes Stahlblech mit 50 mm gedämpftem Hohlraum
13 2 Stahlbleche mit weicher Zwischenschicht
14 2 5 cm dicke steife Schalen mit 4 cm dickem ungedämpftem Hohlraum. Außenseiten verputzt

A 7 Körperschalldämmung:

Unterbrechung der Schallausbreitung in festen Körpern, z.B. durch Zwischenschalten von Luftschichten oder anderen möglichst elastischen Stoffen bzw. Konstruktionen.

A 8 Körperschalldämpfung:

Minderung der Schallausbreitung und insbesondere Abstrahlung bei festen Stoffen, z.B. durch Sandfüllung oder bei Blechen u.ä. durch gefüllte Kunststoffe, bituminöse Schichten usw. Der Schall wird dem Prinzip nach wie bei der echten Luftschallabsorption in Wärme umgewandelt. -

Darüber hinaus stellen Wohnbauten keine besonderen Anforderungen an die Raumakustik. Es wird eine gute Hörsamkeit verlangt, die im wesentlichen durch die

- Nachhallzeit (beeinflußbar durch Schallschluckung),
- Raumform (durch Unregelmäßigkeit vermeiden der Raum - Eigenfrequenz),
- Diffusität (durch plastisch-konvexe Auflösung der Raumbegrenzung) und
- Deutlichkeit (durch hohen Anteil des direkten Schalles, d.h. bei Reflexion Weglängendifferenz höchstens 12 bis 15 m bis Zuhörerohr zulässig)

definiert ist. -

A 9 Die optimale Nachhallzeit für Sprache im mittleren Frequenzbereich bei einem Raumvolumen von 100 m^3 beträgt T = 0,9 sec. (laut Aschoff nach Bobran, S. 48), ein Mittelwert, der für den Wohnungsbau sicherlich verwendbar ist.

Mit Hilfe der Sabineschen Erfahrungsformel

$$T = 0{,}164 \cdot \frac{V}{\Sigma\ (F \cdot \alpha)} \quad \text{(sec.)}$$

läßt sich die Nachhallzeit T bestimmen (bzw. der erforderliche Schallschluckgrad α). V bedeutet das Volumen des Luftraumes (m^3), $\Sigma\ (F \cdot \alpha)$ die Summe der gesamten Flächenanteile (m^2) des Raumes (Wände, Decken, Fußböden usf.), multipliziert jeweils mit den zugehörigen Schallschluckgraden $\alpha (0 \leq \alpha \leq 1)$.

Abweichungen der ermittelten Ergebnisse können bedingt sein durch

- verschiedene Raumformen und -proportionen,
- Konstruktion und Ausbau,
- Lage der Schallschluckflächen im Raum.

A 10 Versuchsmäßig ermittelte günstigste Raumproportionen hinsichtlich der Hörsamkeit von Räumen mit parallelen Raumbegrenzungen sind folgende (Bobran, S. 49):

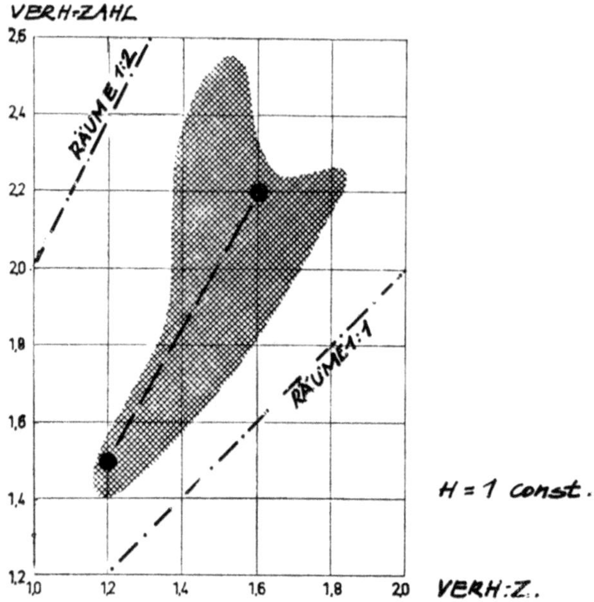

Bereich günstiger Raumproportionen (schraffiert) nach R. H. Bolt. Nach diesen Untersuchungen ist es z. B. günstig, wenn sich Länge zu Breite zu Höhe wie 1,5:1,2:1,0 bis etwa 2,2:1,6:1,0 verhalten. Die Einhaltung genauer Zahlenverhältnisse ist danach nicht notwendig. Das Diagramm gilt nur für solche Räume, deren Begrenzungen parallel zueinander liegen.

Forderungen besonderer Art für Einzelräume

Küche:

Definition der Zweckbestimmungen der Küchen:

F 1 Kochküchen (max. 12 m^2 lt. DIN 283) und
F 2 Wohnküchen (min. 12 m^2 lt. DIN 283): als zum Wohnen geeignete, mit Einrichtung zum Kochen für hauswirtschaftliche Zwecke versehene Räume)
stellen folgende Forderungen -
Ausstattungs- und Einrichtungsteile für:

Aufbewahren, Vorbereiten, Kochen, Backen, Spülen.

Geforderte Stellflächen für Einrichtungsteile und bauseitig eingebrachte Ausstattungsteile, die nebeneinander (an einer Wand oder im Winkel) einzeln nachgewiesen werden sollten (nicht überlagert) - vgl. DIN 18022:

F 3	Abstellplatte	20/60 cm,	
F 4	Herd	60/60 cm,	
F 5	Arbeitsplatte+	60/60 cm,	besser 90/60,
F 6	Doppelbeckenspüle+	80/60 cm,	
F 7	Abstellplatte+	60/60 cm,	
F 8	große Arbeitsplatte	120/60 cm,	(beliebige Anordnung),
F 9	Unterschränke	150/60 cm,	
F 13	Hochschränke, im Haushalt für max. 5 Pers.	50/60 cm,	> 5 Pers. 100/60,
F 10	Speiseschrank+	60/60 cm,	
F 11	Kühlschrank	70/60 cm,	

des weiteren erwünscht:

Geschirrspülmaschine,
Gefriergerät,
Eßecke (ersetzt keinen Eßplatz!).

F 12 Bewegungsfläche ist in min. 120 cm Breite vorzusehen.
F 14 Reserve,
F 15 Reserve.

Beleuchtung/elektr. Energie:

Grundsätzlich kein Rückenlicht an Arbeitsplätzen.

a) Tagesbeleuchtung (vgl. DIN 5034) - vgl. V 3.

Die Höhe der Fensterbrüstungen hinsichtlich anschließender Arbeits- und Abstellplatten
R 3 berücksichtigen: 1,25 m (evtl. festverglaster, unterer Fensterteil).

b) Künstliche Beleuchtung (vgl. DIN 5035).

Außer einer Deckenleuchte ist eine blendungsfreie Wand-
V 16 leuchte über der Arbeitsplatte Herd-Spüle anzuordnen.

+ Bauseitig eingebrachtes Ausstattungsteil.

c) Steckdosen.

Schutzkontakt-Steckdosen sind über der Arbeitsplatte Herd-Spüle und über der zweiten Arbeitsplatte anzuordnen.

Lüftung (VDI 2052):

Zur Lüftung von Kleinküchen (für die Bereitung von Mahlzeiten für 1 bis 10 Personen) ist die Beachtung folgender Maßnahmen erforderlich:

Möglichkeiten der Lüftung:

K 13 - Fensterlüftung,
K 14 - Schachtlüftung,
K 15 - Luftabsaugung (mechanisch) ohne zwangsweise Zuführung von erwärmter Außenluft (Unterdruck erwünscht zur Vermeidung der Ausbreitung von Küchengerüchen).

Luftleistung (Förderstrom):

K 16 - Für Kleinküchen in Wohnungen ist ein 25-facher stündlicher Luftwechsel erforderlich (bei einer Raumhöhe von 2,50 m).

Staubfreiheit:

K 17 - Die Zuluft darf nicht mehr als 0,5 mg Staub je m^3 Luft enthalten.

Temperatur:

K 18 - Die Zulufttemperatur muß mindestens 22°C betragen.

Bad:

Definition der Zweckbestimmung des Bades:

Gewährleistung der körperlichen Hygiene stellt Forderungen -
Ausstattungs- und Einrichtungsteile für:
Baden, Duschen, Waschen, Toilette, Aufbewahren.

Im sozialen Wohnungsbau zusammengefaßt:
Wanne, Waschtisch und Abort - zulässig bis 5 Personen, jedoch erwünscht auch hier: Trennung Bad/WC; bei mehr als 5 Personen sind grundsätzlich 2 getrennte WC erforderlich.

Folgende Stellflächen sind vorzusehen
(als Ausstattungsteile) - vgl. DIN 18022:

F 16 Badewanne 170/70 cm,
F 17 oder Brausetasse 80/80 cm,
F 18 Waschtisch 55/45 cm, (größere Breiten empfohlen,

können mit seitlichem Rand 10 cm über den Wannenrand ragen; bei 5 oder mehr Personen sind 2 Waschtische erforderlich),

F 19 Spülklosett - falls kein WC gesondert innerhalb der Wohnung vorhanden -

40 cm breit/Abstand der Vorderkante von Rückwand max. 75 cm;

des weiteren sind folgende Stellflächen vorzusehen:

F 20 Waschmaschine mit entsprechenden Anschlüssen - falls kein Hausarbeitsraum vorhanden - 70/60 21) (Türbreite mind. 75 cm vorsehen!);
empfohlen ferner:

Bidet,
Schmutzwäschebehälter.

Bewegungsfläche ist vor

- Badewanne,
- Waschtisch,
- Spülabort,
- Handwaschbecken

F 21 in mindestens 75 cm Breite vorzusehen und vor

- Waschmaschinen

F 22 in mindestens 90 cm Breite.

F 23 Reserve,
F 24 Reserve.

Beleuchtung/elektr. Energie:

a) Tagesbeleuchtung (vgl. DIN 5034)
b) Künstliche Beleuchtung (vgl. DIN 5035):

V 17 Außer einer Deckenleuchte ist mindestens eine Leuchte über dem Waschbeckenspiegel erforderlich.

c) Steckdosen:
Schutzkontakt-Steckdose in Waschbeckenspiegelnähe.

Lüftung:

Fenster - Lüftungsflügel;
für innenliegende Bäder müssen Be- und Entlüftung durch ein natürliches oder kraftbetriebenes Lüftungssystem erfolgen (vgl. DIN 18017).

WC:

F 27 Aborträume müssen mindestens 1,10 m^2 Grundfläche bei 0,85 m Mindestbreite haben (§ 37 Erste DVO zu § 52 BauONW).
Forderungen - lt. DIN 18022:

In Wohnungen mit mehr als 5 Personen ist grundsätzlich ein zweites WC erforderlich.

---

21) Empfohlen: 120/60 cm.

Stellflächen:

F 19	Spülklosett	40 cm breit/Abstand der Vorderkante von der Rückwand max. 75 cm.
F 25	Handwaschbecken	40/30 cm.

Bewegungsfläche ist vor dem

F 21 - Spülabort in min. 75 cm Breite vorzusehen.

Beleuchtung und Belüftung vgl. Bad.

Hausarbeitsraum:

Definition der Zweckbestimmungen des Hausarbeitsraumes:

Mehrzweckraum, in Verbindung mit Küche oder Bad, und zwar entweder

- als Raum für trockene Arbeiten als Erweiterung der Küche (Stellflächen und Anschlüsse für: Bügelmaschine, Nähmaschine u.a.), oder
- als Naßraum in Verbindung mit dem Bad (Stellflächen und Anschlüsse für: Waschmaschine, Wäschetrockner u.a.).

Bewegungsflächen:

F 22 - vor Waschmaschine in 90 cm Breite
F 12 - sonst in min. 120 cm Breite vorzusehen.

Beleuchtung und Belüftung:
vgl. Küche und Bad

Folgende Stellflächen sind erforderlich (vgl. DIN 18022) für

- den Hausarbeitsraum ohne Wasseranschluß (trockene Arbeiten):

F 28	Schrank für Wasch- und Reinigungsmittel, Zubehör	50/60 cm,
F 29	Bügelgerät	100/45 cm,
F 30	Nähmaschine	70/45 cm,
F 31	Hochschrank für Reinigungsgeräte	50/60 cm,

- den Hausarbeitsraum mit Wasseranschluß (Naßraum):

F 32	Arbeitsplatte	120/60 cm,
F 33	Hochschrank für Wasch- und Reinigungsmittel, Zubehör	50/60 cm,
F 34	Schmutzwäschebehälter	50/60 cm,
F 35	Waschgeräte	120/60 cm,
F 36	Becken+ mit angebauter Abstellplatte, mit Kalt- und Warmwasseranschluß sowie Mischbatterie	100/60 cm,
F 37	Reserve,	
F 38	Reserve,	
F 39	Reserve.	

+ Bauseitig eingebrachtes Ausstattungsteil.

Eßraum (-platz):

Definition der Zweckbestimmungen des Eßraumes (-platzes):

Vorrangig der Einnahme der täglichen Mahlzeiten dienend stellt er folgende Forderungen für die Mindest-Stellfläche des Eßplatzes (einschl. Tisch und Stühlen) für:

F 40 4 Personen (b/t) 180/130 cm,
F 41 5 Personen (b/t) 180/180 cm,
F 42 6 Personen (b/t) 180/230 cm.

Neben Küche und Wohnraum liegend kann er als erweiterte Wohnfläche (evtl. mit Spielfläche) oder als selbständiger Raum (Mehrzweckraum u.a. für hauswirtschaftliche Arbeiten) geplant werden (vgl. DIN 18011).

Bewegungsflächen:

F 43 - parallel zu einer Längsseite des Tisches hinter einer Stuhlreihe für das Auftragen der Gedecke usf. in min. 70 cm Breite,
F 44 - hinter Stühlen vor einer Wand in min. 30 cm Breite.

Beleuchtung/elektr. Energie:

a) Tagesbeleuchtung (vgl. DIN 5034) möglichst in Längsachse des Tisches einfallend,

b) Künstliche Beleuchtung (vgl. DIN 5035): Es ist eine Deckenleuchte blendfrei über dem Tisch vorzusehen.

Lüftung:

Fenster - Lüftungsflügel ausreichend.

F 45 Reserve,
F 48 Reserve.

Wohnzimmer:

F 69 Als Zimmer min. 10 m^2 (lt. DIN 283),
F 70 als Kammer min. 6 m^2 und 2,10 m Lichtweite auf 2/3 der Grundfläche (lt. DIN 283).

Definition der Zweckbestimmungen des Wohnzimmers:

Im umfassendsten Sinn Wohnbereich, ohne spezielle Zweckbestimmung, stellt es folgende Forderungen in der Abhängigkeit von
- Anzahl der Personen und deren Tätigkeiten (Erholen, Gespräch usf.),
- Zuordnung des Eßplatzes (innerhalb oder außerhalb des Wohnraums)

als Mindestfläche (vgl. DIN 18011 und Fußnote 9) S. 24):

F 62 $(18 m^2)$	Wohnung für ...Personen	Wohnzimmer mit Eßpl.	pro Pers.	ohne Eßpl.	pro Pers.
F 63	bis 4	20 m^2	5 m^2	18 m^2	4,5 m^2
F 64	5	22 m^2	4,4 m^2	18 m^2	3,6 m^2
F 65	6	24 m^2	4 m^2	18 m^2	3,0 m^2
F 66	7	26 m^2	3,7 m^2	18 m^2	2,57 m^2
F 67	8	28 m^2	3,5 m^2	18 m^2	2,25 m^2
	Ø:	6P.Ø: 24 m^2	Ø: 4,12 m^2	Ø: 18 m^2	Ø: 3,18 m^2

Diese Werte sind anhand der sich aus den erforderlichen Stellflächen, Bewegungsflächen und Abständen ergebenden Raumabmessungen im einzelnen zu überprüfen.

Stellflächen:

(Einrichtungsteile für: Gespräch, Lesen, evtl. Musizieren, Entspannung, Feier, Information/TV, Radio).

Falls die im folgenden aufgeführten Einrichtungsteile im einzelnen zur Anwendung kommen, können sie den in der älteren Ausgabe (August 1951) der DIN 18011 aufgeführten Maßen entsprechen:

F 49	Tisch	120/80 cm,
F 50	Nebentisch	60/60 cm,
F 51	2-4 Sessel, je	80/65 cm,
F 52	2 Stühle, je	50/45 cm,
F 53	Liege, Couch	200/100 cm,
F 54	Wohnzimmer-Mehrzweckschrank	200/45 cm,
F 55	Wohnzimmer-Anbauschrank, Grundelement	110/45 cm,
F 56	Klavier	150/65 cm.

(Nach der neuen Ausgabe - März 1967 - der DIN 18011 ist der Nachweis obengenannter Einzelflächen nicht erforderlich, lediglich der Gesamtfläche des Wohnraums).

Bewegungsflächen:

F 57 Als Durchgangsbreite ist mindestens 70 cm anzusetzen, jedoch sollte insbesondere das Wohnzimmer hinsichtlich der verfügbaren Bewegungsfläche im Sinne einer vielseitigen Verwendbarkeit nicht zu eng bemessen werden.

F 58 Reserve,
F 59 Reserve,
F 60 Reserve.

F 61 Abstände:

Mindestabstand Möbelstellfläche gegen Rohbauwand	5 cm,
Abstand zwischen Möbelstellfläche und Fensterlaibung (für Möbel, die höher als die Fensterbrüstung sind)	15 cm,
Abstand zwischen Möbelstellfläche und Türlaibung	10 cm,
desgl. auf der Schalterseite	20 cm,

(Diese Abstände gelten nach DIN 18011 für alle Möbelstellflächen).

Beleuchtung:

a) Tagesbeleuchtung (vgl. DIN 5034).
Der Verbauungswinkel sollte nicht größer als 27° sein.

b) Künstliche Beleuchtung (vgl. DIN 5035).
Über den Sitzgruppen mögliche Deckenauslässe.

Elektrische Anlagen im Wohnungsbau - vgl. DIN 18015, Bl. 2: Lichtauslässe (Brennstellen), Schalter, Steckdosen usf.

Lüftung:

Fenster - Lüftungsflügel; Querlüftung vorteilhaft.

Elternschlafzimmer:

F 69 Als Zimmer min. 10 m^2 (lt. DIN 283),
F 70 als Kammer min. 6 m^2 und 2,10 m Lichtweite auf 2/3 der Grundfläche (lt. DIN 283).

Definition der Zweckbestimmungen des Elternschlafzimmers:

Schlaf und Ruhe für Erholung und Genesung erfordern eine ruhige, vom internen und externen Verkehr ungestörte Lage des Raumes mit möglichst ost- bzw. südostorientierten Fenstern. Das Bad sollte benachbart liegen.

Laut DIN 18011 sind folgende Stellflächen erforderlich:

F 71	2 Betten, je	100/205	cm,
F 72	2 Nachtschränke, je	55/40	cm,
F 73	1 zusätzliches Möbelstück (z.B. Kommode, Frisiertisch, Kinderbett+),		
F 74	Nähmaschine, je	110/55	cm,
F 75	1 Kleiderschrank	220/65	cm, besser 250/65 cm.

Erwünscht:

F 52 Stellflächen für 2 Stühle, je 45/50 cm,
Für Einbett-Kammer (< 10 m^2)
F 76 Schlafzimmer-Anbauschrank 110/65 cm,

+ falls sonst kein Kinderzimmer vorgesehen ist.

F 77 Bett (Für eine Raumfläche $\leq$ 10 m^2 entsprechend 286/350 cm wäre allenfalls ein Zweischläferbett von 166/205 cm denkbar - einschließlich der notwendigen übrigen Stell- und Bewegungsflächen. Eine derartige Kammer als Elternschlafzimmer ist nicht zu empfehlen).

Bewegungsflächen:

F 78 Stets in 70 cm Breite vorgesehen, zwischen Längsseite des Bettes und der Wand, bzw. zwei Längsseiten von Betten, in 60 cm Breite möglich (lt. DIN 18011; 60 cm: lt. älterer Ausgabe August 1951).
F 79 Reserve,
F 80 Reserve,
F 81 Reserve.

Beleuchtung/elektr. Energie und Lüftung
vgl. Angaben zu: Wohnzimmer.

Kinderzimmer:

Definition der Zweckbestimmungen der Kinderzimmer (Einbett- und Zweibett-):

Sie sollten außer als Schlafzimmer auch als Spiel-, Bewegungs- und Arbeitsräume dienen und entsprechend den Bedürfnissen der heranwachsenden Benutzer vielseitig möblierbar sein.

Folgende Stellflächen sind erforderlich (lt. DIN 18011):

F 77 Betten (entsprechend Personenzahl), je 100/205 cm, Kleider-Wäscheschrank für
F 76 - 1 Kind 110/65 cm,
F 82 - 2 Kinder 180/65 cm, besser 220/65 cm, (d.h. 2 x 110/65 cm).
Arbeitstische für

F 83 - 1 Kind 90/55 cm, möglichst 100/60 cm,
F 84 - 2 Kinder 140/55 cm, möglichst 2 x 100/60 cm.

F 52 2 Stühle (entsprechend Personenzahl), je 45/50 cm.

Erwünscht:

F 74 Stellfläche+ (für z.B. 1 Kommode) 110/55 cm.

F 78 Bewegungsflächen:

Stets in 70 cm Breite vorsehen (vgl. Angaben Elternschlafzimmer) - lt. DIN 18011.
Ferner (möglichst für jedes Kinderzimmer):
Spielfläche (innerhalb des Raumes gelegen, frei von Möbeln und evtl. Türeinschlägen)
F 85 120/180 cm (Stuhl-Stellfläche darin enthalten).

+ Erforderlich, falls Kleiderschrank außerhalb des Kinderzimmers.

Diese Spielfläche kann unter Umständen mit dem Eßplatz zu einem Raum oder Raumteil zusammengefaßt werden, falls dieser durch Fenster belichtet und belüftet und durch eine Tür von der Küche getrennt werden kann (vgl. DIN 18011).

F 86 Reserve,
F 87 Reserve.

Abstell-, Vorratsräume, Garderobe:

Definition der Zweckbestimmungen dieser Räume:

Jegliche im Haushalt vorhandenen Dauervorräte, Abstellgüter, Reinigungsgeräte usf. (evtl. auch Brennstoffe) müssen frostsicher, kühl und belüftet aufbewahrt werden können. Es sind erforderlich (vgl. DIN 18011) für

F 88 - Dauervorräte (Speisekammer ...): 2 % der Wohnungsgrundfläche (min. 1 m^2 bei Mindestlichtweite von 75 cm);
F 89 - Reinigungsgeräte (Nische, Schrank ...): 50/60 cm, min. 0,25 m^2 Grundfläche, 30 cm tief;
F 90 - langfristige Dauervorräte (Kellerraum ...): ca. 4 m^2;
F 91 - Abstellgut (Dach- bzw. Kellerraum ...) : ca. 4 m^2;
F 92 - Brennstoffe (Kellerraum 22) ...) : ca. 4 m^2;
F 98 - Garderobe als Kleiderablage: 100 cm breit (ca. 65 cm tief).

F 93 Als Bewegungsflächen sind bei diesen Abstellräumen usf. Durchgangsbreiten von min. 70 cm notwendig.

F 94 Reserve,
F 95 Reserve,
F 96 Reserve.

Die Beleuchtung erfolgt i.a. elektrisch, die Lüftung natürlich, seltener kraftbetrieben.

Balkon, Loggia:

Balkon oder Loggia sollten nach Süden bis Südwesten orientiert und gegen Wind, Einblick und Schall geschützt angeordnet werden.
Die Tiefe sollte die Aufstellung von Liegestühlen gestatten ($\geq$ 140 cm).

F 97 Nutzbare Grundfläche $\geq$ 3 m^2 bei einer Tiefe von $\geq$ 140 cm.
F 99 Reserve,
F 100 Reserve.

Flure:

laut DIN 18011 sind in
F 101 - Stich- und Nebenfluren min. 90 cm,
F 102 - Eingangsfluren min. 130 cm
als Tiefen der Bewegungsflächen erforderlich.

---

22) Besonderer Brennstofflagerraum erforderlich für feste Brennstoffe (falls Gesamtnennheizleistung > 125 000 Kcal/h) und für Heizöl (bis zu 5000 l je Gebäude bzw. Brandabschnitt in Tanks zulässig in Räumen ohne Feuerstätten außerhalb der Wohnung) - vgl. § 51 Erste DVO zu § 45 BauONW.

Garage (Einzelgarage):

Definition der Zweckbestimmungen der Garage: Gegen Witterungseinflüsse geschütztes Parken und Warten eines PKW erfordert Berücksichtigung der

F 103 - Stellfläche 23) eines PKW: max. 180/500 cm,
- Bewegungsflächen einschließlich Sicherheitsab-
F 104 ständen: ≥ 50 cm um obige Stellfläche herum.

R 4 Die Geschoßhöhe soll ca. 300 cm betragen (Parkbauten 23), die lichte Höhe max. 2,20 m. 24)

Rohbaurichtmaß für Toröffnung (h/b)
R 21 195/225 cm,
R 22 212,5/237,5 cm,
R 23 237,5/250 cm.

Beleuchtung/elektr. Energie:

Garagen dürfen nur elektrisch beleuchtet werden (lt. Gar VO, § 11).
Lotrechte Verkehrslast: ca. 500 kp/m^2
vgl. Neufert, BEL
Deckennutzlast 400 kp/m^2, im EG 800 - 1000 kp/m^2.

Lüftung:

K 12 Natürliche Querlüftung erforderlich (Querschnitt bei Kleingaragen: 0,02 m^2).
Verschließbare Fenster gelten nicht als Lüftungsöffnungen, mechanische Lüftung möglich (lt. Gar VO; § 12).

Installation:

Löschwascheranschluß (Gar VO, § 14);
Benzinabscheider in Abwasseranlagen (Gar VO, § 16).

Öffnungen zwischen Garage und nicht zur Garage gehörenden Räumen sind unzulässig (i.a. Sicherheitsschleuse erforderlich) - lt. Gar VO, § 8.

Anmerkung:

Für die flächenmäßigen Ansprüche der folgenden Funktionsbereiche können endgültige Angaben erst festgelegt werden, wenn die Anzahl der an diesen Gemeinschaftsanlagen beteiligten Wohnungen bekannt ist.

Für die Auswertung wird im folgenden lediglich ein Gesamtflächenkennzeichen vermerkt.

Heizungsraum (> 8 cbm Rauminhalt gefordert nach § 26 Erste DVO):

F 111 - zu einer Wohnung gehörend,
F 119 - gemeinsam für mehrere Wohnungen.

---

23) Neufert, E.: BEL.
24) Kommentar Gädtke zu § 7 BauONW.

Definition der Zweckbestimmungen des Heizraumes (vgl. § 45 Erste DVO zur BauONW):

Feuerstätten (außer Lufterhitzer) für feste, flüssige oder gasförmige Brennstoffe zur zentralen Beheizung, Warmwasserbereitung u.a. mit einer Gesamtleistung von mehr als 40 000 Kcal/h sind in einem besonderen Heizungsraum aufzustellen. Die lichte Höhe beträgt für die Gesamtnennheizleistung

R 19 60 000 Kcal/h: 2,10 m,
R 20 60 000 Kcal/h: 2,40 m.

Zur Bestimmung der Grundfläche des Heizraumes vgl. Neufert, E.: BEL

M 5 Ständige Last für Heizkessel ca. 500 - 1000 kp/m^2 (einschließlich Wasserinhalt).

Beleuchtung:

Mindestens durch ein unmittelbar ins Freie führendes Fenster (1/12 der Grundfläche des Heizungsraumes) lt. § 48 Erste DVO.
Elektrische Beleuchtung notwendig.

Lüftung:

Ständig wirksame Lüftung erforderlich lt. § 49 Erste DVO. Zuluft unmittelbar dem Freien entnommen in Fußbodenhöhe, Abluftöffnungen unter der Decke. - Bei Gesamtnennheizleistung > 30 000 Kcal/h: Besondere Zu- und Abluftöffnungen erforderlich (§ 26 Erste DVO).

Trockenraum:

F 112 - zu einer Wohnung gehörend,
F 115 - gemeinsam für mehrere Wohnungen.

Für Gebäude mit mehreren Wohnungen sind gemeinschaftliche Trockenräume einzurichten (§ 60 BauONW).
Flächen-Richtwert (zusammenhängende Fläche):
30 m^2/6 Wohnungen (lt. § 27 der ehemaligen VBauO-Siedlungsverband Ruhrkohlenbezirk).

Definition der Zweckbestimmungen:

Trocknen der heimgewaschenen Wäsche; Raum möglichst nahe an Waschküche und Bügelraum gelegen.
Lüftung: Querlüftung erforderlich (Ecklage).
Lichte Höhe: vgl. Waschküche.

Treppenraum (gemeinsam für mehrere Wohnungen):

F 113 Die Bemessung der Grundfläche des Treppenraumes ist abhängig von der Anzahl der Nutzer - insbesondere hinsichtlich besonderer Ansprüche (Katastrophenfall) -, von der Geschoßhöhe und dem Steigungsverhältnis der Treppen.

Die lichte Durchgangshöhe sollte - senkrecht gemessen - mindestens 200 cm betragen. Laut § 21 Erste DVO (zu § 38

BauONW) sind ferner für diese Bewegungsfläche folgende nutzbare Laufbreiten vorzusehen - bei:

Einfamilienhäusern	80 cm,
Wohngebäuden bis zu 2 Vollgeschossen	90 cm,
Wohngebäuden mit mehr als 2 Vollgeschossen und in anderen Gebäuden	100 cm,
Hochhäusern	125 cm.

Die im folgenden aufgeführten Angaben geben einen kurzen Überblick über in diesem Zusammenhang wichtige Forderungen hinsichtlich der Anlage von Treppenräumen und Treppen:

- Jede Treppe muß in einem eigenen, durchgehenden Treppenraum liegen (§ 39 BauONW).
- Der Treppenraum muß für notwendige Treppen an einer Außenwand liegen. Bei mehreren notwendigen Treppen braucht von je zwei Treppenräumen nur einer an einer Außenwand angeordnet zu sein (§ 22 Erste DVO).
- Für Hochhäuser sind mindestens 2 unabhängige Treppenräume oder eine Treppe in einem Sicherheitstreppenraum erforderlich (§ 21 Erste DVO).
- Eine notwendige Treppe ist in höchstens 30 m Abstand von der entferntesten Raummitte eines Aufenthaltsraumes vorzusehen (§ 22 Erste DVO).
- Bei mehr als 2 Vollgeschossen müssen notwendige Treppen in einem Zuge zu allen angeschlossenen Geschossen führen (§ 38 BauONW).
- Die Stufenhöhe sollte höchstens 19 cm, die Auftrittsbreite nicht weniger als 26 cm betragen (§ 21 Erste DVO).
- Nach Höchstens 18 Stufen ist ein Absatz erforderlich (§ 21 Erste DVO).
- Die nutzbare Tiefe der Treppenabsätze muß mindestens so groß sein wie die nutzbare Laufbreite der Treppe, mindestens jedoch 100 cm (§ 21 Erste DVO).

<u>Beleuchtung</u> und <u>Lüftung:</u>

Treppenräume sind zu beleuchten und zu belüften (§ 39 BauONW).
An einer Außenwand liegende Treppenräume notwendiger Treppen müssen Fenster erhalten, die geöffnet werden können; dies gilt nicht für einen Sicherheitstreppenraum (§ 22 Erste DVO).

Waschküche (gemeinsam für mehrere Wohnungen):

Definition der <u>Zweckbestimmung:</u>

Nicht - gewerbliches Waschen der Wäsche des eigenen Bedarfs; als Waschküchen für Gebäude mit mehreren Wohnungen sind gemeinschaftliche Waschküchen einzurichten (§ 60 BauONW), auch für Appartmenthäuser.

Trotzdem ist die Waschmaschine innerhalb der Wohnung für die kleine Wäsche nicht entbehrlich.
Anlage der Waschküche auch im Dachgeschoß zweckmäßig (nahe Treppenhaus).

F 114 Grundfläche: F = 10 - 12 m^2 = für 6 - 8 Wohnungen (vgl. § 60 BauONW, Kommentar Gädtke).

Lichte Höhen:

- Dachgeschoß ⩾ 2,30 m,
- Keller ⩾ 2,10 m.

Belichtung: Falls im Dachgeschoß - als Fensterfläche mindestens 1/8 der Grundfläche erforderlich.

Lüftung: Gute Fensterlüftung, außerdem zusätzliche Schachtlüftung (§ 44 Erste DVO zur BauONW).

Installation:

Fußboden mit Bodeneinlauf einschließlich Geruchverschluß (§ 54 BauONW);
Dauerzapfstelle;
ortsfester, beheizbarer Waschkessel.

Plätt- bzw. Bügelraum (gemeinsam für mehrere Wohnungen):

Definition der Zweckbestimmung:

Bügeln und Sortieren der Wäsche, Raum möglichst Waschküche und Trockenraum benachbart.

F 116 Grundfläche: Etwa wie Waschküche (ca. 10 - 12 m^2 für 6 - 8 Wohnungen).

Lichte Höhe: vgl. Waschküche.

Sonstige Anforderungen: vgl. Trockenraum.

Bade- und Brauseraum (gemeinsam für mehrere Wohnungen):

Definition der Zweckbestimmung:

Gewährleistung der körperlichen Hygiene - entsprechende Forderungen vgl. Bad innerhalb der Wohnung. Für mehrere Einzelraumwohnungen kann anstelle von Einzelbädern ein gemeinsamer Waschraum mit Badewanne oder Dusche gestattet werden (§ 53 BauONW).

F 117 Grundfläche: Je nach Anzahl der zugehörigen Einraumwohnungen, vgl. Maßangaben (Bad innerhalb der Wohnung).

Lichte Höhe: vgl. Waschküche

Fahrradraum (gemeinsam für mehrere Wohnungen):

F 119 Grundfläche je nach Erfordernis, jedoch nicht in den 6 m^2 Abstellfläche/Wohnung (lt. § 44, Erste DVO zur BauONW) enthalten.

Lichte Höhe: ca. 2,10 m.

Lichte Höhen für Räume, die mehreren Wohnungen anteilmäßig zugehören:

	Normalgeschoß	Dach bzw. Einfamilienhäuser	Keller
Trockenraum	≥ 2,50 m	≥ 2,30 m	ca. 2,10 m 25)
Waschküche	≥ 2,50 m	≥ 2,30 m	ca. 2,10 m 25)
	2,10 - 2,30 m 26)		
Bügelraum	≥ 2,50 m	≥ 2,30 m	ca. 2,10 m 25)
Brauseraum	≥ 2,50 m	≥ 2,30 m	ca. 2,10 m 25)
Fahrradraum	-	-	ca. 2,10 m 25)

Aussagen des Diagramms (Bl. 3)

1) 47 von 117 Forderungen (= 40,2 %) treten nur für einen Raum auf, davon sind 43 Forderungen Forderungen flächenmäßiger Einzelabmessungen (= 36,8 % aller Forderungen).

2) 30 von 117 Forderungen (= 25,6 %) treten nur für zwei Räume gleichzeitig auf, davon sind 27 Forderungen Forderungen flächenmäßiger Einzelabmessungen (= 23,1 % aller Forderungen).

3) Aus 1) und 2) folgt, daß 70 Forderungen von 117 Forderungen (= 59,8 %) Forderungen flächenmäßiger Einzelabmessungen darstellen, die für höchstens zwei Räume gleichzeitig auftreten, während lediglich 40 Forderungen von 117 Forderungen (= 34,2 %) in mehr als zwei Räumen (bis zu 33) gleichzeitig auftreten und Forderungen aller sechs Arten beinhalten (flächenmäßige und
räumliche Abmessungen, ferner
mechanische,
visuelle,
klimatische und
akustische Ansprüche).

Lediglich 7 Forderungen der fünf Forderungsarten (außer den flächenmäßigen) von 117 Forderungen (= 6,0 %) treten für höchstens zwei Räume gleichzeitig auf. -

25) Da Mindestgeschoßhöhe für Keller lt. DIN 4174: 2,25 m.

26) lt. Neufert, BEL., S. 171: Für Einfamilien-, Klein- und Mittelhäuser bis zu 2 Vollgeschossen.

Folgerungen aufgrund der Aussagen des Diagrammes (Bl. 3):

Da insbesondere die flächenmäßigen Abmessungen der Einzelstell- und Bewegungsflächen die Differenzierung der Räume (Funktionsbereiche) verursachen (s. oben), ist zu überlegen, auf welchem Weg eine Vereinheitlichung der Raumabmessungen zugunsten einer Reduzierung des Aufwandes herbeigeführt werden kann.

Es zeichnet sich folgende Möglichkeit ab:

Für eine bestimmte Anzahl häufig realisierter Räume (Funktionsbereiche) - vgl. Bl. 1 - wird eine Überlagerung ihrer Grundrisse vorgenommen. Die Abmessungen dieser Räume sind zuvor auf ihre Eignung hinsichtlich der Zweckerfüllung zu überprüfen (unter Berücksichtigung der genannten Stellflächen, Bewegungsflächen und Abstände). Je nach Gleichartigkeit der Abmessungen verschiedener Räume (Funktionsbereiche) werden sich unter Umständen mehrere Grundrisse decken (vgl. S. 32).

Mehraufwand an Fläche bei Überschreitung der Mindestflächen und Erweiterung des Nutzungsspielraumes
(Vereinheitlichung der Abmessungen)

Verwendete Symbole und Formeln:

n	:	Nr. der Mindestfläche
b	:	Breite des Raumes; Mindestfläche (cm) (Fensterseite)
t	:	Tiefe des Raumes; Mindestfläche (cm)
F	:	Mindestfläche (m^2)
F_1	:	kleinste Mindestfläche (m^2)
$\bar{b}$	:	Breite des Raumes bei vereinheitlichten Abmessungen (cm)
$\bar{t}$	:	Tiefe des Raumes bei vereinheitlichten Abmessungen (cm)
$\bar{F}$	:	Fläche bei vereinheitlichten Abmessungen (m^2)
$\Delta F = \bar{F} - F_1$	:	Mehraufwand an Fläche gegenüber der kleinsten Mindestfläche (m^2) (absolut)
$\Delta F/F_1 \cdot 100\ \%$	:	Mehraufwand an Fläche im Verhältnis zur kleinsten Mindestfläche (prozentual)
N	:	Anzahl der möglichen Nutzungen (bzw. Anordnungsmöglichkeiten der Stell- und Bewegungsflächen)

Anmerkung:

Die aufgeführten Mindestflächen sind im Anhang dargestellt (vgl. Bemessungszeichnungen).

1.1 Wohnen

n	F	b/t	$\bar{b}/\bar{t}$	$\bar{F}$	ΔF	$\Delta F/F_1 \cdot 100$ %	N
1	18.45	410/450					1
2	18.86	410/460	410/460	18.86	0.41	2.2	2
3	18.86^5	385/490	410/490	20.09	1.64	8.9	3
4	19.30^5	495/390	495/490	24.25	5.80	31.4	4
5	19.68	410/480	495/490	24.25	5.80	31.4	5
6	20.02^5	445/450	495/490	24.25	5.80	31.4	6
7	21.32	410/520	495/520	25.74	7.29	39.51	7
8	21.52^5	410/525	495/525	25.99	7.54	40.87	8
9	22.34^5	410/545	495/545	26.98	8.53	46.23	9
10	23.57^5	410/575	495/575	28.46	10.01	54.26	10
11	23.57^5	410/575	495/575	28.46	10.01	54.26	11
12	23.98	545/440	545/575	31.34	12.89	69.86	12
13	23.98	545/440	545/575	31.34	12.89	69.86	13
14	24.60	410/600	545/600	32.70	14.25	77.24	14
15	24.60	410/600	545/600	32.70	14.25	77.24	15
16	25.08	570/440	570/600	34.20	15.75	85.37	16
17	25.08	570/440	570/600	34.20	15.75	85.37	17
18	25.63	410/625	570/625	35.63	17.18	93.12	18
19	25.83	410/630	570/630	35.91	17.46	94.63	19
20	26.18	595/440	595/630	37.49	19.04	103.20	20
21.	26.40	600/440	600/630	37.80	19.35	104.88	21
22	27.27	410/665	600/665	39.90	21.45	116.26	22
23	27.94	635/440	635/665	42.23	23.78	128.89	23

1.2 Essen

n	F	b/t	$\bar{b}/\bar{t}$	$\bar{F}$	ΔF	$\Delta F/F_1 \cdot 100$ %	N
1	4.92	240/205					1
2	6.12	240/255	240/255	6.12	1.20	24.39	2
3	7.14	280/255	280/255	7.14	2.22	45.12	3
4	8.54	280/305	280/305	8.54	3.62	73.58	4
5	8.82	280/315	280/315	8.82	3.90	79.27	5

1.3 Schlafen/Eltern

n	F	b/t	$\bar{b}/\bar{t}$	$\bar{F}$	ΔF	$\Delta F/F_1 \cdot 100$ %	N
1	12.38	330/375	-	-	-	-	1
2	12.75	340/375	340/375	12.75	0.37	2.99	2
3	13.40	285/470	340/470	15.98	3.60	29.08	3
4	13.86	330/420	340/470	15.98	3.60	29.08	4
5	14.00	350/400	350/470	16.45	4.07	32.88	5
6	14.05	365/385	365/470	17.16	4.78	38.61	6
7	14.10	300/470	365/470	17.16	4.78	38.61	7
8	14.10	300/470	365/470	17.16	4.78	38.61	8
9	14.28	340/420	365/470	17.16	4.78	38.61	9
10	14.56	355/410	365/470	17.16	4.78	38.61	10
11	14.56	410/355	410/470	19.27	6.89	55.65	11
12	14.56	355/410	410/470	19.27	6.89	55.65	12
13	14.97	365/410	410/470	19.27	6.89	55.65	13
14	15.01	345/435	410/470	19.27	6.89	55.65	14
15	15.05	350/430	410/470	19.27	6.89	55.65	15
16	15.68	320/490	410/490	20.09	7.71	62.28	16
17	15.93	295/540	410/540	22.14	9.76	78.84	17
18	16.37	295/555	410/555	22.76	10.38	83.84	18
19	16.45	350/470	410/555	22.76	10.38	83.84	19

1.4 Schlafen/Kinder

n	F	b/t	$\bar{b}/\bar{t}$	$\bar{F}$	ΔF	$\Delta F/F_1 \cdot 100$ %	N
1	5.33	248/215	-	-	-	-	1
2	5.63	225/250	248/250	6.20	0.87	16.3	2
3	6.88	320/215	320/250	8.00	2.67	50.1	3
4	6.95	323/215	323/250	8.08	2.75	51.6	4
5	7.09	225/315	323/315	10.17	4.84	90.8	5
6	7.09	225/315	323/315	10.17	4.84	90.8	6
7	7.31	225/325	323/325	10.50	5.17	97.0	7
8	7.47	245/305	323/325	10.50	5.17	97.0	8
9	7.60	245/310	323/325	10.50	5.17	97.0	9
10	7.91	310/255	323/325	10.50	5.17	97.0	10
11	8.51	270/315	323/325	10.50	5.17	97.0	11
12	9.00	305/295	323/325	10.50	5.17	97.0	12
13	9.14	290/315	323/325	10.50	5.17	97.0	13
14	9.25	430/315	430/325	13.98	8.65	162.3	14
15	9.61	305/315	430/325	13.98	8.65	162.3	15
16	10.56	325/325	430/325	13.98	8.65	162.3	16
17	11.39	330/345	430/345	14.84	9.51	178.4	17
18	12.38	330/375	430/375	16.13	10.80	202.6	18
19	12.62	290/435	430/435	18.71	13.38	251.0	19
20	13.23	420/315	430/435	18.71	13.38	251.0	20
21	13.65	390/350	430/435	18.71	13.38	251.0	21
22	13.81	325/425	430/435	18.71	13.38	251.0	22
23	13.98	430/325	430/435	18.71	13.38	251.0	23
24	14.14	325/435	430/435	18.71	13.38	251.0	24
25	16.17	420/385	430/435	18.71	13.38	251.0	25

1.5 Kochen

n	F	b/t	$\bar{b}/\bar{t}$	$\bar{F}$	ΔF	$\Delta F/F_1 \cdot 100$ %	N
1	6.51	236/276	-	-	-	-	1
2	7.09	186/381	236/381	8.99	2.48	38.09	2
3	7.46	236/316	236/381	8.99	2.48	38.09	3
4	8.40	236/356	236/381	8.99	2.48	38.09	4
5	8.85	186/476	236/476	11.23	4.72	72.50	5
6	8.87	236/376	236/476	11.23	4.72	72.50	6
7	9.82	236/416	236/476	11.23	4.72	72.50	7
8	9.86	221/446	236/476	11.23	4.72	72.50	8
9	10.76	236/456	236/476	11.23	4.72	72.50	9
10	11.71	236/496	236/496	11.71	5.20	79.88	10
11	11.71	236/496	236/496	11.71	5.20	79.88	11
12	11.94	236/506	236/506	11.94	5.43	83.41	12
13	15.66	336/466	336/506	17.00	10.49	161.14	13
14	17.67	336/526	336/526	17.67	11.16	171.43	14
15	18.45	396/466	396/526	20.83	14.32	219.97	15
16	20.43	396/516	396/526	20.83	14.32	219.97	16

1.6.1 Trockener Hausarbeitsraum

1.6.2 Nasser Hausarbeitsraum

n	F	b/t	$\bar{b}/\bar{t}$	$\bar{F}$	ΔF	$\Delta F/F_1 \cdot 100$ %	N
1	5.07	206/246	-	-	-	-	1
2	5.81	236/246	236/246	5.81	0.74	14.60	2
3	6.25	336/186	336/246	8.27	3.20	63.12	3
4	6.25	336/186	336/246	8.27	3.20	63.12	4

2.1 Baden

n	F	b/t	$\bar{b}/\bar{t}$	$\bar{F}$	ΔF	$\Delta F/F_1 \cdot 100$ %	N
1	2.68	$157^5/170$	-	-	-	-	1
2	3.05	203/150	203/170	3.45	0.77	28.73	2
3	3.08	205/150	205/170	3.49	0.81	30.22	3
4	3.09	206/150	206/170	3.50	0.82	30.6	4
5	3.37	198/170	206/170	3.50	0.82	30.6	5
6	3.40	200/170	206/170	3.50	0.82	30.6	6
7	3.45	203/170	206/170	3.50	0.82	30.6	7
8	3.45	203/170	206/170	3.50	0.82	30.6	8
9	3.66	215/170	215/170	3.66	0.98	36.57	9
10	3.68	245/150	245/170	4.17	1.49	55.6	10
11	3.68	245/150	245/170	4.17	1.49	55.6	11
12	3.68	245/150	245/170	4.17	1.49	55.6	12
13	3.96	233/170	245/170	4.17	1.49	55.6	13
14	4.01	225/178	245/178	4.36	1.68	62.69	14
15	4.28	276/155	276/178	4.91	2.23	83.21	15
16	4.39	283/155	283/178	5.04	2.36	88.06	16
17	4.43	295/150	295/178	5.25	2.57	95.9	17
18	4.47	298/150	298/178	5.30	2.62	97.76	18
19	4.59	270/170	298/178	5.30	2.62	97.76	19
20	4.61	245/188	298/188	5.60	2.92	108.96	20
21	4.63	228/203	298/203	6.05	3.37	125.75	21
22	4.71	298/158	298/203	6.05	3.37	125.75	22
23	5.22	243/215	298/215	6.41	3.73	139.18	23

2.2 Toilette

n	F	b/t	$\bar{b}/\bar{t}$	$\bar{F}$	ΔF	$\Delta F/F_1 \cdot 100$ %	N
1	1.51	140/108	-	-	-	-	1
2	1.56	173/0.90	173/108	1.87	0.36	23.84	2
3	1.72	140/123	173/123	2.13	0.62	41.06	3
4	1.79	188/0.95	188/123	2.31	0.80	52.98	4
5	1.89	140/135	188/135	2.54	1.03	68.21	5
6	2.03	140/145	188/145	2.73	1.22	80.79	6

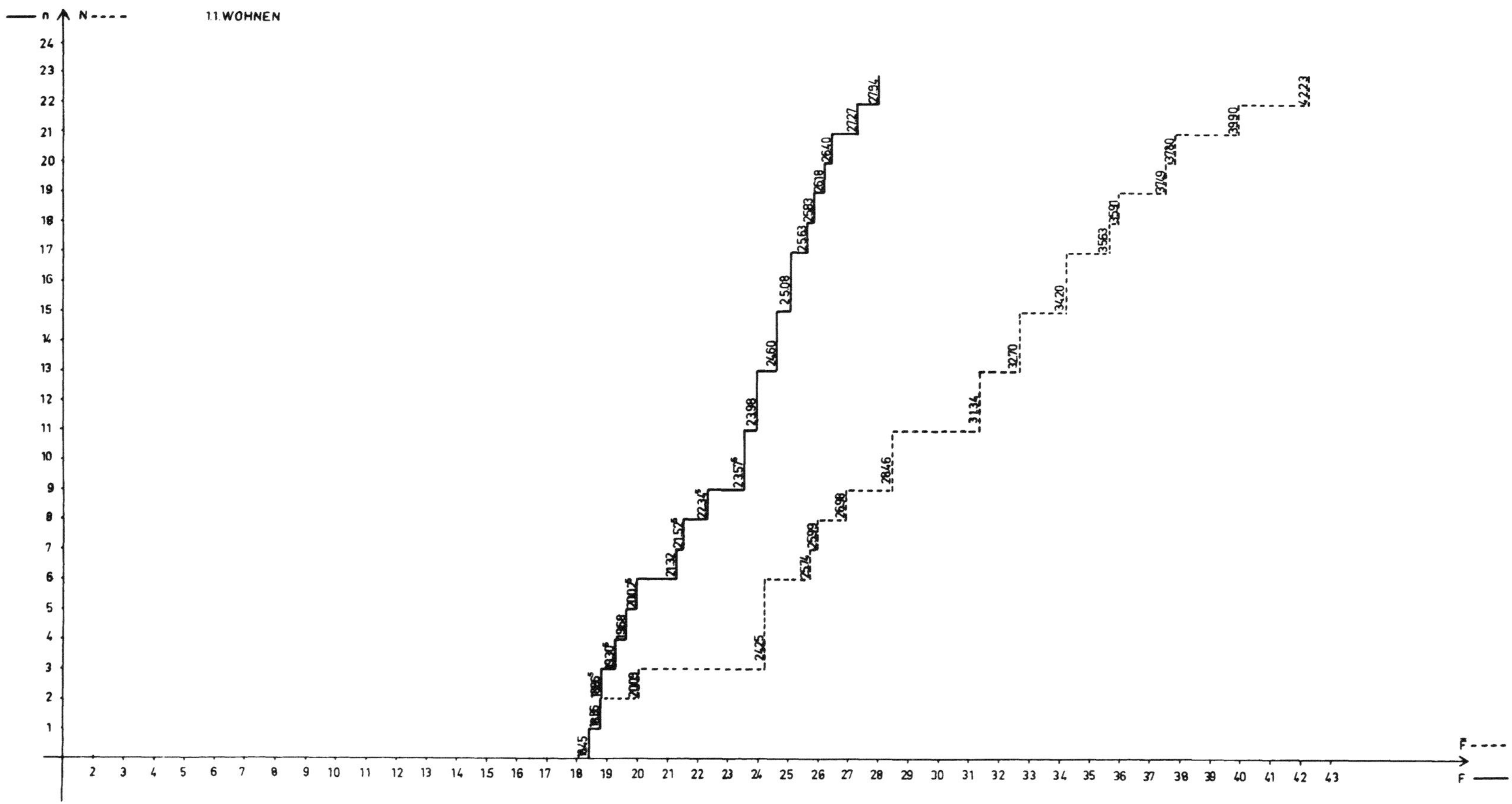
1.1. WOHNEN
n
N
F
F
1845
1886
1886
1930
1968
2002
2132
2152
2234
2357
2398
2460
2508
2563
2583
2618
2640
2727
2794
2009
2425
2574
2599
2698
2846
3134
3270
3420
3563
3590
3749
3780
3990
4223

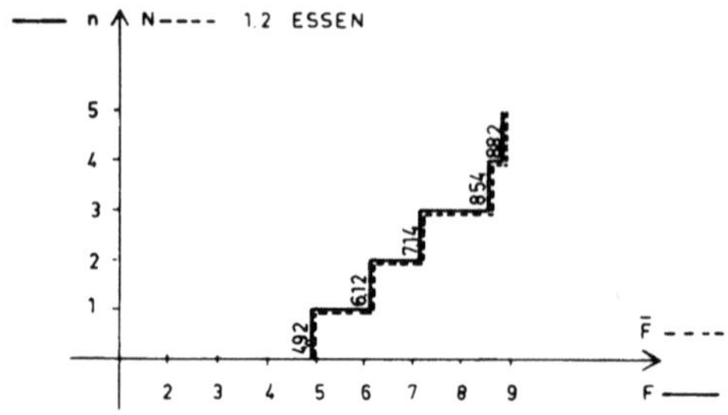
n
N
1.2 ESSEN
492
612
714
854
882
F̄
F

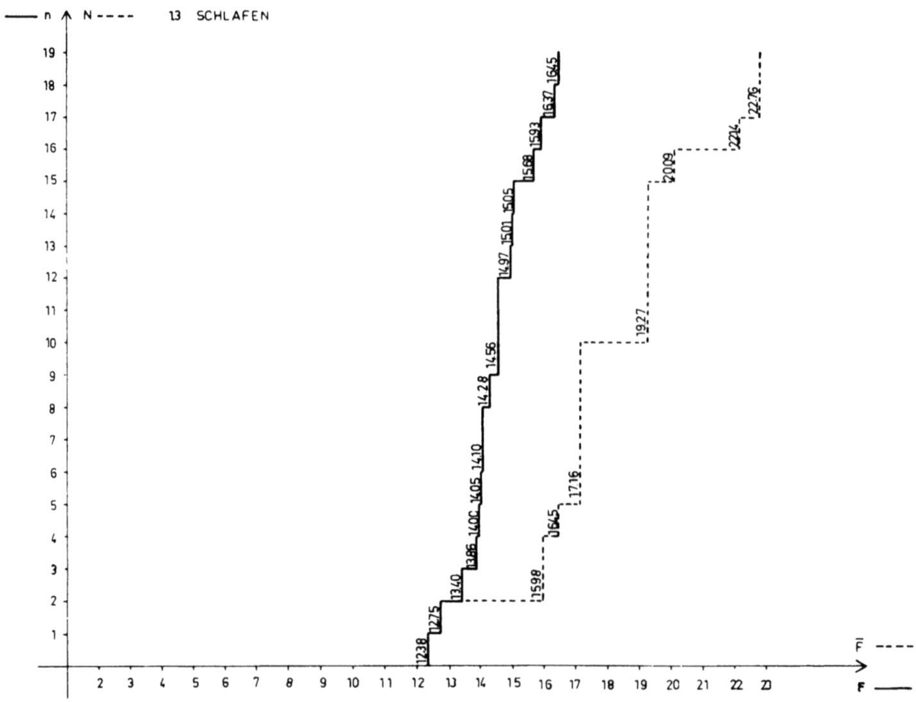
n
N
13 SCHLAFEN
1238
1275
1340
1386
1400
1405
1410
1428
1456
1497
1501
1505
1568
1593
1637
1645
1598
1645
1716
1927
2009
2214
2276
F̄
F

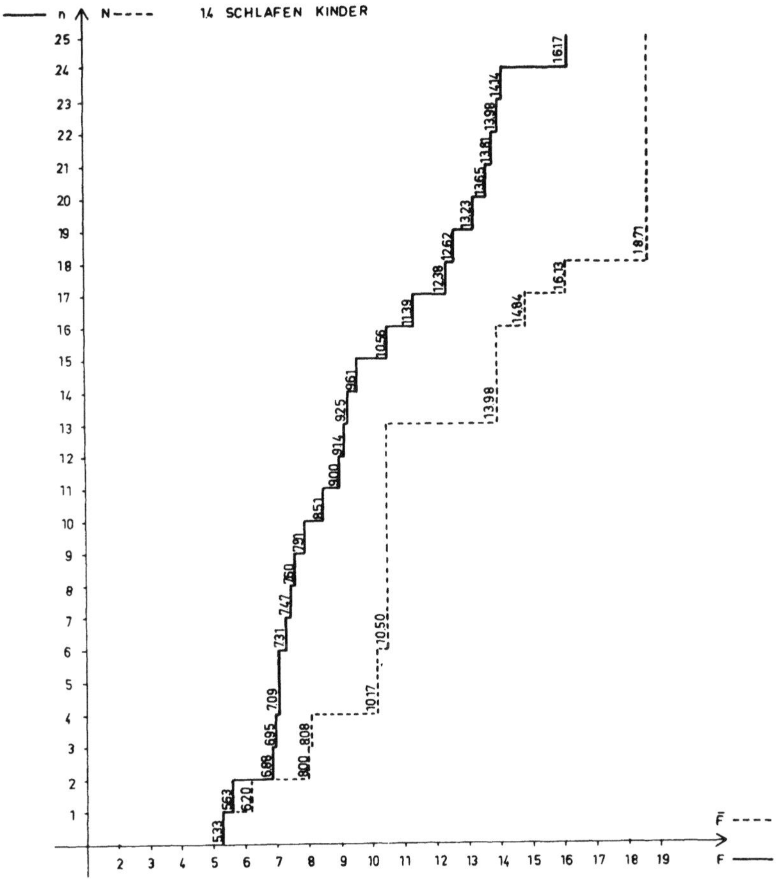
n
N
14 SCHLAFEN KINDER
F
F

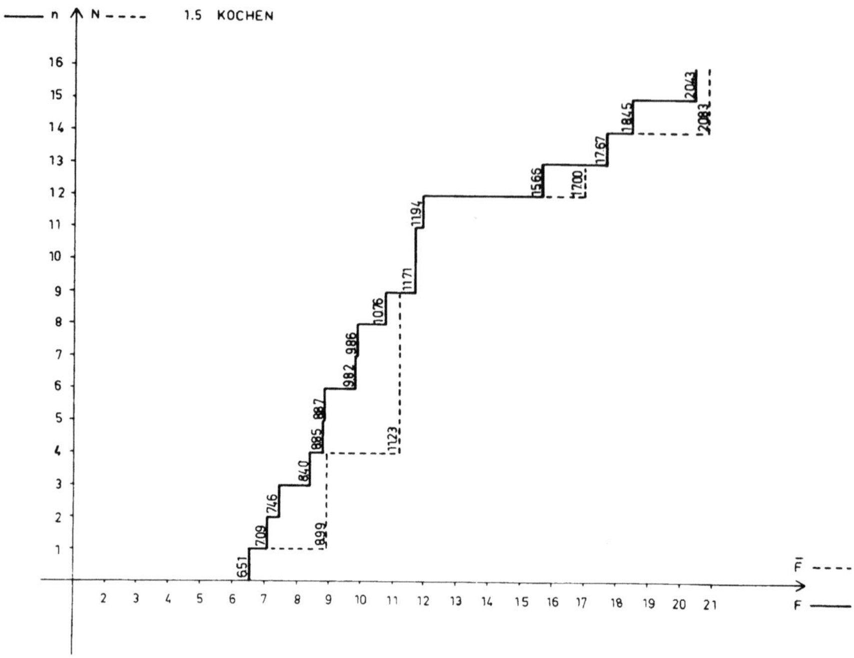
n
N
1.5 KOCHEN
651
709
746
840
885
887
899
982
986
1076
1123
1171
1194
1566
1700
1767
1845
2043
2083
F̄
F

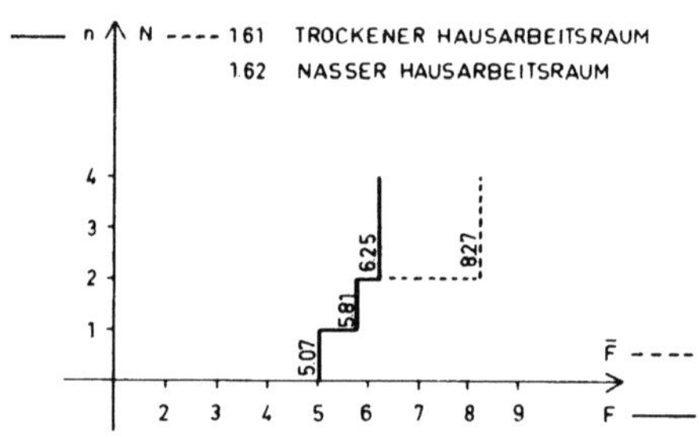
n
N
161 TROCKENER HAUSARBEITSRAUM
162 NASSER HAUSARBEITSRAUM
5.07
5.81
6.25
8.27
F̄
F

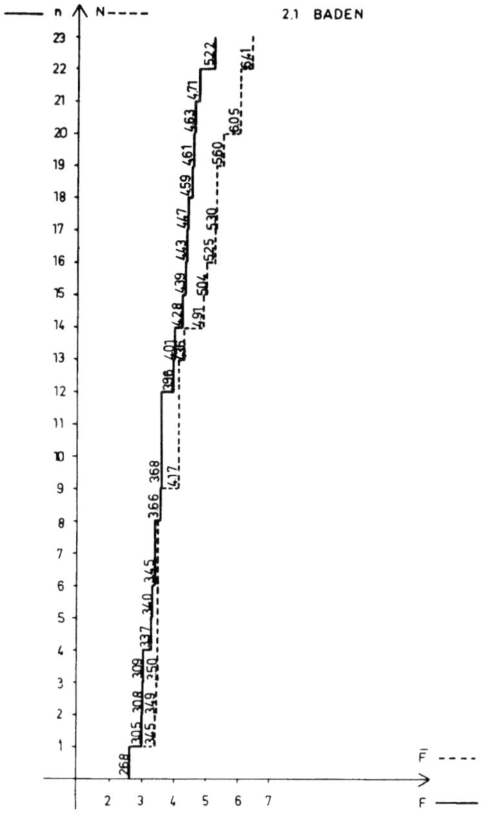
n
N
2.1 BADEN
F̄
F

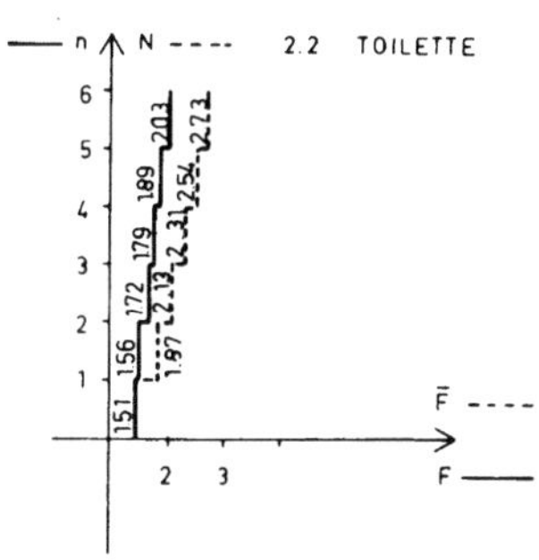
n
N
2.2 TOILETTE
F̄
F

Zur Auswahl bestimmter Formate (Gruppenbildung):

Um den (durch die in den Abbildungen Seiten 69 bis 73 aufgeführten Formate $\bar{F}$ mit maximalen Abmessungen) bedingten Mehraufwand an Fläche (zugunsten erweiterter Nutzungsmöglichkeiten) einzuschränken, soll im folgenden gezeigt werden, daß die Zusammenfassung der Flächen zu Gruppenformaten unter bestimmten Bedingungen ein sinnvolles Vorgehen darstellt.

Zu diesem Zweck sei der geometrische Zusammenhang kurz vorgestellt:

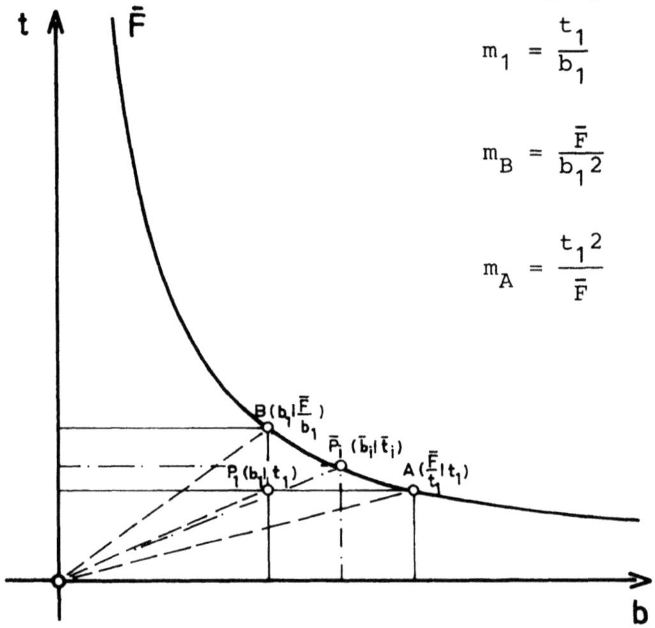

Steigungen der Diagonalen:

$$m_1 = \frac{t_1}{b_1}$$

$$m_B = \frac{\bar{F}}{b_1{}^2}$$

$$m_A = \frac{t_1{}^2}{\bar{F}}$$

Alle Punkte $\bar{P}_i$ auf der Hyperbel $t = \frac{\bar{F}}{b}$ bezeichnen Flächenformate mit gleichem Flächeninhalt $\bar{F}$, welche die durch P_1 bezeichnete Fläche ersetzen können, sofern $\bar{F} \geqq F_1$ und $\bar{b}_i \geqq b_1$ bzw. $\bar{t}_i \geqq t_1$.

Dieser Sachverhalt trifft in dem durch A und B bezeichneten Hyperbelabschnitt zu.

Für alle $\bar{P}_i$ in diesem Bereich ist $\Delta F = \bar{F} - F_1$ gleich groß. Es gilt somit

$$(1) \qquad \Delta F = F_1 \left(\frac{m_1}{m_A} - 1\right), \text{ da } \bar{F} = F_1 \cdot \frac{m_1}{m_A} ;$$

$$(2) \qquad \Delta F = F_1 \left(\frac{m_B}{m_1} - 1\right), \text{ da } \bar{F} = F_1 \cdot \frac{m_B}{m_1} ;$$

(3) $\Delta F = F_1 (\sqrt{\frac{m_B}{m_A}} - 1)$, da $m_1^2 = m_A \cdot m_B$.

Je stärker sich die Steigungen m_A bzw. m_B der Steigung m_1 der Flächendiagonalen durch P_1 nähern, umso kleiner wird ΔF; für $m_A = m_1$, $m_B = m_1$ und $m_B = m_A$ wird $\Delta F = 0$. Da mögliche $\bar{P}_i$ mit bestimmten $\bar{F} = F_1 + \Delta F$ nur innerhalb des durch A und B begrenzten Hyperbelabschnittes liegen können, sind für einen bestimmten zulässigen Mehraufwand an Fläche ΔF mit A und B auch die F_1 ersetzenden "Grenzformate" angegeben, zwischen denen alle übrigen möglichen Formate mit dem Flächeninhalt $\bar{F}$ auf dem Hyperbelabschnitt liegen, d.h. hiermit ist der "Streubereich" (auf der Hyperbel) möglicher $\bar{P}_i$ bei bestimmten F_1 und ΔF angegeben:

Dieser "Streubereich" wird umso größer, je mehr Aufwand an Fläche (ΔF) zulässig ist. Soll nun ΔF möglichst gering gewählt werden können, muß dieser "Streubereich" eingeengt werden, d.h. die Seitenverhältnisse $\frac{\bar{t}_i}{\bar{b}_i}$ für $\bar{P}_i$ haben sich an das Seitenverhältnis $\frac{t_1}{b_1}$ für P_1 anzunähern.

Zusammenfassung:

Bei der durchgeführten Gegenüberstellung der Summen

1. aller Mindestflächen (F_i);

2. aller größten Formate ($\bar{F}$), welche innerhalb der jeweiligen nutzungsbedingten Raumgruppen alle Nutzungen (Stell- und Bewegungsflächen) ermöglichen;

3. aller in Gruppenformaten ($\bar{F}_{gi}$) zusammengefaßten Flächen sowie der verbleibenden 42 Einzelflächen,

stellt sich folgendes Ergebnis heraus:

1. $\sum_{i=1}^{i=121} F_i = 1401{,}035 \text{ m}^2$

2. $23 \cdot \bar{F}_1 + 5 \cdot \bar{F}_2 + 19 \cdot \bar{F}_3 + 25 \cdot \bar{F}_4 + 16 \cdot \bar{F}_5 + 4 \cdot \bar{F}_6 + 6 \cdot \bar{F}_7$

   $23 \cdot \bar{F}_8 = 2445{,}75 \text{ m}^2$

3. $7 \cdot \bar{F}_{gi_1} + 6 \cdot \bar{F}_{gi_2} + 5 \cdot \bar{F}_{gi_3} + 7 \cdot \bar{F}_{gi_4} + 15 \cdot \bar{F}_{gi_5} + 5 \cdot \bar{F}_{gi_6} + 9 \cdot \bar{F}_{gi_7} + 6 \cdot \bar{F}_{gi_8} +$

   $6 \cdot \bar{F}_{gi_9} + 9 \cdot \bar{F}_{gi_{10}} + 4 \cdot \bar{F}_{gi_{11}}$ +42 Einzelflächen = $1502{,}97 \text{ m}^2$.

Die maximalen Formate ($\bar{F}$) ermöglichen innerhalb der jeweiligen nutzungsbedingten Raumgruppen alle Nutzungen, übersteigen jedoch die Summe der 121 Mindestflächen um das 1,746-fache.

ZUSAMMENHÄNGE : FUNKTION / KONSTRUKTION
NUTZUNGSBEDINGTE MINDESTFLÄCHEN
(GEMÄSS BESTIMMUNGEN)
UND FORMATAUSWAHL

RWTH AACHEN

77

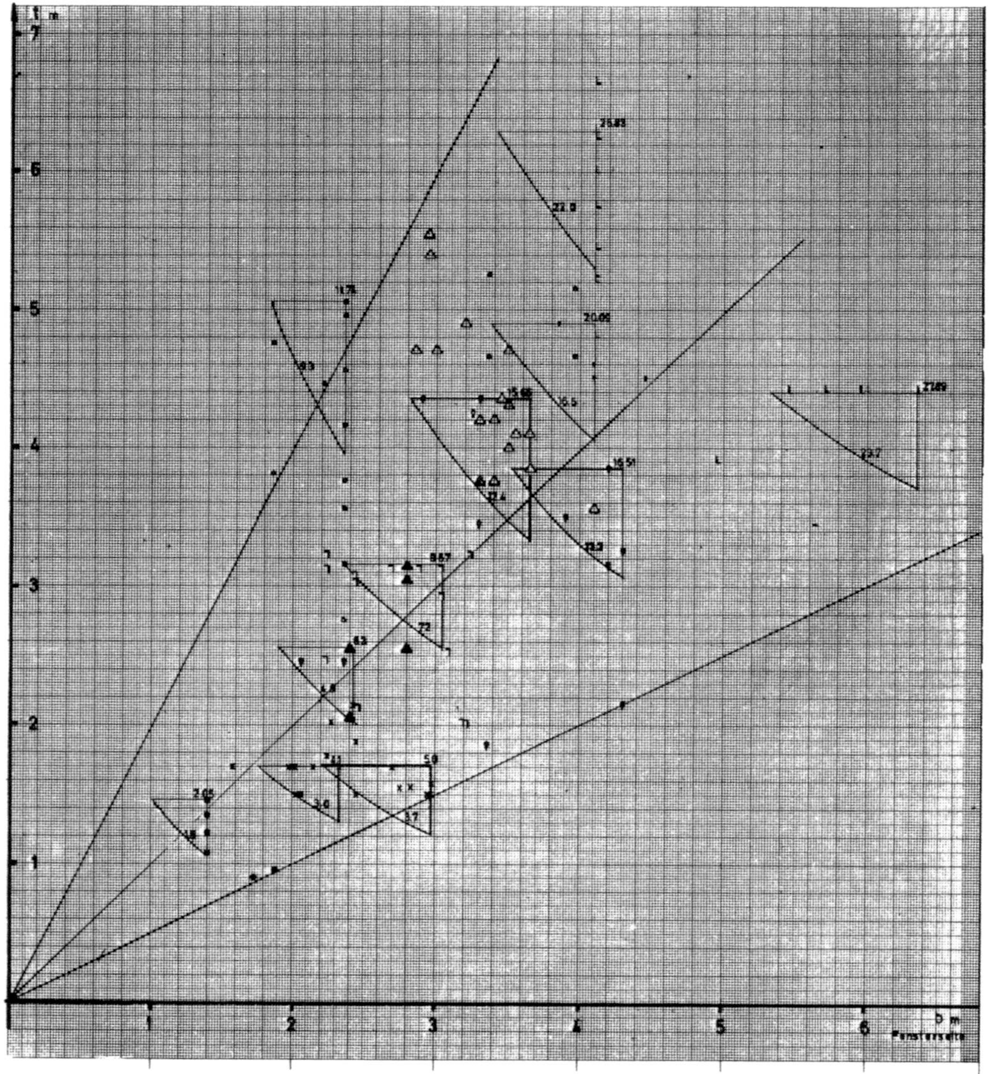

VON DEN 121 MINDESTFLÄCHEN SIND 79 IN DEN 11 DARGESTELLTEN GRUPPENFORMATEN ERFASST.

LEGENDE :

- • WOHNEN ohne Essplatz
- L WOHNEN mit Essplatz
- △ SCHLAFEN
- ٦ SCHLAFEN 1 KIND
- ♀ SCHLAFEN 2 KINDER
- ▲ ESSEN
- ○ KOCHEN
- x BADEN
- • TOILETTE
- ♀ HAUSARBEITSRAUM

VORGEGEBENE ÜBERSCHREITUNG (VORSCHLAG)

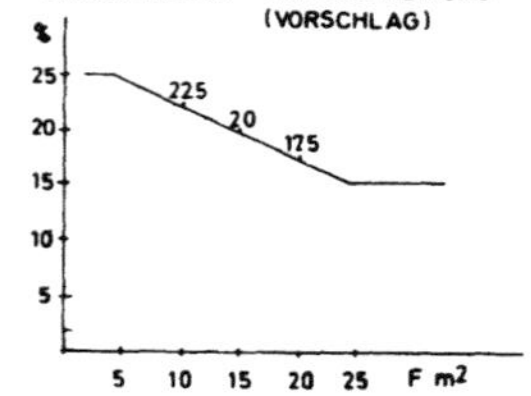

Die Summe der Gruppenformate, die $\frac{79 \cdot 100\ \%}{121} = 65{,}3\ \%$ der Gesamtanzahl aller Räume und innerhalb dieser Formate möglichst verschiedene Nutzungen enthalten, plus der Summe aller übrigbleibenden 42 Einzelflächen ergibt nur den <u>1,073-fachen</u> Wert der Summe der Mindestflächen.

Es ist offensichtlich, daß der letztgenannte Vorschlag zur Erlangung erweiterter Nutzungsmöglichkeiten einen geringeren flächenbedingten Mehraufwand verursacht als Vorschlag 2.

Wenn auch die Anzahl der in den Formaten möglichen Nutzungen geringer ist als für Vorschlag 2, so erscheint Vorschlag 3 als der hinsichtlich des flächenbedingten Aufwandes geeignetere Weg.

Somit wird ein Spielraum alternativer Nutzungsmöglichkeiten bei relativ geringfügigem Mehraufwand geboten.

Bei dieser Gegenüberstellung wird vorausgesetzt, daß alle diese 121 Räume in einer umfangreicheren Bauaufgabe zu realisieren sind.

<u>Zwischenrechnung</u>:

1. $\sum_{i=1}^{i=121} F_i =$

Baden	89,570 m^2
Hausarb.	23,380 m^2
Kochen	185,190 m^2
Schl.Ki.	246,700 m^2
Schl.Elt.	276,060 m^2
Essen	35,540 m^2
Wohnen	534,095 m^2
Toil.	10,500 m^2
	1401,035 m^2

2. Formate maximaler Abmessungen ($\bar{F}$):

Baden	23 ·	6,41 m^2 =	147,430 m^2
Hausarb.	4 ·	8,27 m^2 =	33,080 m^2
Kochen	16 ·	20,83 m^2 =	333,280 m^2
Schl.Ki.	25 ·	18,71 m^2 =	467,750 m^2
Schl.Elt.	19 ·	22,76 m^2 =	432,440 m^2
Essen	5 ·	8,82 m^2 =	44,100 m^2
Wohnen	23 ·	42,23 m^2 =	971,290 m^2
Toil.	6 ·	2,73 m^2 =	16,380 m^2
			2445,750 m^2

3. Gruppenformate + Einzelflächen:

7	$\cdot$ 25,83 m^2	=	180,81 m^2
6	$\cdot$ 11,74 m^2	=	70,44 m^2
5	$\cdot$ 20,09 m^2	=	100,45 m^2
7	$\cdot$ 27,89 m^2	=	195,23 m^2
15	$\cdot$ 15,66 m^2	=	234,90 m^2
5	$\cdot$ 16,51 m^2	=	82,55 m^2
9	$\cdot$ 9,67 m^2	=	87,03 m^2
6	$\cdot$ 6,30 m^2	=	37,80 m^2
6	$\cdot$ 5,00 m^2	=	30,00 m^2
9	$\cdot$ 4,10 m^2	=	36,90 m^2
4	$\cdot$ 2,05 m^2	=	8,20 m^2
79			1064,31 m^2
42	Einzelflächen		438,66 m^2
121			1502,97 m^2

1.2.3 Dritter Arbeitsabschnitt: Zuordnung von Räumen

In Entsprechung zu dem Begriff der Zweckbestimmung von Räumen, die sich auf die festgestellten Kriterien für den Innenraum beziehen, umfaßt der Begriff der Raumzuordnung die Auswirkungen dieser Zweckbestimmungen in Hinblick auf die qualitativen und quantitativen Eigenschaften der Raumbeziehungen.

In diesem Zusammenhang sollen diese Eigenschaften der Raumbeziehungen festgestellt werden. -

Forderungen für die Zuordnung der Funktionsbereiche:

Als Grundlage dieser Ermittlung der Forderungen für die Zuordnung der Funktionsbereiche dienen im wesentlichen die in der Einleitung des Zweiten Arbeitsabschnittes (Zweckbestimmungen von Räumen) angegebenen Empfehlungen, Richtlinien, Normen und Vorschriften.

Vorangestellt wird eine dem dortigen Zusammenhang entsprechende Gliederung, welche in diesem Arbeitsabschnitt die Forderungen hinsichtlich der nutzungsbedingten Zuordnung der Funktionsbereiche aufführt. Bildlich kann für den Schritt der Entwurfsfindung von einer Überlagerung der verschiedenen Kriterien gesprochen werden. Diese Kriterien sollten trotz ihrer teilweisen gegenseitigen Ausschließung miteinander derart in Verbindung treten, daß hinsichtlich Aufwand und Nutzen optimale Entwurfslösungen entwickelt werden können.

Hierbei werden die notwendigen, erwünschten und zu vermeidenden Beziehungen der Funktionsbereiche untereinander beschrieben, aufgrund derer die günstigste Zuordnung der Bereiche ermöglicht wird.

Insgesamt gliedern sich diese Forderungen der Zuordnung in folgende sechs Kriteriengruppen:

- Flächenmäßige,
- räumliche,
- mechanische,
- visuelle,
- klimatische und
- akustische.

Diese Forderungen können untereinander

gut vereinbar,
schwer vereinbar oder
nicht vereinbar sein.

Falls sie untereinander nur schwer vereinbar sind, müssen die einzelnen Kriterien hinsichtlich ihrer positiven und negativen Auswirkungen untereinander abgewogen werden.

In diesem Sinne kann ein Zusammenwirken zunächst unvereinbar erscheinender Forderungen gerechtfertigt sein, z.B. kompakter Grundriß zugunsten geringer Außenflächen, dennoch Gewährleistung der natürlichen Belichtung zumindest der Aufenthaltsräume. -

Der Begriff "Zuordnung" soll die organisatorisch bedingte Nachbarschaft der Strukturelemente - als Bezugspunkte auf einer Fläche oder im Raume - charakterisieren.

Die Forderungen hinsichtlich der Zuordnung sind folgende:

<u>Flächenmäßige:</u>

Beziehungen der Wohnflächen, der Flächen der Ausstattung und der Außenräume untereinander aufgrund der <u>Erschließung</u> und der für die einzelnen Flächenarten charakteristischen <u>Tätigkeiten:</u> Bildung bestimmter Organisationsformen der Reihung, Stapelung oder Zentralisation von Funktionsbereichen unter Beachtung der Auswirkungen konstruktiver Realisierungsmöglichkeiten.

Im einzelnen ist folgenden Forderungen zu genügen:

1. <u>Wohnungen</u> müssen abgeschlossen sein, eigene abschließbare Zugänge unmittelbar vom Freien oder von einem anderen Vorraum haben (§ 60 BauONW).

2. Die <u>Wohnung</u> sollte zugunsten kürzerer Wegebeziehungen, des Sicht- und Schallschutzes und der Übersichtlichkeit in <u>Gruppen gleichartig genutzter Funktionsbereiche gegliedert</u> werden: Wohnen, Wirtschaften, Schlafen, Körperpflegen, Erschließen.

Diese Gruppen wiederum sind in folgende drei wesentliche Bereiche zu gliedern:

a) Wohnzimmer (mit Balkon), Eßplatz und Küche
(im Bedarfsfall: Hausarbeitsraum mit Wasseranschluß zugeordnet 27));

b) Schlafzimmer und Bad
(im Bedarfsfall: Hausarbeitsraum für trockene Arbeiten zugeordnet 27));

c) Verkehrsfläche als neutrale Erschließungsfläche vorgenannter Wohnungsbereiche mit direkter Zuordnung von Toilette und Garderobe.

Gefangene Räume sind lediglich bei vorteilhafter Eingliederung in den gesamten Raumzusammenhang unter Berücksichtigung ihrer zeitlichen Nutzung vorzusehen.

3. Der Wohnraum sollte von der Eingangszone aus auf kurzem Weg erreichbar sein, falls er nicht sogar mit dieser im Sonderfall zu einem offenen Bereich zusammengefaßt wird. Für diesen in die Erschließungszone einbezogenen Raum sind jedoch Störungen nicht auszuschließen.

Falls der Eßplatz innerhalb des Wohnraumes angeordnet wird, ist einer kurzen Wegeverbindung zur Küche Rechnung zu tragen (auch als einziger Zugang zur Küche möglich). Erwünscht sind Sichtverbindung und höchstens ein neutraler Raum als Bindeglied 28).

4. Der Eßplatz sollte neben Küche und Wohnraum liegen. Er dient als erweiterte Wohnfläche, unter Umständen auch als Platz für Näharbeiten (im Sinne der DIN 18011 als erwünschter Mehrzweckraum). Der Eßplatz kann mit der Spielfläche zu einem Raum zusammengefaßt werden.

5. Das Elternschlafzimmer ist neben dem Bad anzuordnen; dieses kann vom Schlafzimmer aus zugängig sein, wenn ein WC oder ein Bad mit Spülklosett vom Flur aus erreichbar ist. Das Elternschlafzimmer kann als gefangener Raum vom Wohnzimmer zugängig sein.

6. Kinderzimmer sind dem Schlafteil der Wohnung zuzuordnen; die Nähe des Bades oder einer geeigneten Waschmöglichkeit ist notwendig.

In diesem Zusammenhang kann der für Haushalte mit mehr als fünf Personen zusätzlich erforderliche, anstelle des Handwaschbeckens in der Toilette angeordnete Waschtisch (55/45 cm) benutzt werden. Für diesen Fall empfiehlt sich die zusätzliche Erweiterung des WC um eine Brausewanne (80/80 cm). Eine großzügige Lösung stellt die Ausstattung des Kinderzimmers mit einem Waschtisch dar. Diese Lösung würde den Vorteil bieten, das Kinderzimmer

---

27) Vgl. Prömmel, A.: Kommentar zur DIN 18022, Ausgabe November 1967, München, 1968, Udo Pfriemer Verlag GmbH, S. 78, 79:
"Eindeutig wurde ... bewiesen, daß es keinen Nutzungsvorteil bringt, Wohnungen unter 80 m^2 mit einem Hausarbeitsraum auszustatten. Küche, Bad, WC, Hausarbeitsraum, Abstellraum nebst Fluren und Zugängen nehmen mindestens 30 m^2 ein. Bei einer 70 m^2 großen Wohnung würden dann nur noch etwa 40 m^2 für das eigentliche Wohnen zur Verfügung stehen. Der Wirtschafts- und Sanitärbereich wäre unverantwortlich überdehnt."

28) Vgl. Prömmel, A.: Kommentar zur DIN 18022, Ausgabe November 1967, a.a.O., S. 113.

auch für Gäste oder alleinstehende ältere Familienangehörige bereitstellen zu können. Erwünscht ist die (Sicht-, Ruf-) Beziehung mit dem Arbeitsplatz der Hausfrau (Küche-, Eßplatz-, evtl. Hausarbeitsraum).

Falls eine Spielfläche nicht innerhalb des Kinderzimmers realisiert werden kann, ist diese Fläche in einem durch Fenster belichteten und belüfteten Flurbereich oder in Zusammenhang mit einem ebenfalls durch Fenster belichteten und belüfteten Eßplatz vorzusehen - falls dieser durch eine Tür von der Küche getrennt werden kann -, jeweils möglichst mit Sichtbezug zum Arbeitsplatz der Hausfrau. -

Kinderzimmer können vorteilhaft als "Schalträume" zwischen zwei Wohnungen vorgesehen werden.

7. Die Küche muß vom Eingangsflur und/oder Eßplatz zugängig sein und möglichst nahe am Wohnungseingang liegen (Bezug zur Abstellfläche außerhalb der Wohnung).

Der Eßplatz ist somit der Küche zuzuordnen, ferner der Hausarbeitsraum mit Wasseranschluß.

8. Für die Anordnung der beiden Typen der Hausarbeitsräume sind folgende Gesichtspunkte maßgebend:

Der Hausarbeitsraum für nasse Arbeiten sollte der Küche zugeordnet werden. In Betrieb befindliche Waschgeräte sind somit von der Küche aus auf kurzem Wege kontrollierbar. Installationstechnische Gründe sprechen für die Anordnung der Geräte an der Installationswand der Küchen-Naßzeile.

Der Hausarbeitsraum für trockene Arbeiten wird in der Regel bei weniger aufwendigen Grundrißlösungen ersetzt durch die Unterbringung der in ihm vorzusehenden Arbeitsplätze in anderen Bereichen der Wohnung (z.B. Nähmaschine im Schlafzimmer, Eßtisch zugleich Bügeltisch usf.). Wird ein besonderer Raum für diese Arbeiten vorgesehen, sollte er möglichst dem Schlafbereich zugeordnet werden: Die gebügelte und sortierte Wäsche kann auf kurzem Wege in den Wäscheschränken der Schlafräume abgelegt werden; ferner ist der Waschtisch des dem Schlafbereich zugeordneten Bades bei Bedarf schnell erreichbar.

9. Das Bad ist dem Schlafbereich zuzuordnen und von der neutralen Verkehrszone aus zu erschließen. Falls das Bad ausschließlich von einem Schlafzimmer zugängig ist, muß ein WC unabhängig davon vom Flur zugängig sein. Empfohlen wird (lt. DIN 18022) eine Trennung von Bad und WC für Haushaltsgrößen von mehr als zwei Personen; diese Trennung ist für Haushalte mit mehr als fünf Personen unerläßlich.

Für diese Haushaltsgröße ist ferner ein zweiter Waschtisch (55/45 cm) erforderlich; möglich sind ein Doppelwaschtisch im Bad oder ein Waschtisch im WC anstelle des Handwaschbeckens.

Wird auf den Hausarbeitsraum für nasse Arbeiten verzichtet, sollte die Waschmaschine im Bad aufgestellt werden können.

Als Folge dieser Maßnahme ist das Bad zugunsten der unbehinderten Kontrollierbarkeit der Waschmaschine im Betriebszustand für diesen Fall in der Nähe der Küche anzuordnen, gleichsam an der Nahtstelle zwischen Schlaf- und Wirtschaftsbereich.

10. Für das WC wird ebenso wie für das Bad der Zugang von der neutralen Verkehrszone gefordert, vorzugsweise liegt es am Eingangsflur. Als einfachste Lösung wird die Anordnung des Spülklosetts im Bad genügen (Haushalte bis zu zwei Personen). Für Haushaltsgrößen von mehr als fünf Personen ist die Trennung von Bad und WC erforderlich. Wird zudem für diese Haushaltsgröße ein zweites Waschbecken für die Wohnung im WC angeordnet, ist die Angliederung dieser auch für die Körperpflege geeigneten Waschgelegenheit an den Bereich der Kinderzimmer vorteilhaft. Liegen Bad und WC nicht an einem gemeinsamen Flur oder sind sie in verschiedenen Geschossen angeordnet, so ist zusätzlich im Bad ein Spülklosett erforderlich bzw. grundsätzlich auf jedem Geschoß ein Spülklosett vorzusehen, welches zusätzlich als Ausguß für Schmutzwasser dient.

11. Balkon und Loggia können grundsätzlich jenen Räumen zugeordnet werden, für welche eine Beziehung zum Außenraum - vor allem bei ebenerdiger Anordnung - sinnvoll erscheint: Wohn- und Schlafräume, Eßplatz, evtl. Küche (Wirtschaftshof, Putzbalkon). In der Regel ist der Balkon vom Wohnraum zugängig.

12. Kurzfristige Vorräte sind in direkter Zuordnung zur Küche zu lagern (z.B. Speisekammer).

13. Langfristige Vorräte sind innerhalb des Gebäudes außerhalb der Wohnung vorzusehen (Kellergeschoß).

14. Reinigungs- und Putzgeräte sind innerhalb der Wohnung zweckmäßig in einem Schrank kombiniert mit der

15. Garderobe in Nähe des Wohnungseinganges unterzubringen.

16. Abstellgut ist außerhalb der Wohnung zu lagern (Dach- oder Kellerraum).

17. Verkehrsflächen liegen aufgrund der Erschließungsabfolge jeweils vor den zu erschließenden Funktionsbereichen. Jeder Raum bzw. jede Wohnung muß von dieser neutralen Fläche aus unabhängig von anderen Räumen (Wohnungen) erschlossen werden können.

Eine notwendige Treppe (im Sinne des § 38 BauONW) ist in höchstens 30 m Abstand von der Mitte des entferntesten zu erschließenden Aufenthaltsraumes an einer Außenwand vorzusehen. Der Treppenraum muß von den Fluren räumlich getrennt sein (Fluchtweg).

Für Hochhäuser (oberster Wohngeschoßfußboden 22 m über der Erdgleiche) sind mindestens zwei unabhängige Treppenhäuser oder ein Sicherheitstreppenhaus erforderlich.

Bei Laubenganghäusern dürfen am Laubengang nur Nebenräume und Küchen liegen. Für Hochhäuser sind offene Laubengänge unzulässig (vgl. Wohnungsbauförderungsbestimmungen 1967).

Ferner sind im weiteren Sinne Personenaufzüge zu den Verkehrsflächen zu rechnen. Wohngebäude mit mehr als fünf Vollgeschossen müssen (lt. § 40 BauONW) mit Aufzügen ausgestattet sein, die in besonderen Schächten liegen, von diesen hat mindestens ein Aufzug die Personenbeförderung mit einer Tragbahre sicherzustellen (Mindestgrundfläche der Kabine: 100/210 cm).

Im örtlichen Zusammenhang mit dieser durch Treppenhaus und Aufzug lokalisierten Erschließungszone sind ferner möglichst ein Müllabwurf und ein Putzraum mit Ausguß vorzusehen.

18. Als Trockenraum dient ein Raum außerhalb der Wohnung (Dach-, Kellergeschoß), möglichst mit Querlüftung. Ein Hausarbeitsraum kann für das Wäschetrocknen benutzt werden, falls in kürzeren Zeitabständen gewaschen wird.

19. Der Heizungsraum ist als abgeschlossener Raum auszubilden, für dessen Lage entscheidend ist, ob mit seiner Betriebsweise Gefahren verbunden sind (§ 46 BauONW). Es empfiehlt sich die Lage im Keller- oder Erdgeschoß.

Erforderlich sind zwei entgegengesetzt liegende Rückzugswege, von denen einer direkt ins Freie führt (z.B. durch ein Fenster). Heizräume dürfen nicht mit Aufenthaltsräumen durch Türen oder Fenster verbunden werden; möglich ist die Vorschaltung betriebsmäßig zur Heizung gehörender Räume.

Türen müssen nach außen aufschlagen, außer der Tür zum Brennstoffraum.

20. Der Brennstoffraum (Öltank- oder Kokslagerraum) ist dem Heizungsraum auf kurzem Wege zuzuordnen.

21. Bei unmittelbarer Zuordnung der Garage(n) zur Wohnung ist zu beachten, daß keine Öffnungen zwischen Garage und Wohnung - bzw. deren Zugängen - aus Sicherheitsgründen gestattet sind (Sicherheitsschleuse erforderlich!).

Unter Voraussetzung der Erfüllung folgender Forderungen kann für oberirdische Garagen anstelle einer Schleuse eine selbstschließende feuerhemmende Tür als Zugang zu nicht zur Garage gehörenden Räumen vorgesehen werden:

1) Wenn diese Räume nicht im einzigen Ausgangsweg von Aufenthaltsräumen liegen,

2) keine Zündquellen oder leicht brennbare Stoffe enthalten und

3) nicht tiefer als die angrenzenden Garagen liegen (§ 8 Gar VO).

Sammelgaragen, auch als Tief- oder mehrgeschossige Garagen, sind in zumutbarer Fußwegentfernung bis zu 300 m von der Wohnung zulässig (vgl.: Grundsätze für Demonstrativbauvorhaben). Mittel- und Großgaragen dürfen mit Treppenräumen und ihren Zugängen, die der Erschließung von Wohnungen oder anderen Räumen dienen, nur über Sicherheitsschleusen verbunden werden; dies gilt für Aufzüge sinngemäß (§ 8 Gar VO).

22. Die Waschküche (gemeinsam für mehrere Wohnungen) ist für mehrgeschossige Wohnhäuser im Keller oder auch im Dachgeschoß vorzusehen - möglichst in Verbindung mit dem

23. Trockenraum und dem

24. Bügelraum.

25. Für mehrere Einzelraumwohnungen kann anstelle von Einzelbädern ein gemeinsamer Bade- und Brauseraum vorgesehen werden, zweckmäßig im Dach- oder Kellergeschoß.

26. Für das Abstellen von Kinderwagen, Fahrrädern und desgleichen ist ein möglichst ebenerdiger Raum in Verbindung mit dem Eingangsflur auszuweisen. -

In Ergänzung dieser Zuordnungsforderungen, die sich vorrangig auf die Beziehungen der Funktionsbereiche innerhalb des Wohngebäudes beziehen, sind die lebensnotwendigen Beziehungen des Gebäudes zu seiner Umgebung zu beachten: Parkplätze, Bushaltestellen, Dienstleistungen, Läden, Schulen, Gemeindezentren, Spielplätze, Arbeitsstätten, Grünzonen und Erholungsgebiete, ...

Räumliche:

Beziehungen der Funktionsbereiche untereinander aufgrund der durch bestimmte Vorgänge und Tätigkeiten in den vertikalen Begrenzungsflächen bedingten Fenster- und Türöffnungen und aufgrund der Raumhöhen zugunsten der Geschoßbildung, Stapelbarkeit und von Niveauunterschieden unbehinderten Erschließung. Konstruktive Vorteile empfehlen neben der erwünschten Stapelbarkeit auch durchlaufende Ebenen für jeweils eine Wohnungsgrundfläche. Dagegen ermöglichen z.B. versetztgeschossige Grundrißanlagen (Split-Level-Typen) die Erweiterbarkeit der Wohnung in vertikaler Richtung.

Die von der Norm DIN 4174 empfohlenen Geschoßhöhen von 2,25 m (nur Kellergeschoß), 2,50 m, 2,75 m und 3,00 m ermöglichen hinsichtlich Stufenzahl und Stufenhöhe gut begehbare Geschoßtreppen. In Zusammenhang mit der nach § 59 BauONW mindestens erforderlichen lichten Raumhöhe von 2,50 m für Aufenthaltsräume im allgemeinen bzw. 2,30 m für Räume in Einfamilienhäusern und Aufenthaltsräume in Dachgeschossen können unter Berücksichtigung des gesamten Deckenaufbaues die möglichen Stärken der Deckenkonstruktion ermittelt werden; ferner die entsprechenden maximalen Deckenspannweiten in Abhängigkeit von den ständigen Lasten, Verkehrslasten (z.B. nach DIN 1055 auch Trennwände mit einem Gewicht bis zu 150 kp/m^2) und besonderen Lasten, den Baustoffen und Bauarten.

Mechanische:

Normalen und besonderen Personenbewegungen (z.B. Menschenansammlungen bei Feiern oder Panikfällen), ferner den Lasten für Ausstattungs- und Einrichtungsteile bei deren unterschiedlicher, freier Anordnungsmöglichkeit und Transport durch die Wohnung muß durch die geeignete Wahl der anzusetzenden Verkehrslasten Rechnung getragen werden.

Bezüglich der veränderlichen Verkehrslasten während des Bauprozesses kann dieser Gesichtspunkt von besonderer Relevanz sein. Die Festlegung der hinsichtlich der konstruktiven Gestaltung anzusetzenden Verkehrslasten setzt somit die Beurteilung des vollständigen Raumzusammenhangs voraus.

Die zugunsten einer flexiblen Nutzung der Wohnungsgrundfläche einsetzbaren Trennwände können nach DIN 1055 bis zu einem Höchstgewicht von 150 kp/m^2 mit einem Zuschlag zur Verkehrslast von mindestens 125 kp/m^2 berücksichtigt werden. Für dieses Gewicht einer Trennwand ist der nach der Massentheorie und der Art des Wandaufbaues (z.B. Doppelwände aus biegeweichen Platten) zu erwartende Wert der mittleren Luftschalldämmung mit ca. 50 - 55 dB anzusetzen. Dieser Wert liegt nur unwesentlich unter dem nach

DIN 4109 erforderlichen Mindestbetrag der Luftschalldämmung für Wände im Bau und auf Prüfständen mit bauüblichen Nebenwegen.

Für die in funktioneller Hinsicht interessierende Bemessung der tragenden Wände, Stützen, Unterzüge, Wandpfeiler usf. ist zusätzlich zu den Deckenlasten die Abhängigkeit von den aufzunehmenden Lasten der oberen Geschosse zu berücksichtigen. Für die Verminderung der Verkehrslasten mehrgeschossiger Bauten gibt DIN 1055 Hinweise.

Visuelle:

Aufgrund einer Rangfolge der Raumlage von außen nach innen hinsichtlich des anzustrebenden Niveaus der natürlichen Beleuchtungsstärke kann festgelegt werden, welche Räume an der Peripherie des Raumzusammenhanges liegen müssen und welche in der inneren "Dunkelzone" angeordnet werden können:

Grundsätzlich sind Räume, welche dem dauernden Aufenthalt von Menschen dienen - also die Funktionsbereiche: Wohnen (mit Balkon), Essen, Schlafen (Eltern, Kinder), Kochen und Verrichten besonderer Hausarbeiten - in der äußeren, vom Tageslicht erfüllten Grundrißzone anzuordnen. Bad und WC sind vorteilhaft ebenfalls in dieser Zone vorzusehen, können jedoch auch in der Innenzone des Grundrisses liegen, falls die Belüftung dieser Räume sichergestellt ist. Alle übrigen Bereiche können durchaus in der "Dunkelzone" angeordnet werden.

"Es ist festzustellen, daß die direkt besonnte Zone von etwa 2 bis 3 m am Fenster der am meisten variabel genutzte und deswegen lose möblierte Bereich ist (Schreiben, Spielen, Nähen, Basteln etc.), während in den dahinter liegenden Zonen die Möbel mit festem Platz und unveränderlicher Nutzung (Bett, Sitzgruppe) angeordnet werden.

Schränke und fest eingebaute Einrichtungen wie Hauswirtschaftsmöbel, Eßplatz sowie die Kücheninstallationen, der wohnungsinterne Verkehr, die Abstellbereiche und die Sanitärräume folgen schrittweise.

Die Grenzen dieser Zonen sind fließend. Allgemein kann aber parallel zu der Belichtungszonung festgestellt werden: Eine zunehmende Determiniertheit der Nutzung von der Fassade nach innen - dementsprechend sind die Möbel in der Randzone beweglich, werden umgestellt je nach Nutzungswunsch - in der Mittelzone beweglich aber an festem Ort - dahinter fest eingebaut, dahinter zusätzlich noch installiert." 29)

Ferner ist die günstigste Lage der peripher anzuordnenden Räume hinsichtlich des veränderlichen Sonnenstandes festzustellen:

Grundsätzlich sind Wohnungen mit reiner Nordlage der Wohn- und Schlafräume unzulässig. Jede Wohnung muß eine ihrer Größe entsprechende Zahl besonnter Räume aufweisen (§ 60 BauONW).

---

29) Jockusch, P.: Industrialisierung im Wohnungsbau, 1966, Dissertation TH Braunschweig, S. 217, 218.

Die Wohnungsbauförderungsbestimmungen (1967) schließen eine Förderung von Wohnungen aus, deren Wohnraum oder Kinderzimmer ausschließlich nordorientierte Fenster besitzen.

In der Regel ist folgende Orientierung der einzelnen Räume vorteilhaft:

Wohnraum und Balkon	: Süden bis Westen;
Schlafzimmer	: Osten;
Kinderzimmer	: Süden bis Westen;
Küchen	: Osten bis Norden;
Küchen mit Eßplatz	: Süden bis Osten;
Bad und WC	: Norden bis Osten.

Sichtbezüge sind vom Arbeitsplatz der Hausfrau (Küche, Hausarbeitsraum) zur Spielzone der Kinder, evtl. zum Eßplatz und möglichst auch zum Gebäudeeingang erforderlich.

Der Balkon sollte von benachbarten Wohnungen nicht einsehbar angeordnet werden.

Visuelle Bezüge zur Landschaft und zur gebauten Umgebung sind erwünscht.

Klimatische:

In Entsprechung der Rangfolge hinsichtlich der visuellen Zuordnungsforderungen kann eine Rangfolge der Raumlage von außen nach innen hinsichtlich der Erfordernisse der natürlichen Belüftbarkeit der Räume entwickelt werden, da das Fenster in seiner Eigenschaft als Durchbruch der umschließenden Konstruktion sowohl der Belichtung (und dem visuellen Bezug zur Umgebung) als auch der Belüftung von Räumen in doppelter Funktionserfüllung dienen kann.

Räume mit einer hohen Lufterneuerungsrate sollten somit peripher liegen, falls nicht - wie z.B. bei Bad und WC - die natürliche Belichtung entfallen kann und Fenster in diesem Falle als aufwendige Durchbrüche der umschließenden Konstruktion vorrangig lediglich für den Belüftungszweck benutzt würden.

Ferner ist für die mitteleuropäische humide Klimazone die Querlüftung der Wohnung anzustreben.

Die durch den wechselnden Sonnenstand bedingten unterschiedlichen Oberflächentemperaturen verursachen entsprechende Luftdruckzonen vor den Gebäudefronten, welche mit Hilfe der Querluftströmung einen natürlichen Ausgleich erfahren und somit die Raumbelüftung sicherstellen können.

Im Idealfall kann diese Lüftungsart durch einen sich über die gesamte Gebäudetiefe erstreckenden Raum oder einen Raum in Ecklage (Diagonallüftung) erfolgen. Für Kleinstwohnungen kann hierbei die Entlüftung ausnahmsweise über einen innenliegenden vertikalen Schacht erfolgen. Berührt der Luftstrom durch Öffnen der Türen mehrere Räume bzw. Flurzonen, so können sich Geruchs- und Schallausbreitung negativ auswirken.

Grundsätzlich ist für jede Wohnung Querlüftung oder Lüftung über Eck zu gewährleisten (nicht über den Treppenraum oder andere gemeinschaftliche Vorräume), falls nicht aus besonderen Gründen Lüftungs- oder Klimaanlagen vorgesehen werden (vgl. § 60 BauONW).

"Alle Wohnungen müssen Querlüftung, mindest Diagonallüftung aufweisen. Bei Ein- und Zweizimmer-Wohnungen in Drei- und Mehrspännern genügt ausnahmsweise die Querlüftung durch über Dach geführte Lüftungsrohre in Innenwänden, soweit dies nach den bauaufsichtlichen Bestimmungen zulässig ist." (Wohnungsbauförderungsbestimmungen 1967).

Für Aufenthaltsräume, deren Benutzung eine Belüftung durch Fenster verbietet, ist der Einbau von Lüftungs- bzw. Klimaanlagen erforderlich (vgl. § 59 BauONW).

Weitere Gesichtspunkte der Raumzuordnung aufgrund klimatischer Forderungen:

- Beachtung des Luftdruckgefälles zur Vermeidung der Geruchsbelästigung innerhalb der Wohnung bzw. in Zusammenhang mit dem Treppenhaus, bedingt durch verschiedene Raumlufttemperaturen, Raumhöhen, Anordnung der Lüftungsöffnungen und Art der Lüftung; WC und Küche sollten durch die Sicherstellung einer ausreichenden Entlüftung als Unterdruckzonen wirksam sein;

- die Beheizung peripher angeordneter Räume kann die Beheizung innenliegender Räume und Flurzonen erübrigen. -

Grundsätzlich sind auch die Einflüsse des Stadtklimas und spezieller Störquellen (z.B. Industrie) hinsichtlich der Raumzuordnung zu berücksichtigen (Hauptwindrichtung, Windstärken, Emissionen, Staubanfall, Nebelbildungen).

Akustische:

Hinsichtlich der Zuordnung der Räume sind akustische Einflüsse sowohl der äußeren Umgebung als auch bestimmter Lärmzonen des Gebäudes selbst zu berücksichtigen.

Zur ersten Gruppe der Einflüsse sind zu rechnen:

- Straßen- und schienengebundener Verkehr, Luftverkehr, ...;
- Sport- und Spielplätze, Schwimmbäder, ...;
- Gewerbe- und Industriebetriebe, langfristige Baumaßnahmen ...;

Zur zweiten Gruppe der Einflüsse sind zu rechnen:

- Personenverkehr in Treppenhäusern, Laubengängen, Fluren außerhalb und innerhalb der Wohnung, ...;
- Sprechen, Musizieren, Feiern innerhalb der Wohnung, ...;
- Installationen aller Art (vor allem frisch- und abwasserführende, Lüftungskanäle), ...;
- Fahrstuhlschächte und -antriebsmaschinen, ...;
- Heizkesselgebläse, Pumpen, ...;
- Müllabwurfschächte, ...;
- Garagen innerhalb des Wohngebäudes.

Zur Ausschaltung der Lärmbelästigung aufgrund obiger Einflüsse können grundsätzlich folgende Maßnahmen angewendet werden:

1. Abwendung der ruhebedürftigen Zonen von den Lärmzonen, z.B.:

- Zur städtischen Verkehrsführung senkrecht entwickelte Baukörper;
- Aufzüge, Treppenhäuser und Abfallschächte sollten nicht an Wänden von Wohn- und Schlafräumen liegen, ... (vgl. § 40 Erste DVO zu § 57 BauONW).

2. Reduzierung der Kontaktflächen zu anderen Wohnungen 30), zum Treppenhaus und sonstigen lärmintensiven Zonen.

3. Räumliche Zusammenfassung von Bereichen gleichen Lärmpegels:

- lärmarmer Bereich: Schlaf- und (bedingt) Kinderzimmer;
- lärmneutraler Bereich: Wohnraum, Eßplatz;
- lärmintensiver Bereich: Eingangsflur/Treppenhaus, Spielbereich, Küche, Toilette, evtl. Bad.

4. Klärung der tageszeitlichen Abfolge der Nutzungen:

Räume mit unterschiedlichem Lärmpegel können benachbart angeordnet werden, falls sie zu verschiedenen Zeiten genutzt werden (z.B. Elternschlafzimmer / Kinderzimmer mit Spielbereich).

5. Zusammenfassung der frisch- und abwasserführenden Installationen, möglichst auch der Lüftungsschächte und - soweit sinnvoll - der Heizungsinstallationen. Räume, die derartiger Installationen bedürfen, sind als Puffer um solche (die notwendigen Installationen zusammenfassenden) Kerne zu gruppieren.

6. Technische Maßnahmen zur

- Luftschalldämmung und -dämpfung;
- Körperschalldämmung und -dämpfung.

Derartige technische Maßnahmen sollten jedoch in der Rangfolge erst nach Ausschöpfung der günstigsten Raumzuordnungen zur Anwendung kommen, verursachen sie doch in der Regel einen erheblichen wirtschaftlichen Aufwand.

DIN 4109 gibt anhand von Sollkurven die erforderlichen Schallschutzmaße für den Luftschall (LSM) und den Trittschall (TSM) beim Schalldurchgang durch Decken und Wände an. -

---

30) Jockusch, P.: Industrialisierung im Wohnungsbau, a.a.O., S. 218: "Die aus bauakustischen Gründen einleuchtende Forderung, die Kontaktflächen von Wohnungen zu anderen Wohnungen möglichst gering zu halten, kommt einem wirtschaftlichen wohnungsinternen Verkehr zugute: Mit Kompaktheit der Wohnfläche kann man kurze Wege und kleine Kontaktflächen erreichen".

Gliederung

Räume in Wohnungen (Funktionsbereiche).

Im folgenden werden sämtliche Räume als Funktionsbereiche gegliedert (in Anlehnung an DIN 283 und § 40 Erste DVO zu § 59 BauONW):

lfd. Nr.:	Nutzung:	Aufgliederung in Einzeltätigkeiten:
1.0	Bereiche, die dem dauernden Aufenthalt von Menschen dienen:	
▷ 1.1	Wohnen	Entspannen, Lesen, Feiern, Diskutieren, Informieren (TV/Radio), evtl. Musizieren, evtl. Essen; Aufbewahren von Büchern, Geschirr, Tischwäsche usf.
1.2	Essen	Anrichten, Einnehmen der täglichen Mahlzeiten, Aufbewahren von Geschirr und Tischwäsche; evtl. Spielen, evtl. Verrichten von Hausarbeiten.
▷ 1.3	Schlafen (Eltern, evtl. Kleinkind)	Erholen, Ruhen; Aufbewahren von Bettwäsche, persönlicher Wäsche und Kleidung; Frisieren, evtl. Nähen.
1.4	Schlafen (Kinder)	Erholen, Ruhen; schriftliche Arbeiten, Bastelarbeiten, evtl. Spielen; Aufbewahren von Bettwäsche, persönlicher Wäsche, Kleidung, Schulbüchern usf.
▷ 1.4.1	Schlafen (1 Kind)	Ohne Spielbereich
1.4.2	Schlafen (1 Kind)	Mit Spielbereich
1.4.3	Schlafen (2 Kinder)	Ohne Spielbereich
1.4.4	Schlafen (2 Kinder)	Mit Spielbereich
1.5	Kochen	Zubereiten und Anrichten der Mahlzeiten, Backen, Spülen; Aufbewahren von Vorräten, Geschirr usf.
▷ 1.5.1	Kochen	Ohne Eß- bzw. Wohnbereich
1.5.2	Kochen	Mit Eß- bzw. Wohnbereich

1.6	Verrichten besonderer Hausarbeiten	
1.6.1	Verrichten nasser Hausarbeiten	Waschen, Trocknen.
1.6.2	Verrichten nicht nasser Hausarbeiten	Bügeln, Nähen.

2.0 Bereiche, die ausschließlich zu einer Wohnung gehören und nicht dem dauernden Aufenthalt von Menschen dienen:

2.1	Baden	Duschen, Waschen, Aufbewahren von Kosmetika usf.; evtl. Wäschewaschen
2.1.1	Baden	Ohne Toilette.
▷ 2.1.2	Baden	Mit Toilette.
2.2	Toilette	
2.3	Sonnen, Erholen außerhalb der Wohnung	Wäsche und Kleider lüften.
▷ 2.4	Lagern kurzfristiger Vorräte	
2.5	Lagern langfristiger Dauervorräte	
▷ 2.6	Abstellen von Reinigungs- und Putzgeräten	
▷ 2.7	Ablegen der Garderobe	
2.8	Lagern von Abstellgut	
▷ 2.9	Erschließen, Verkehren	
2.10	Trocknen der Wäsche	
2.11	Aufstellen und Bedienen des Heizkessels	
2.12	Lagern von Brennstoffen	
2.13	Wettergeschütztes Parken und Warten eines PKW	

3.0 Bereiche, die mehreren Wohnungen anteilmäßig zugehören:

3.1	Erschließen, Verkehren	
3.2	Waschen (Wäsche)	

3.3	Trocknen (Wäsche)	
3.4	Bügeln	
3.5	Baden und Brausen	
3.6	Abstellen von Fahrrädern	
3.7	Aufstellen und Bedienen des Heizkessels	
3.8	Lagern von Brennstoffen	
3.9	Wettergeschütztes Parken und Warten mehrerer PKWs	

Mindestbedarf an Funktionsbereichen für eine Wohnung:

Wohnen 31) (mit Eßplatz)

1.1

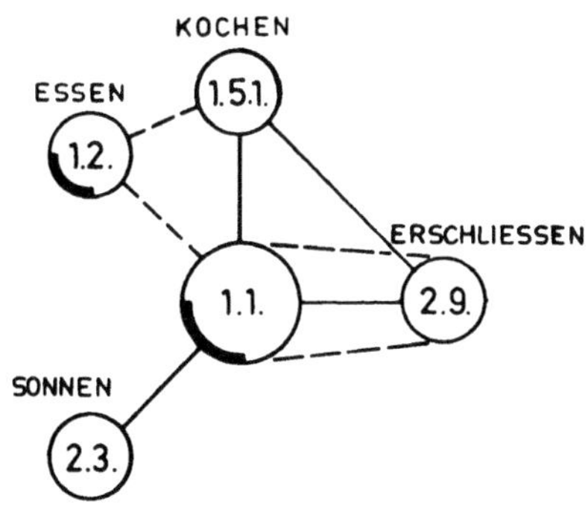

Schlafen (Eltern)

1.3

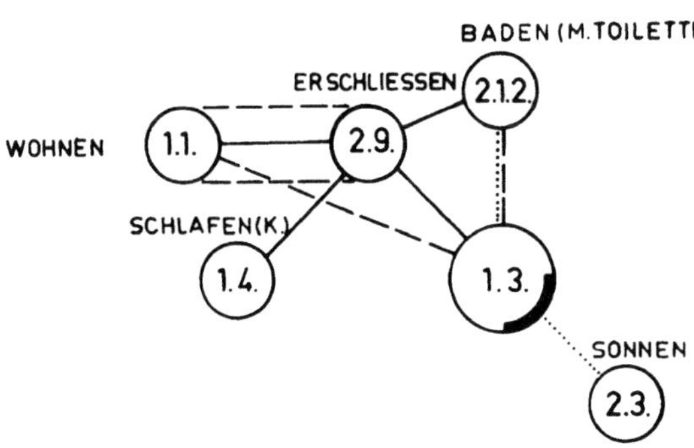

31) Die Darstellung der Zuordnungen wird im folgenden zur Erleichterung der Orientierung geordnet. In diesem Sinne sind die Lageanordnungen als verbindlich (durchgezogene Linie) anzusehen. Entsprechendes gilt für die eingezeichneten Lagemöglichkeiten der Lichtöffnungen (auf dem jeweiligen Kreisumfang stark ausgezogene schwarze Linie). - Symbole: m (auf der Beziehungslinie): Beziehung gilt für mehrere Wohnungen;
Gestrichelte Linie: Alternativbeziehung;
Punktlinie: Zusätzlich erwünschte Beziehung; Kreis (3 mm Ø): Oberlicht.

Schlafen (Kind)

1.4

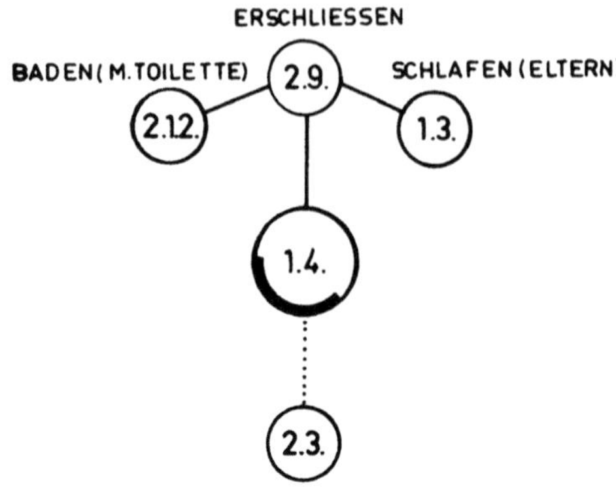

Kochen (o. Eßplatz)

1.5.1

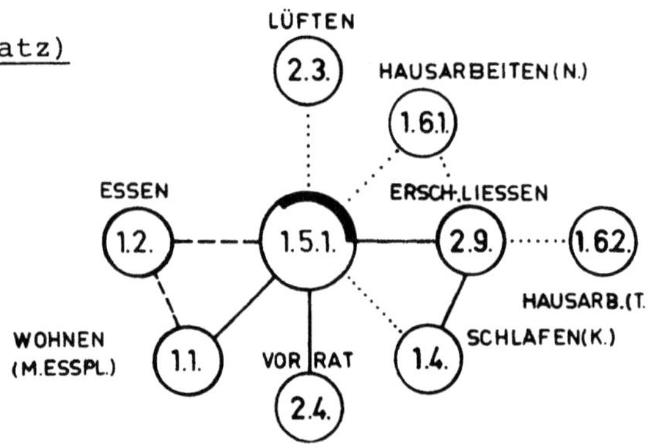

Baden (m. Toil.)

2.1.2

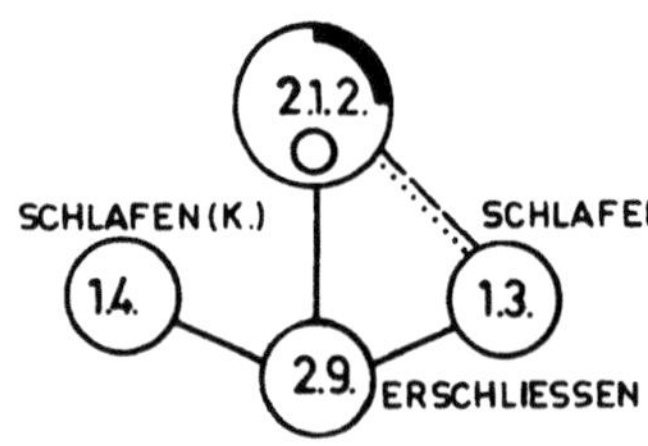

Erschließen, Verkehren

2.9

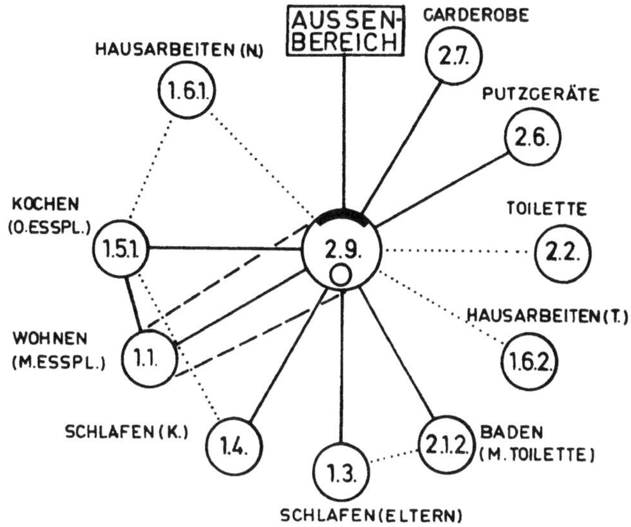

Diese Beziehungen bilden zusammen mit den erforderlichen Nutzungsbereichen (Elemente) ein Beziehungsgefüge (Struktur), welches Grundlage der Entwurfsfindung ist:

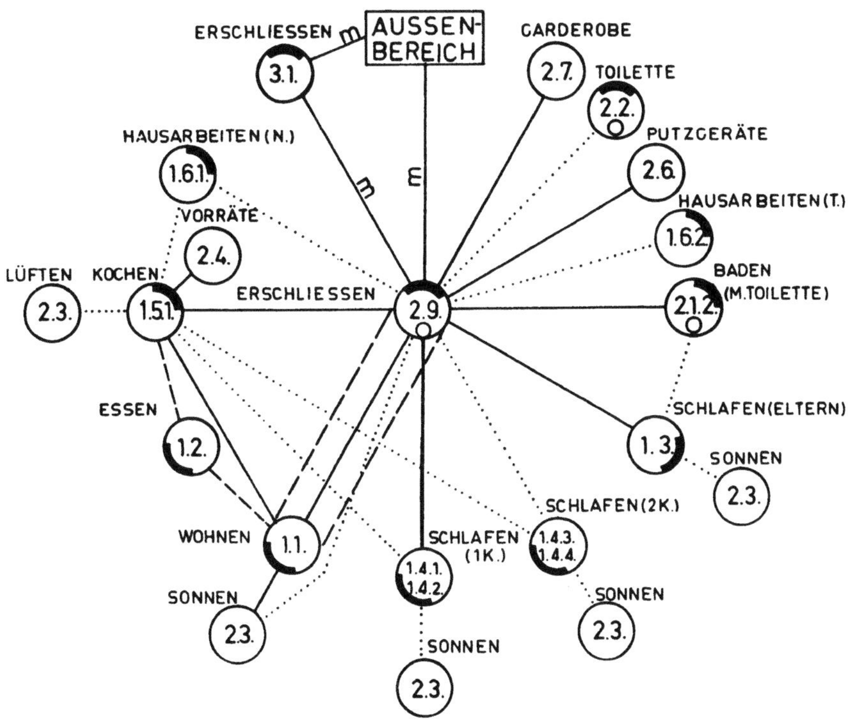

Ergänzend werden diejenigen Bereiche, welche den genannten nicht unmittelbar benachbart (z.B. in anderen Geschossen) - jedoch für die Funktionsfähigkeit der Wohnung erforderlich sind - über die Bereiche 2.9 (Erschließen) und 3.1 (Erschließen/Anteilmäßig für mehrere Wohnungen) an diese Struktur angebunden:

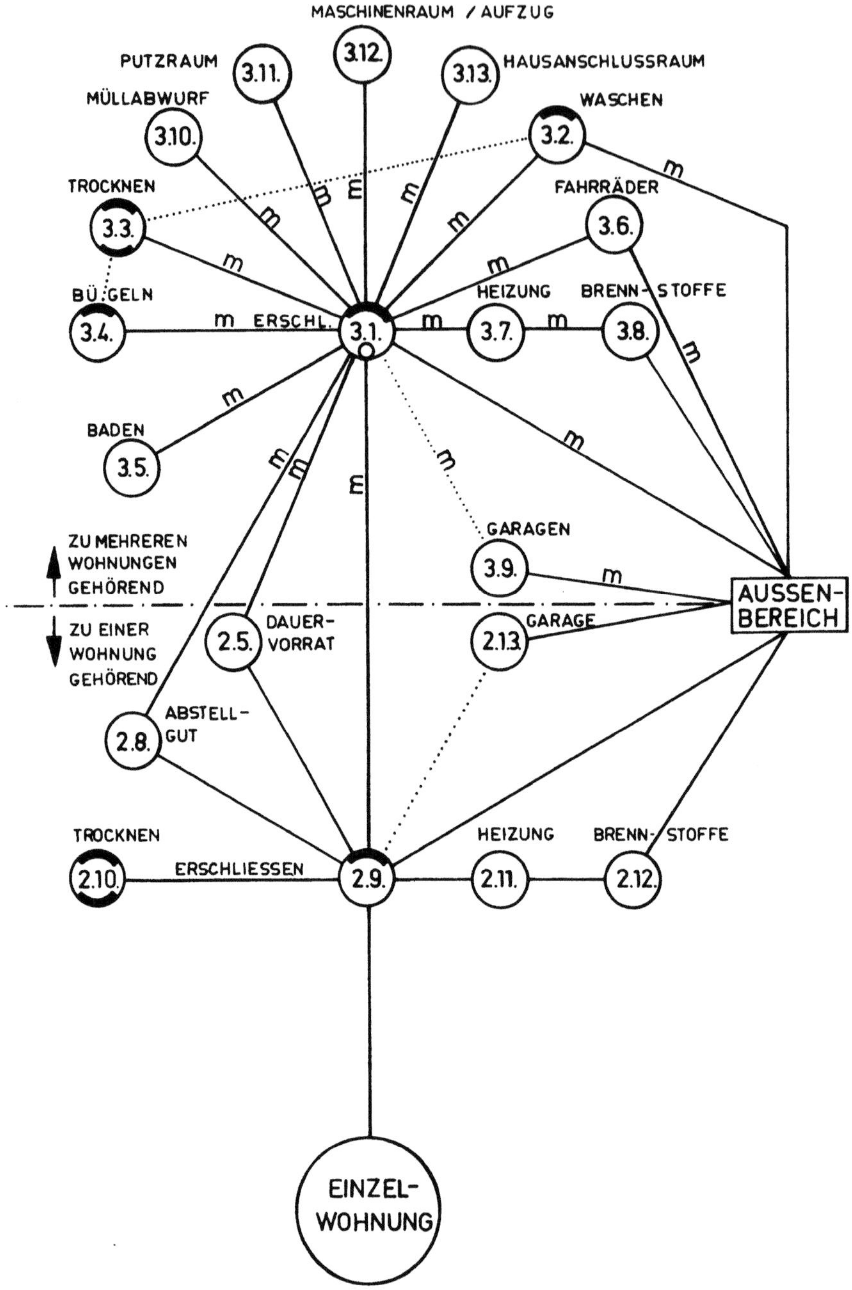
MASCHINENRAUM / AUFZUG
3.12.
PUTZRAUM
3.11.
3.13.
HAUSANSCHLUSSRAUM
MÜLLABWURF
3.10.
WASCHEN
3.2.
TROCKNEN
3.3.
FAHRRÄDER
3.6.
BÜGELN
3.4.
ERSCHL.
3.1.
HEIZUNG
3.7.
BRENN-STOFFE
3.8.
BADEN
3.5.
GARAGEN
3.9.
ZU MEHREREN WOHNUNGEN GEHÖREND
ZU EINER WOHNUNG GEHÖREND
AUSSEN-BEREICH
2.5.
DAUER-VORRAT
2.13.
GARAGE
2.8.
ABSTELL-GUT
TROCKNEN
2.10.
ERSCHLIESSEN
2.9.
HEIZUNG
2.11.
BRENN-STOFFE
2.12.
EINZEL-WOHNUNG
m

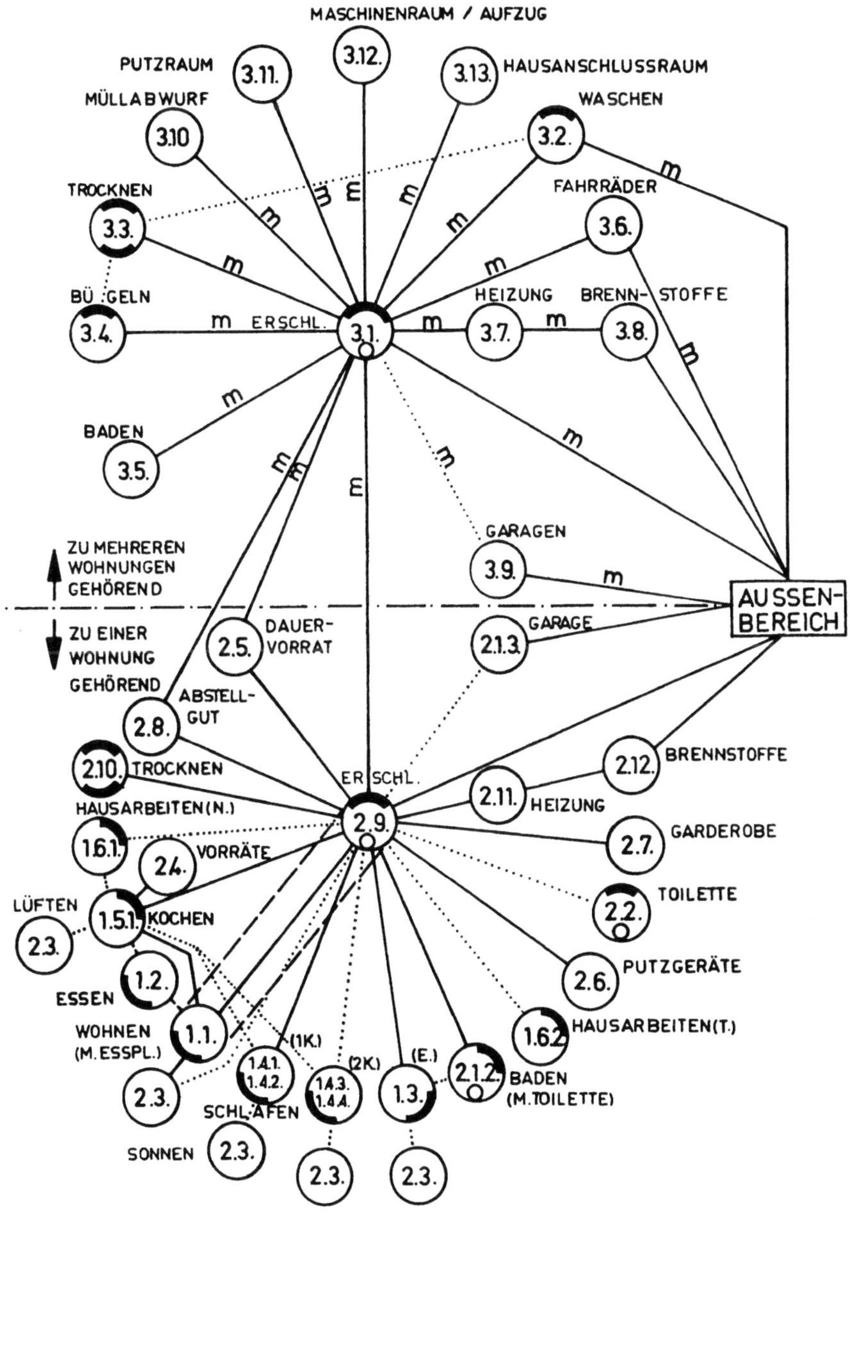
MASCHINENRAUM / AUFZUG
PUTZRAUM
HAUSANSCHLUSSRAUM
MÜLLABWURF
WASCHEN
TROCKNEN
FAHRRÄDER
BÜGELN
ERSCHL.
HEIZUNG
BRENN- STOFFE
BADEN
GARAGEN
ZU MEHREREN WOHNUNGEN GEHÖREND
AUSSEN-BEREICH
ZU EINER WOHNUNG GEHÖREND
DAUER-VORRAT
GARAGE
ABSTELL-GUT
TROCKNEN
BRENNSTOFFE
ERSCHL.
HAUSARBEITEN (N.)
HEIZUNG
GARDEROBE
VORRÄTE
TOILETTE
LÜFTEN
KOCHEN
ESSEN
PUTZGERÄTE
WOHNEN (M. ESSPL.)
HAUSARBEITEN (T.)
BADEN (M. TOILETTE)
SCHLAFEN
SONNEN

2. Literaturverzeichnis

(1) Bauordnung für das Land Nordrhein-Westfalen (BauONW) mit Kommentar von H. Gädtke, Düsseldorf 1970, Werner Verlag.

(2) Beiträge zur Statistik des Landes Nordrhein-Westfalen, 1966, Heft 217, S. 30.

(3) Bobran, H.W.: Handbuch der Bauphysik, Frankfurt a.M./Wien 1967, Ullstein-Verlag.

(4) Böckl, W.: Die Anforderungen an den Wärmeschutz von Aufenthaltsräumen und ihre Begründung insbesondere für Außenwände, Jahrbuch des Bauwesens 1967, Stuttgart 1966, Deutsche Verlags-Anstalt.

(5) Croiset, M.: Le confort thermique en saison froide, Paris 1965, Centre Scientifique et Technique du Batiment, Vorlesungsumdruck.

(6) Die Wohnungsbau-Finanzierungsbestimmungen, 1967, Essen, Verlag für Wirtschaft und Verwaltung Hubert Wingen.

(7) Dresch, A.: Auswirkungen geltender Bestimmungen auf die Bemessung und Festlegung der Eigenschaften einzelner Räume und die Einflüsse dieser Zusammenhänge auf die Entwicklung der Bauplanung - dargestellt am Beispiel des öffentlich geförderten Wohnungsbaues, 1972, Dissertation TH Aachen.

(8) Frommhold-Hasenjäger: Wohnungsbau-Normen, 11. Auflage, 1969, Düsseldorf, Werner Verlag, darin insbesondere: DIN 283, DIN 4174, DIN 18011, DIN 18022, DIN 4108 und DIN 4109.

(9) Informationen Nr. 12, 13 (1967): Wohnungen in Demonstrativbauvorhaben, bearbeitet im Institut für Bauforschung e.V., Hannover.

(10) Informationen Nr. 15 (1968): Wirtschaftliche Planung von Mehrfamilienhäusern, bearbeitet im Institut für Bauforschung e.V., Hannover.

(11) Jahrbuch des deutschen Baugewerbes, Ausgabe 1968, Bonn, Zentralverband des deutschen Baugewerbes e.V.

(12) Leonhardt, F.: Konstruktion, in: Neuer Wohnbau, Ravensburg 1952, Otto-Maier-Verlag.

(13) Lüftungs- und Klimatechnik, Veröffentlichung der Fa. Ideal-Standard Bonn, S. 49 (VII).

(14) Neufert, E.: Bauentwurfslehre, 25. Auflage, Berlin 1966, Ullstein-Verlag.

(15) Rudolph, J.: Mitteilung vom 10.11.69/Häufig verwendete Maße der Wohnungsbaugesellschaft "Neue Heimat Nordrhein-Westfalen", Düsseldorf.

(16) Statistisches Bundesamt: Bauwirtschaft, Bautätigkeit, Wohnungen, Reihe 3, Bautätigkeit; Stuttgart/Mainz 1967, W. Kohlhammer-Verlag.

3. Anhang

Blatt 1: Zusammenstellung von Raumabmessungen in Demonstrativbauvorhaben (49 Wohnungsgrundrisse)

Blatt 1a: In steigender Reihenfolge tabellierte Raumabmessungen mit Schlüsselnummer des Quellennachweises (zu Blatt 1)

Blatt 2: Synoptische Veranschaulichung - Forderungen für Räume in Wohnungen/Funktionsbereiche; ferner Bemessungszeichnungen/Mindestflächen

Blatt 3: Darstellung der für Räume in Wohnungen ein- und mehrfach zutreffenden Einzelforderungen

Blatt 4: Erforderliche Fenstergrößen für Räume in Wohnungen (T = 1 %) - ohne Berücksichtigung der Brüstungsstärke

Anmerkung:

Die aufgeführten Zeichnungen Blatt 1 und Blatt 2, ferner die Bemessungszeichnungen der Mindestflächen werden durch die im Literaturverzeichnis unter Nr. 7 aufgeführte Dissertation hinsichtlich der Auswirkungen diesbezüglicher Bestimmungen untersucht und ausgewertet.

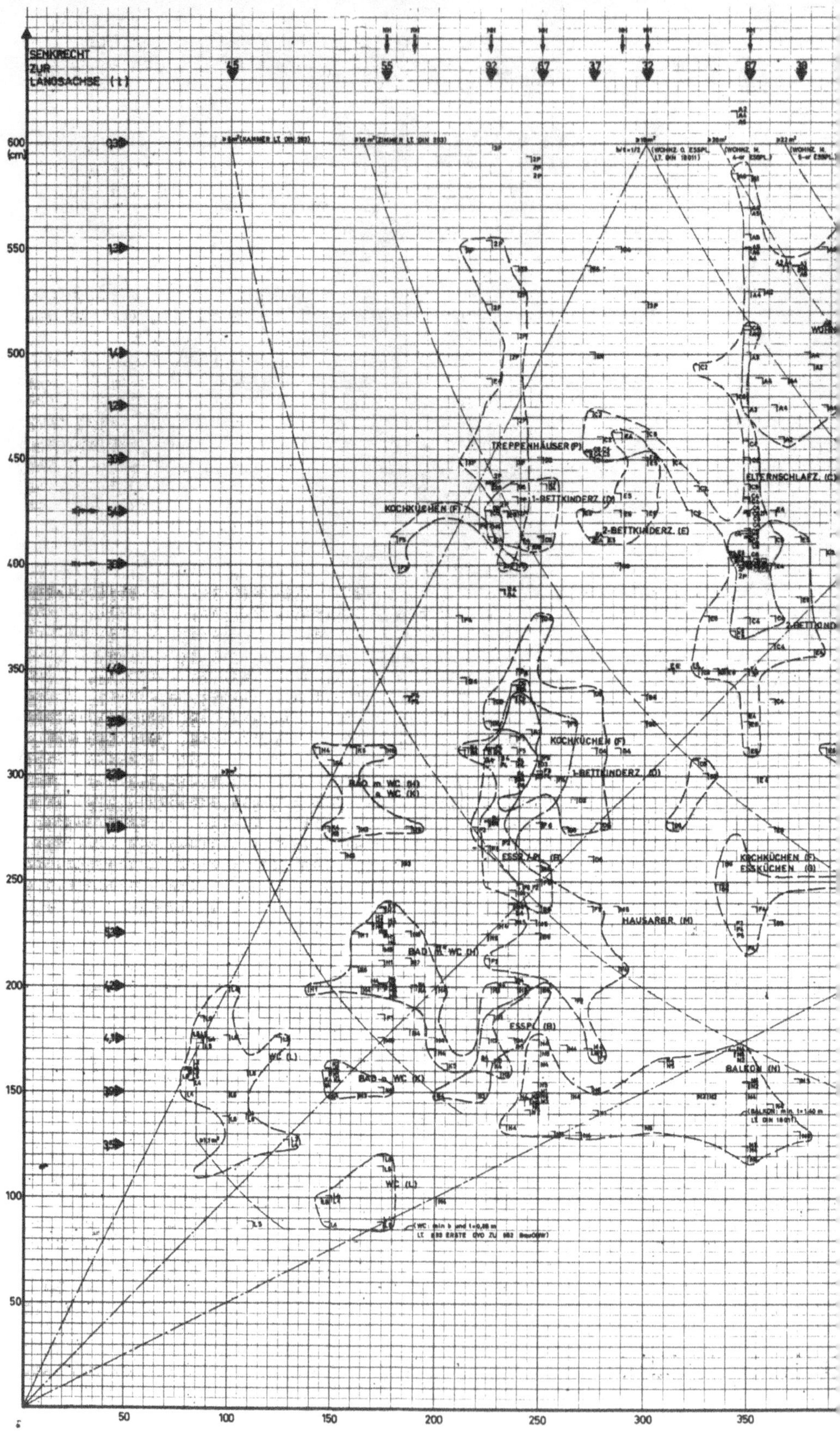

SENKRECHT
ZUR
LÄNGSACHSE (⊥)
600 (cm)
550
500
450
400
350
300
250
200
150
100
50
50
100
150
200
250
300
350
TREPPENHÄUSER (P)
KOCHKÜCHEN (F)
1-BETTKINDERZ. (D)
2-BETTKINDERZ. (E)
ELTERNSCHLAFZ. (C)
BAD m. WC (H)
o. WC (K)
KOCHKÜCHEN (F)
1-BETTKINDERZ. (D)
ESSPLPL. (B)
HAUSARBR. (M)
KOCHKÜCHEN (F)
ESSKÜCHEN (G)
BAD m. WC (H)
ESSPL. (B)
WC (L)
BAD o. WC (K)
BALKON (N)
WC (L)

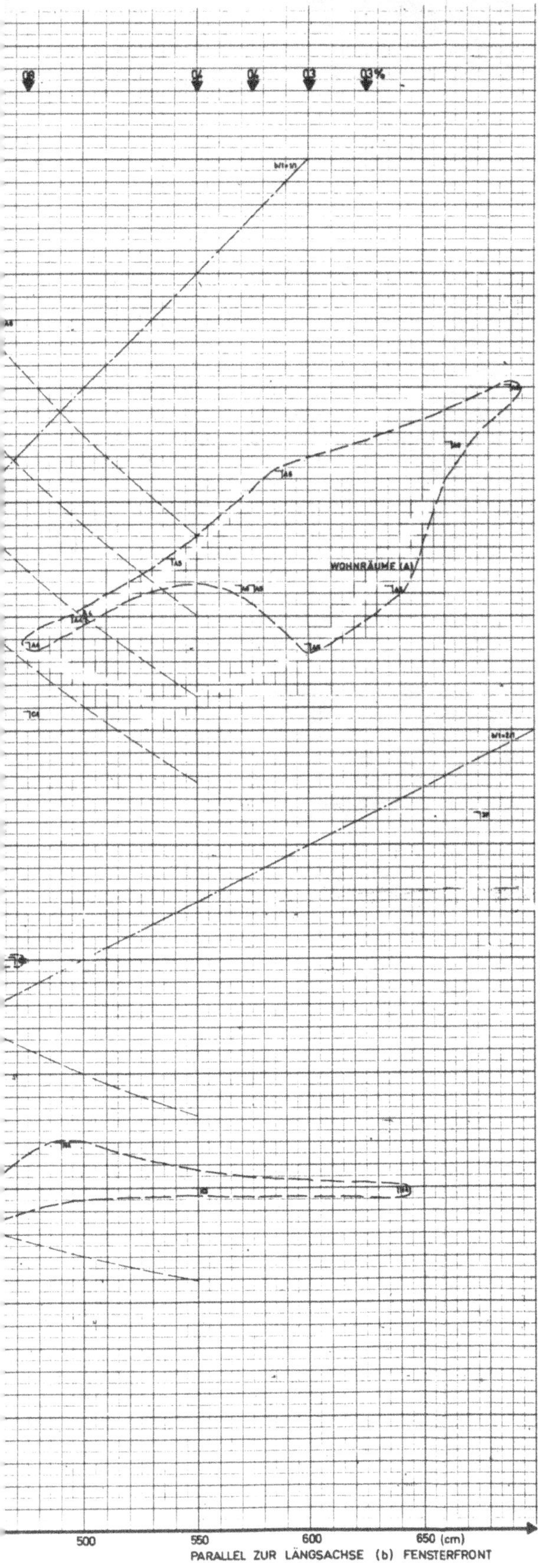

116

ZUSAMMENHÄNGE: FUNKTION / KONSTRUKTION
ZUSAMMENSTELLUNG VON RAUMABMESSUNGEN
IN DEMONSTRATIVBAUVORHABEN.
(49 WOHNUNGSGRUNDRISSE)

RWTH AACHEN
JAN. 1970

BLATT 1

LEGENDE:
FREISTEHENDES EINFAMILIENHAUS
EINFAMILIENREIHENHAUS
WOHNUNGEN IN MEHRGESCHOSSBAUTEN

ABMESSUNGEN ENTNOMMEN AUS:
1) INFORMATIONEN NR. 12,13 (1967) „WOHNUNGEN IN DEMONSTRATIVBAUVORHABEN" INST. F. BAUFORSCHUNG e.V., HANNOVER.
2) TYPEN Z/023/M UND Z/034/M DER NEUEN HEIMAT, NRW
3) EINHEITSENTWURF FÜR DAS LÄNDER-VERGLEICHSPROGRAMM 1962, ARCH. PROF. DITTRICH

MASSE NACH IFB, HÄUFIGKEIT (%) VON ROHBAUMASSEN (AUS: INFORMATIONEN NR. 19, S. XXV)

VORZUGSMASSE DER NEUEN HEIMAT, NRW

A-P RAUMARTEN
1-8 ANZAHL BEWOHNER
BEISPIEL: A4 = WOHNRAUM FÜR 4 BEWOHNER
(AUSNAHME: 2P = TREPPENHAUS EINES 2-SPÄNNERS)

Maßstab verkleinert

ABLESEBEISPIEL:

• 690/501	41	≙ RAUMBREITE / RAUMTIEFE GRUNDRISSNR.
	45•	≙ WOHNRAUM o. ESSPLATZ, ESSZIMMER IST MIT GLEICHER GRUNDRISSNR. UNTER B AUSGEWIESEN.

	A		B		C		D		E		F
	WOHNRAUM	NR.	ESSRAUM (-PLATZ)	NR.	ELTERN-SCHLAFR.	NR.	1-BETT KINDERZ.	NR.	2-BETT KINDERZ.	NR.	KOCH-KÜCHE
1	• 344/615	19	• 184/260	25	• 274/454	13	• 226/326	38	• 226/426	36	• 176/187,5
2	″	20	• 200/150	7	″	14	• 226/426	23	• 226/488,5	1	• 176/226
3	″	21	• 213,5/312,5	44	″	15	• 227,5/336,5	44	• 232,5/426	36	• 181/413,5
4	• 344,5/576	47•	• 215/313,5	48	″	16	• 227,5/413,5	4	• 239/542	15	• 182/400
5	• 350/475	25•	• 215/346,5	34	• 275/473	25	• 233/388,5	29	• 244/410	14	• 188,5/338,5
6	• 350/550	2	• 220/150	10	• 280/461	26	″	″	• 270,5/426	45	• 188,5/338,5
7	• 351/501	10•	• 225/165	32	• 288,5/551	7	• 238,5/343,5	42	• 274/542	16	• 212,5/376
8	• 351/511,5	34•	• 226/279	46	• 301/463,5	40	• 238,5/438,5	43	• 276/413,5	34	• 220/276
9	• 351/530	35•	• 227,5/279,5	33	• 313,5/450	48	• 246/410	15	• 276/413,5	49	• 220/419,5
10	• 351/551	8	• 228,5/187,5	30	• 322,5/426	45	• 248/301	10	• 276/501	18	• 226/213,5
11	• 351/551	11•	• 230/310	22	• 326/437,5	28	• 249,25/307,5	8	• 282,25/413,5	8	• 226/[illegible]
12	• 351/557	42•	• 238,5/176	31	• 326/495	27	251/376	48	• 288,5/426	39	• 226/313,5
13	• 351/569,25	5	• 238,5/240	35	• 344/369	20	• 251/413,5	43	• 288,5/434	42	• 227,5/313,5
14	″	6	″	36	″	21	″	″	• 288,5/463,5	33	• 230/310
15	• 351/[illegible]	9	• 238,5/300	24	• 344/404	19	• 252,5/438,5	3	• 301/450	38	• 232,5/270
16	• [illegible]	22•	• 238,5/343,5	42	• 344,5/481	47	″	4	• 301/451	11	• 238,5/300
17	• 357/488,5	31•	• 246/322	13	• 350/431,5	32	• 263,5/276	40	• 313,5/351	11	″
18	• 357,5/551	17	″	16	• 350/459	2	• 268/290	25	• 326/351	37	• 238,5/307,25
[illegible]	• 363,5/[illegible]	[illegible]	• 251/[illegible]	[illegible]	• 351/[illegible]	[illegible]	• 276/[illegible]	[illegible]	• 327,5/[illegible]	[illegible]	[illegible]

ZUSAMMENHÄNGE: FUNKTION / KONSTRUKTION IN STEIGENDER REIHENFOLGE TABELLIERTE RAUMABMESSUNGEN MIT SCHLÜSSELNR. DES QUELLENNACHWEISES. (ZU BL. 1)	RWTH AACHEN APRIL 1970 D/MEINERT 1a

H		K		L		M		N		P	
BAD m. WC	NR.	BAD o. WC	NR.	WC	NR.	HAUS-ARBEIT	NR.	BALKON, LOGGIA	NR.	TREPPEN-HAUS	NR.
• 139/200	12	• 150/160	7	• 80/150	11	• 157/263,5	45	• 189/180	34	• 213,5/450	49
• 144/313,5	1	• 150/160	29	• 81,5/160	44	• 163/150	10	• 201,5/102,5	33	• 213,5/551	7
• 163,5/226	9	• 150/161	13	• 82/161	13	• 176/176	38	• 230/200	22	• 226/438,5	3
• 163,5/276	10	″	14	″	14	• 176/220	39	• 235/135	7	″	4
• 165/200	48	″	15	″	15	• 226/419,5	41	• 238,5/205	24	• 226/438,5	23
• 170/230	19	″	16	″	16	• 238,5/232	46	• 244/147	14	• 226/438,5	24
″	20	• 150/276	35	• 84/155,5	5	• 238,5/246	31	• 246/142	13	• 226/523,5	33
″	21	″	36	• 88/173,5	38	• 258/132	47	• 246/147	15	• 226/553	34
• 173/201	31	• 151/307,25	5	• 88,5/176	40	• 264/172,5	24	″	16	• 226/600	26
• 175/202,5	34	• 161,75/313,5	8	• 88,5/186	46	• 276/171	35	• 249,25/155	8	• 230/427,5	22
• 176/200	42	• 163,5/209,5	11	• 90/176	48	″	36	• 250/150	9	• 232/401	10
• 176/201	46	• 176/152,5	18	• 101/138,5	37	• 288,5/238,5	40	• 250/150	10	• 235/500	2
• 176/212,5	30	• 176/201	37	• 101/150	45			• 250/150	11	• 238/450	1
• 176/226	17	• 188,5/200	49	• 101/176	23			• 250/165	32	• 238,5/426	8
• 176/226	38	• 206,5/163,5	6	• 101/200	49			• 250/175	1	• 238,5/432,25	5
• 176/226	45	• 226/176	25	• 109,5/160	41			• 151/170	23	″	6
• 176/238,5	33	• 227,5/165	3	• 110/140	35			• 266/150	31	• 238,5/469,5	17
• 176/313,5	39	″	4	″	36			• 271/132	35	″	18
• 188,5	[illegible]	• 238,5	[illegible]	• 112,75	8			• 279	[illegible]	• 238,5	[illegible]

19	• 363,5/476	33•	• 251/200	11	• 351/376	33	• 276/262	47	• 327,5/351	37	•
20	• 367/542	13•	• 251/226	18	• 351/401	10	• 276/340,5	46	• 331/376	47	• 238,5/313,5
21	• 367,5/401	26	• 251/238,5	39	• 351/401	17	• 277,5/313,5	48	• 336/351	41	• 238,5/319
22	• 369/542	14	• 251/257,5	45	•	18	• 279,5/278	45	• 340/351	41	• 238,5/338,5
23	• 369,5/488,5	1	• 251/451	23	• 351/401	38	• 288,5/401	46	• 344/404	20	• 238,5/338,5
24	• 374/542	12	• 276/451	49	• 351/401	46	• 313,5/278	45	•	21	• 238,5/351
25	• 374/542	15	• 301/326	43	• 351/404	41	• 326/307,25	6	•	•	• 238,5/401
26	• 374/542	16•	• 301/338,5	37	• 351/413,5	3	• 331/301,5	47	• 350/330	32	• 242/249
27	• 380/501	48•	• 338/260	47	• 351/413,5	44	• 363,5/232	46	• 350/415	2	•
28	• 382,5/495	27	• 401/367,5	38	• 351/413,5	49			• 351/326	18	• 251/251
29	• 388,5/476	24•	• 438,5/363,5	40	• 351/417,5	42			• 351/351	31	• 251/278
30	• 388,5/513,5	3			• 351/426	8			• 355/300	22	• 251/302,5
31	• 388,5/551	28			• 351/426	31			• 363,5/276	40	•
32	• 401/423,5	18•			• 351/426	36			• 363,5/401	24	• 251/310
33	• 401/513,5	4			• 351/426	37			• 363,5/426	35	• 258/300
34	• 401/524,5	46•			• 351/432,25	5			• 376/385	16	• 263,5/326
35	• 401/538,5	23•			• 351/438,5	23			• 376/413,5	44	• 267,5/195
36	• 401/563,5	49•			• 351/451	11			• 382,25/360	7	• 276/238,5
37	• 426/407	30•			• 351/513,5	4			• 388,5/313,5	39	• 279/168
38	• 463,5/530	36•			• 355/427,5	22			• 401/307,25	5	• 288,5/210
39	• 476/388,5	29			• 363,5/338,5	24			• 413,5/307,25	6	• 344/230
40	• 495/400	32•			• 363,5/363,5	34			• 426/301	23	•
41	• 501/400	7•			• 363,5/376	1					•
42	• 520/413,5	39•			• 363,5/413,5	43					• 350/220
43	• 537,5/426	40•			• 388,5/407,25	6					• 355/238,5
44	• 576/413,5	43•			• 394,75/426	35					• 419,5/188,5
45	• 588,5/463,5	37•			• 401/351	39					
46	• 601/388,5	38•			• 476/358,5	29					
47	• 636,5/413,5	44•									
48	• 663,5/426	45•									
49	• 690/501	41									

• 188,5/213,5	28	• 238,5/176	23	• 112,75/88,5	8			• 279/142	12	• 238,5/510	31
• 188,5/226	41			• 126/176	25			• 300/135	44	• 238,5/530	35
• 188,5/276	43			• 130/127,5	3			• 310/165	5	"	36
• 200/170	26			"	4			"	6	• 344/404	19
• 200/176	2			• 146/100	42			• 326/150	28	"	20
• 200/220	32			• 150/88,5	7			• 344/170	19	"	21
• 201/201	24			• 150/100	29			"	20	• 245/594	12
• 226/226	40			• 151/101	24			"	21	"	13
• 227,5/200	44			• 176/88,5	18			• 350/150	2	"	14
• 230/230	22			• 176/115	43			• 351/120	37	"	15
• 232,5/160	27			• 176/120	39			• 351/125	3	"	16
• 240/200	47			• 176,5/88,5	6			"	4	• 301/425	9
• 276/153	47							• 351/155	17	• 350/350	25
								"	18	• 351/426	37
								• 363,5/146	33	• 676/313,5	11
								• 376/132	36		
								• 376/157	16		
								• 450/137,5	27		
								• 490/170	29		
								• 550/150	25		
								• 638,5/150	49		

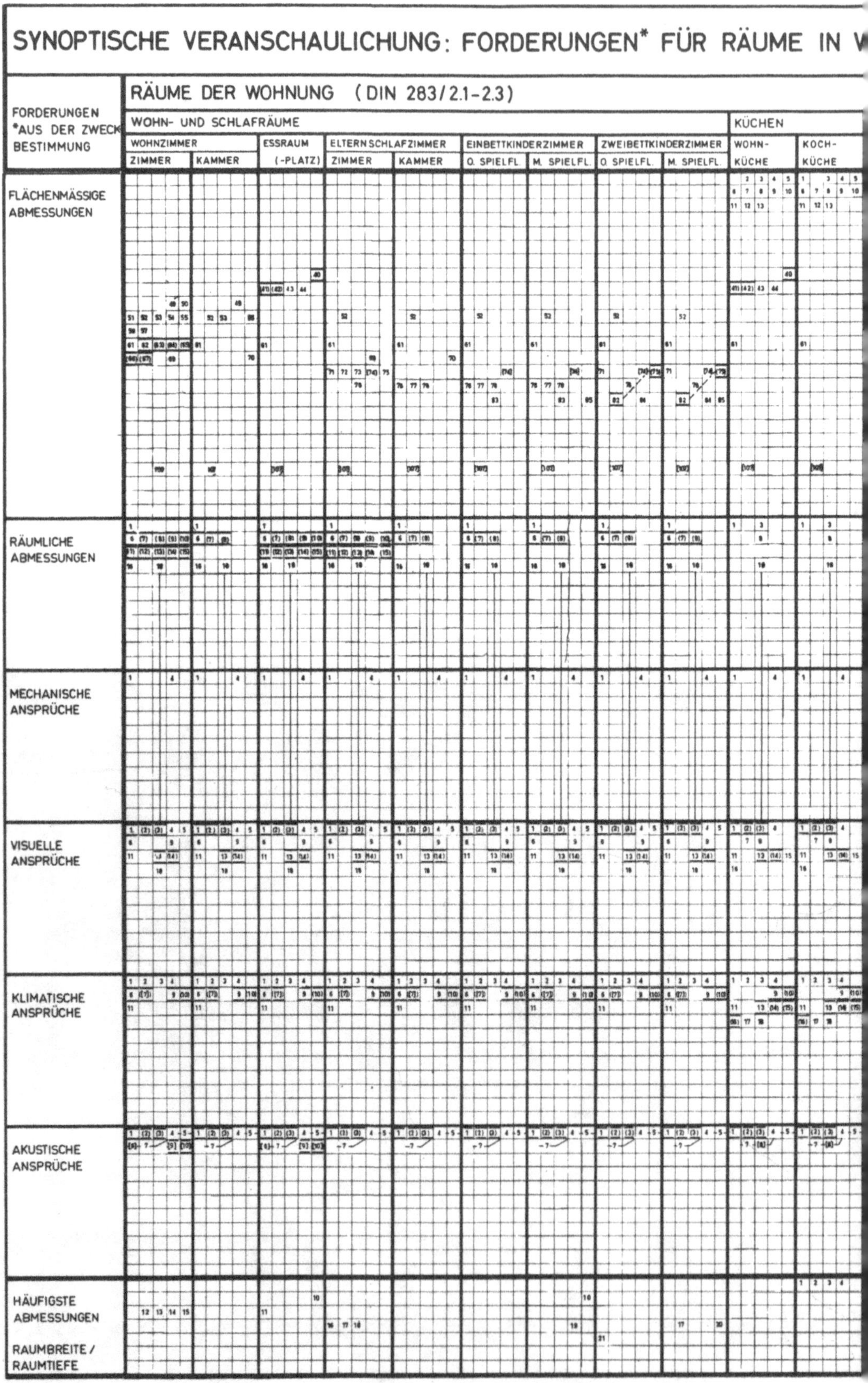

SYNOPTISCHE VERANSCHAULICHUNG: FORDERUNGEN* FÜR RÄUME IN
FORDERUNGEN *AUS DER ZWECKBESTIMMUNG
RÄUME DER WOHNUNG (DIN 283/2.1–2.3)
WOHN- UND SCHLAFRÄUME
KÜCHEN
WOHNZIMMER
ZIMMER
KAMMER
ESSRAUM (-PLATZ)
ELTERNSCHLAFZIMMER
ZIMMER
KAMMER
EINBETTKINDERZIMMER
O. SPIELFL.
M. SPIELFL.
ZWEIBETTKINDERZIMMER
O. SPIELFL.
M. SPIELFL.
WOHN-KÜCHE
KOCH-KÜCHE
FLÄCHENMÄSSIGE ABMESSUNGEN
RÄUMLICHE ABMESSUNGEN
MECHANISCHE ANSPRÜCHE
VISUELLE ANSPRÜCHE
KLIMATISCHE ANSPRÜCHE
AKUSTISCHE ANSPRÜCHE
HÄUFIGSTE ABMESSUNGEN
RAUMBREITE / RAUMTIEFE

/ FUNKTIONSBEREICHE

								RÄUMLICHE AUSSTATTUNG (DIN 283/3.1)						
								AUSSCHL. ZU EINER WOHNUNG GEHÖRENDE RÄUME						ZUR GE
WC	HAUSARBEITSRAUM		ABSTELL- U. VORRATSR.		BALKON U.	VERKEHRSR.	GARDEROBE	KELLER-	ABSTELL-	BRENN-	HEIZUNGS-	TROCKEN-	GARAGE	TREPPEN
	F. NASSE A.	F. TROCK. A.	DAUERV.	PUTZGER.-N.	LOGGIA	FLURE, TREP.		RAUM	GUT	STOFFE	RAUM	RAUM		HAUS

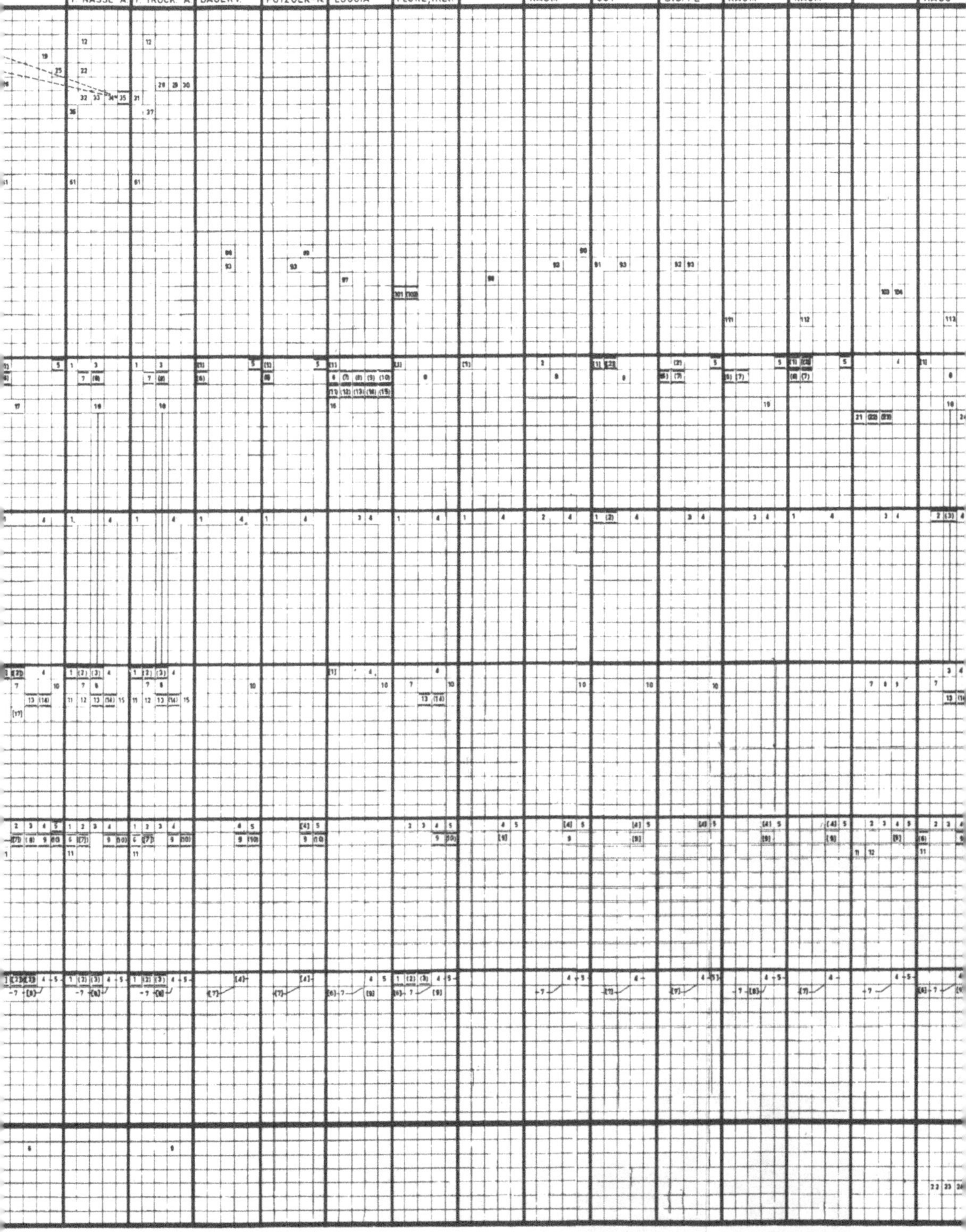

ZUSAMMENHÄNGE: FUNKTION / KONSTRUKTION	RWTH IFS AACHEN NOV. 1969 DRESCH BLATT 2

EINSAMEN NUTZUNG VERFÜGBARE RÄUME

WASCH-KÜCHE	TROCKEN-RAUM	PLÄTT-RAUM	BADE- U. BRAUSER.	FAHRRAD-RAUM	HEIZUNGS-RAUM		
114	115	116	113	118	119		
1 2 8	(1) (2) 5 (6) (7)	1 (2) 5 (6) (7)	1 (2) 5 (6) (7)	(2) 8	(8) (7) 5 20		
1 (2) 4	1 4	1 4	1 4	2 4	4 5		
[4] 5 [9]	[4] 5 [9]	[4] 5 [9]	[4] 5 [9]	[4] 5	[4] 5 [9]		
4 – 5 – 7 – [8]	4 – [7]	4 – [5] – [7]	4 – [5] – [7]		4 – [5] – [7] – [8]		

1.1.1 Wohnen ohne Essplatz

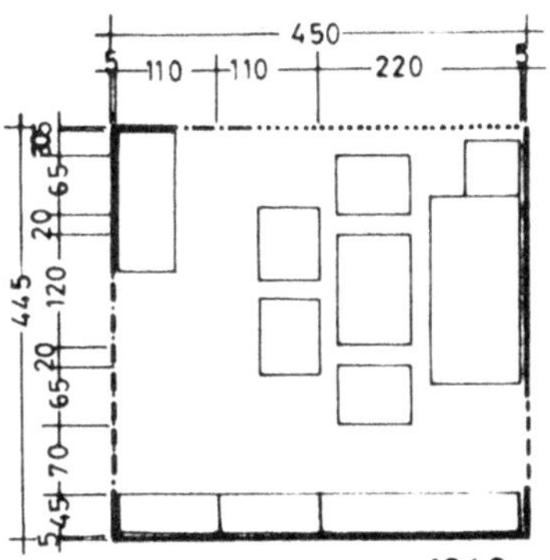

19,40

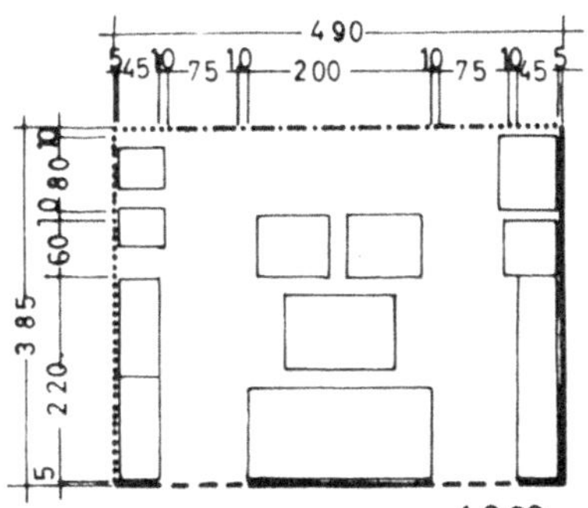

18,29

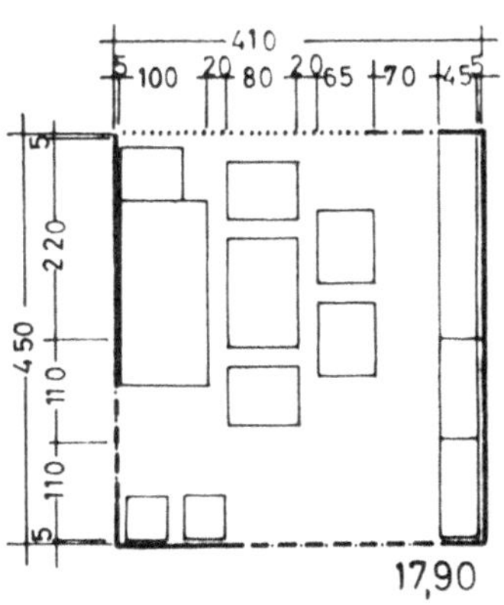

17,90

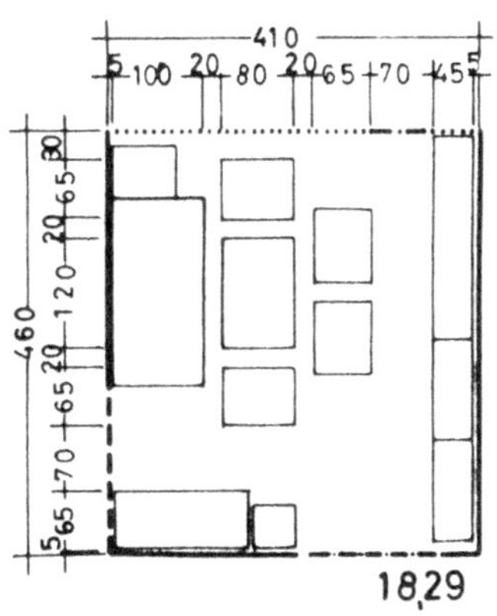

18,29

1.1.2 Wohnen mit Essplatz für 4 Personen

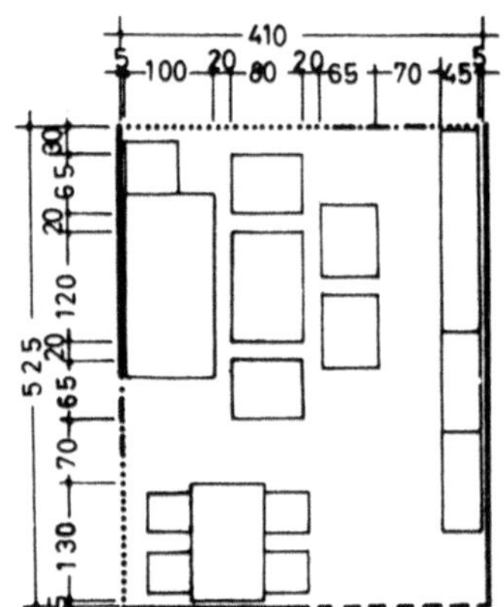

20,94

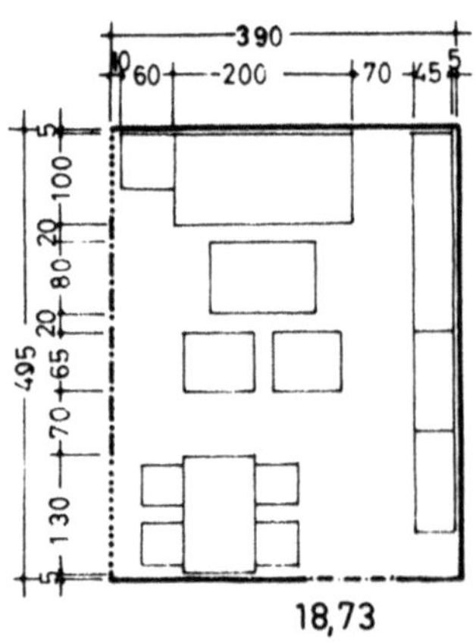

18,73

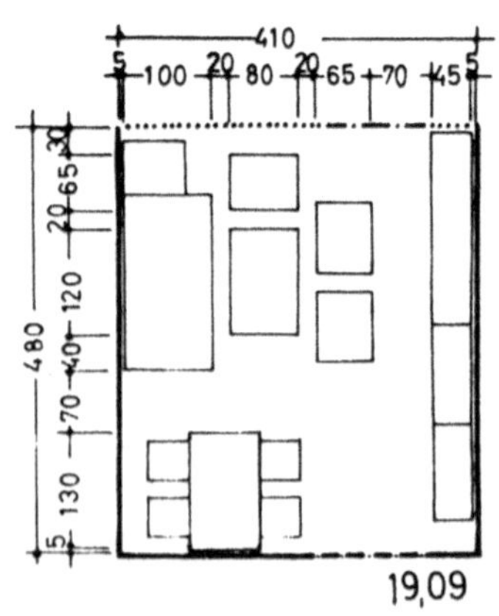

19,09

1.1.3 Wohnen mit Essplatz für 5 Personen

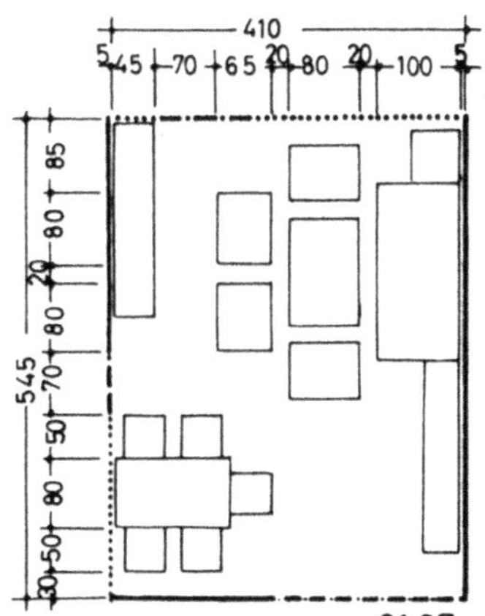

21,67

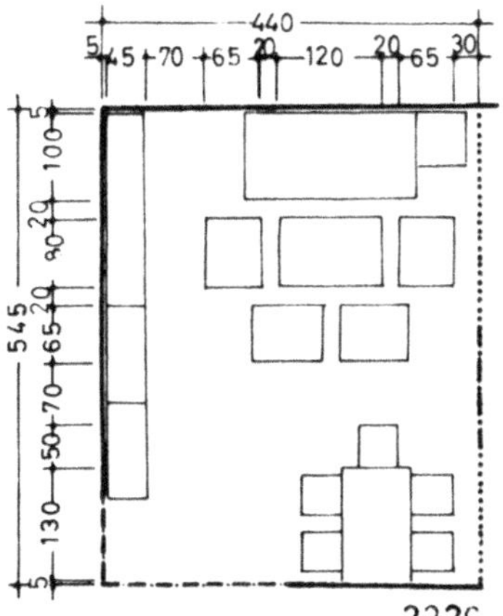

23,26

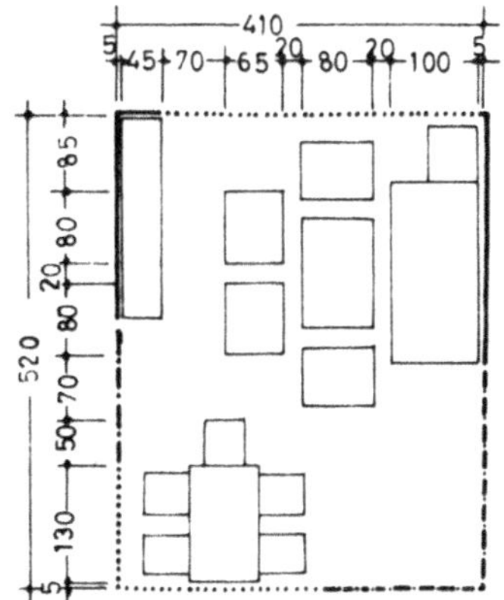

20,68

ZUSAMMENHÄNGE : FUNKTION/KONSTRUKTION	RWTH IFS AACHEN SEPT.1970 DRE / THI
MINDESTFLÄCHEN DER FUNKTIONSBEREICHE : 1.1 WOHNEN	

1.1.4 Wohnen mit Essplatz für 6 Personen

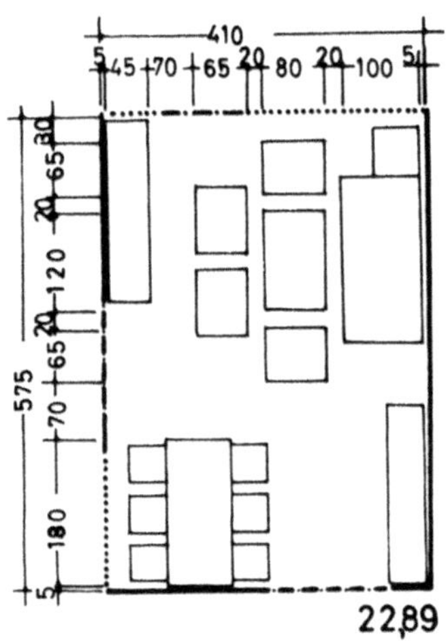

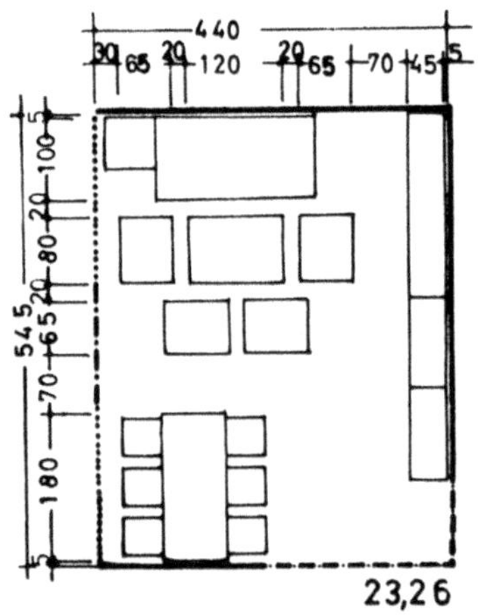

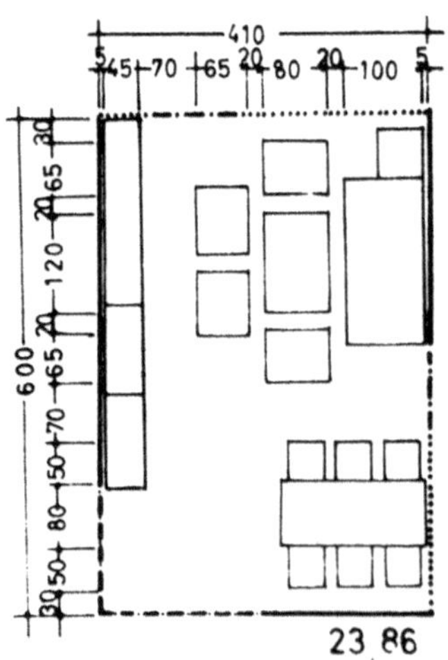

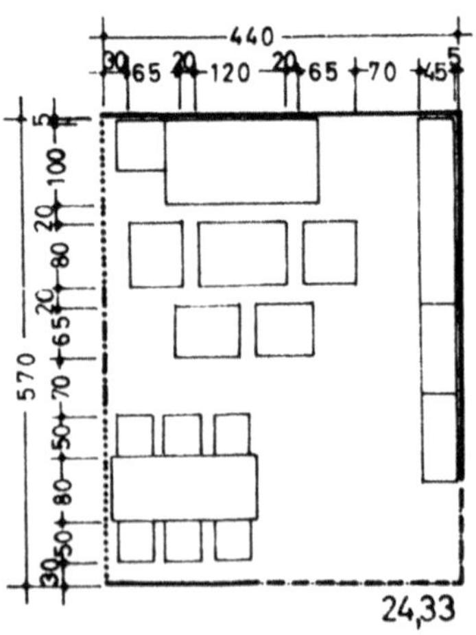

1.1.5 Wohnen mit Essplatz für 7 Personen

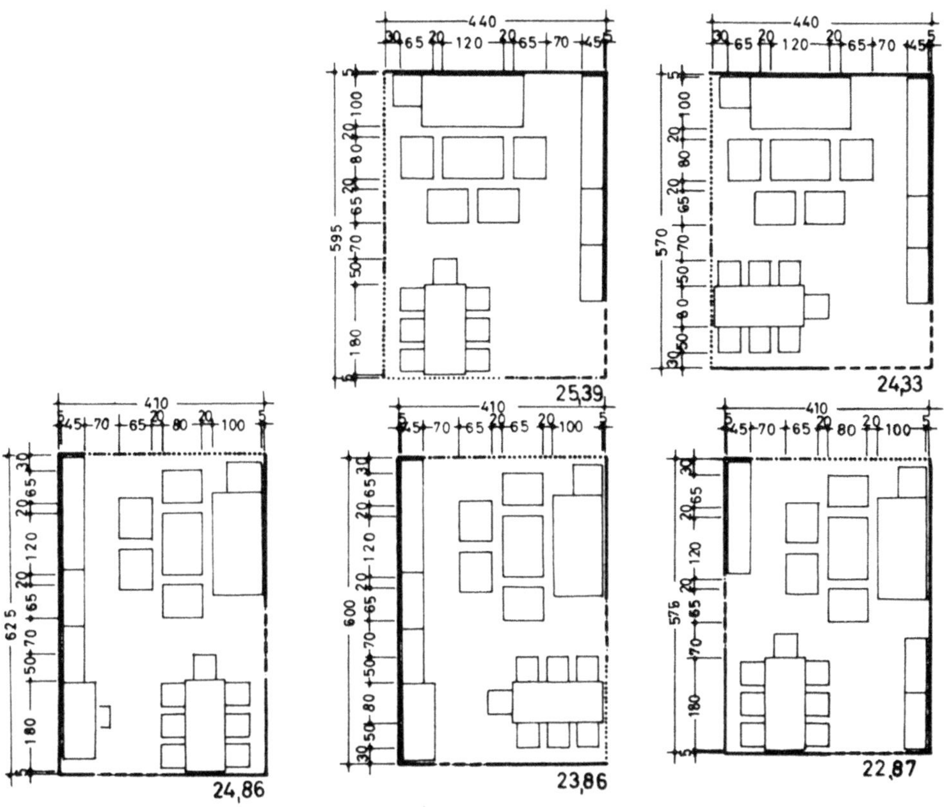

1.1.6 Wohnen mit Essplatz für 8 Personen

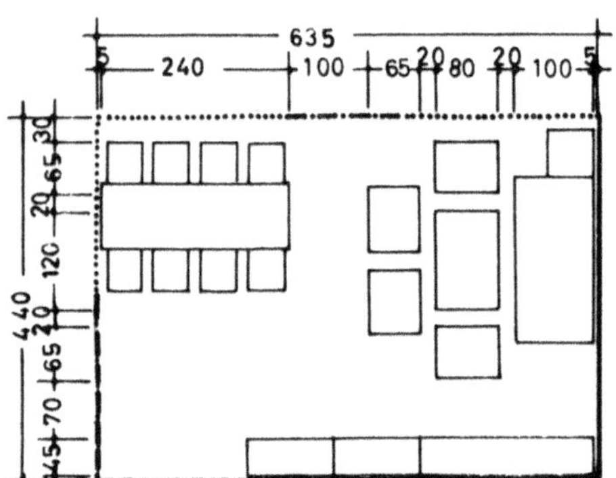

27,06

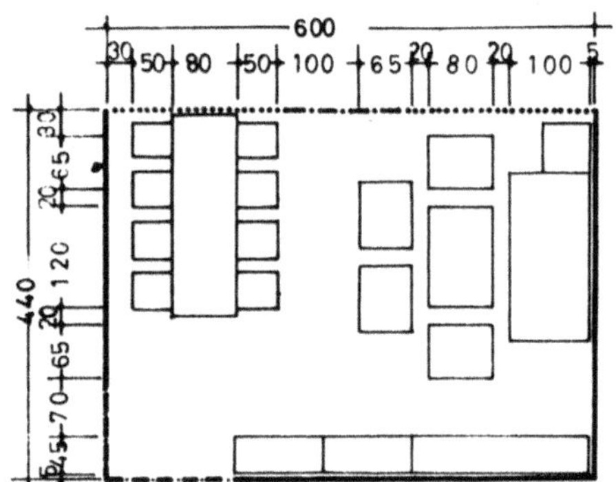

25,61

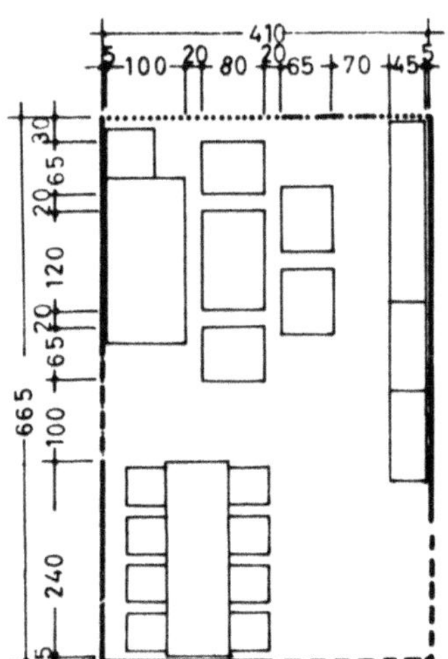

26,45

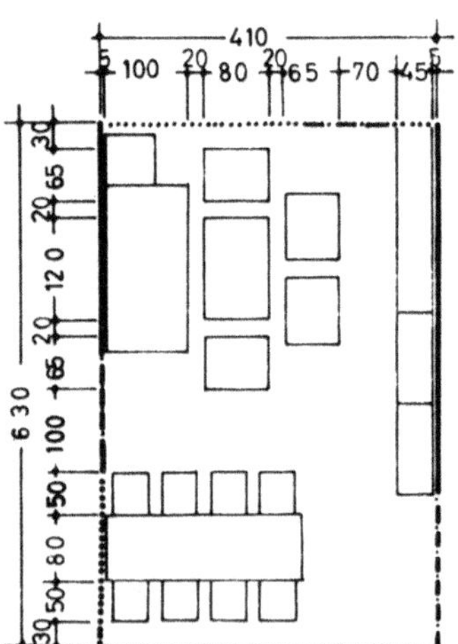

25,02

ZUSAMMENHÄNGE : FUNKTION/ KONSTRUKTION	RWTH IFS AACHEN SEPTEMBER 1970 DRE/THI
MINDESTFÄCHEN DER FUNKTIONSBEREICHE :	
1.2 ESSEN	

1.2.1 4Personen

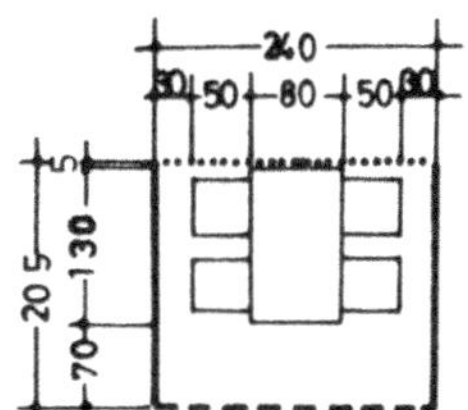

4,77

1.2.2 5Personen

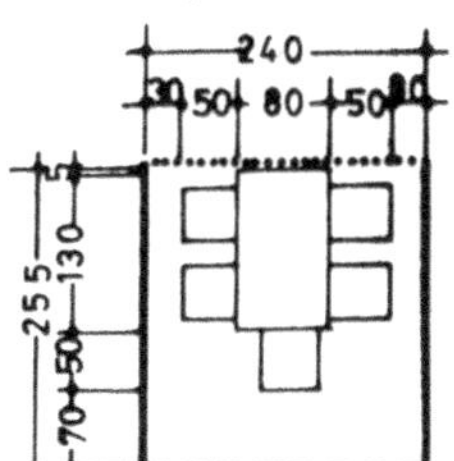

5,94

1.2.3 6Personen

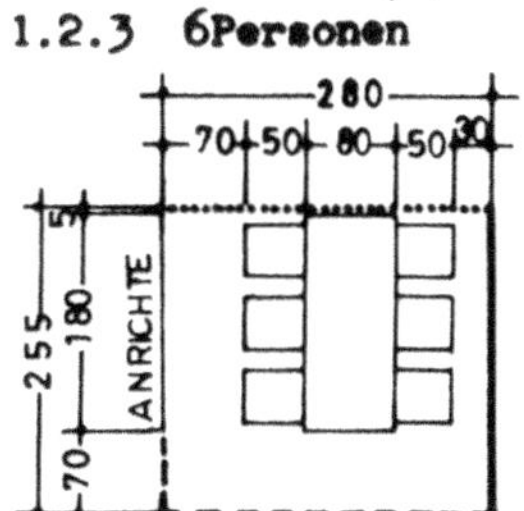

6,93

1.2.4 7 Personen

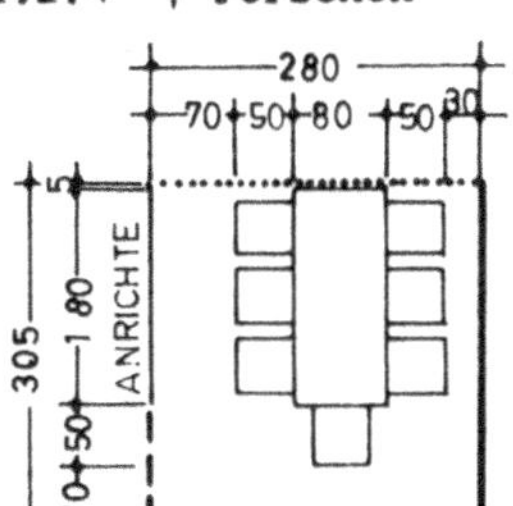

8,28

1.2.5 8 Personen

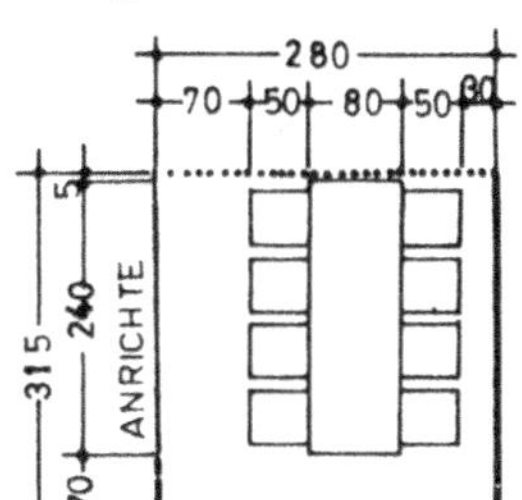

8,57

ZUSAMMENHÄNGE: FUNKTION/KONSTRUKTION	RWTH IFS AACHEN SEPTEMBER 1970 DRE/THI
MINDESTFLÄCHEN DER FUNKTIONSBEREICHE 1.3 SCHLAFEN (ELTERN)	

1.3.1 ohne Kinderbett

F 6

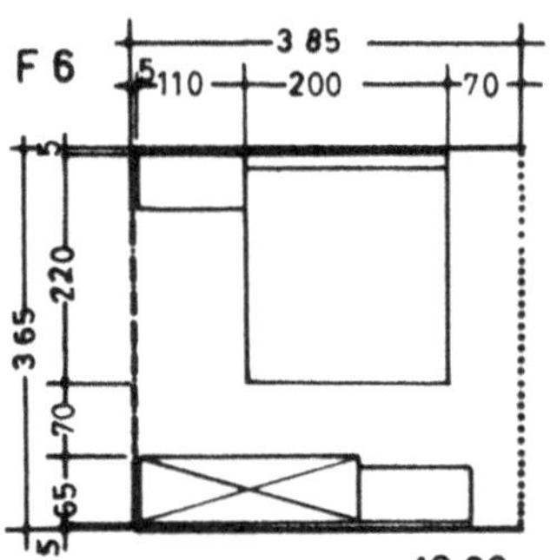

13,63

F 9

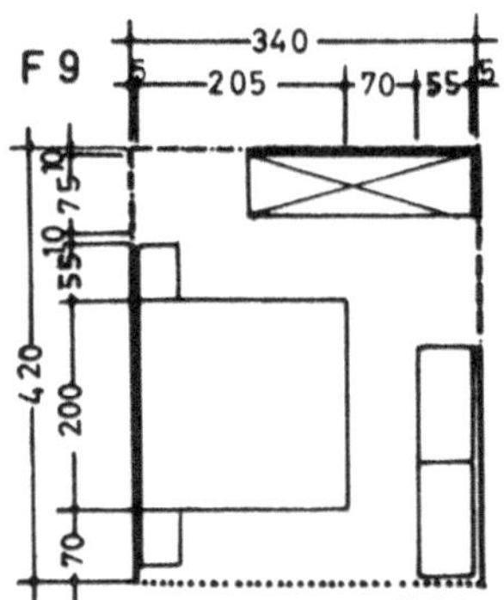

13,85

F 5

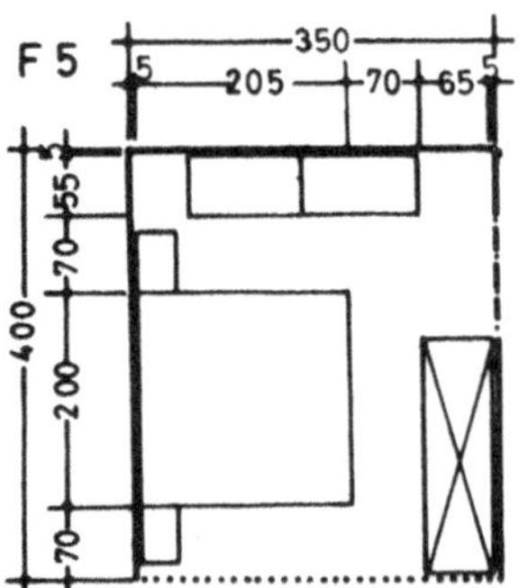

13,58

F10

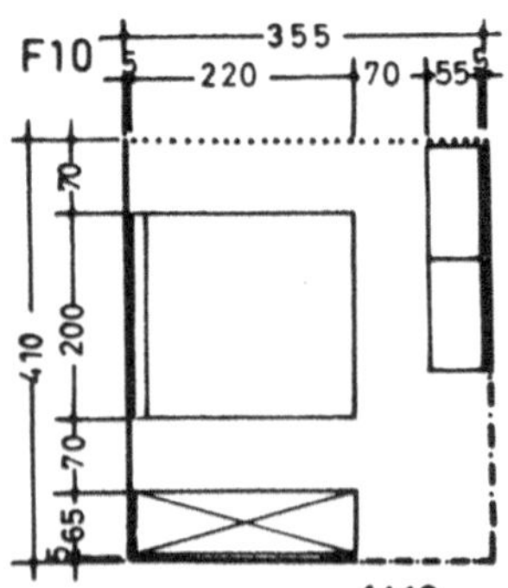

14,12

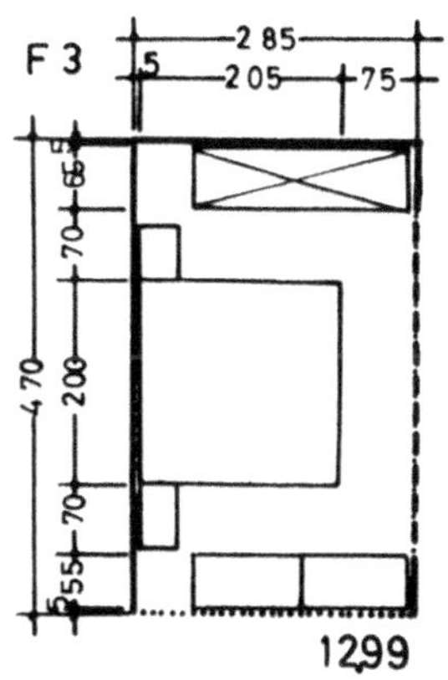
F 3
2 85
5
2 05
75
5
65
70
4 70
200
70
55
5
12,99

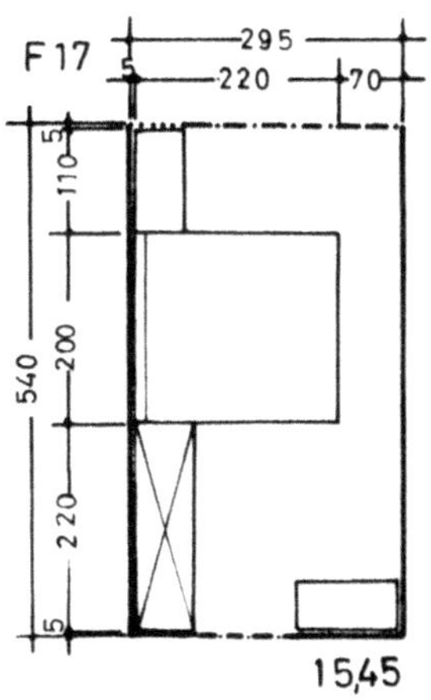
F 17
295
5
220
70
5
110
540
200
2 20
5
15,45

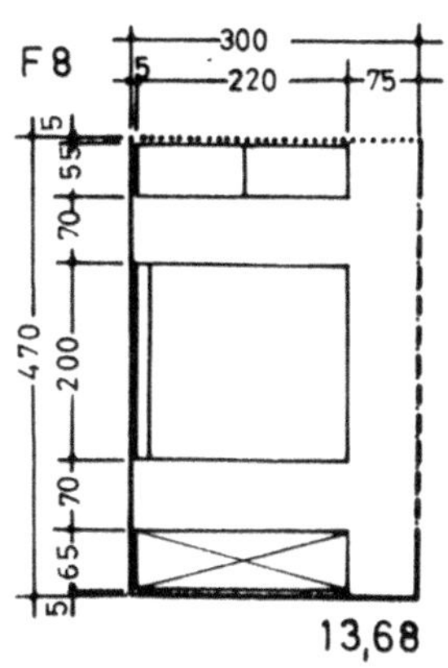
F 8
300
5
220
75
5
55
70
470
200
70
65
5
13,68

1.3.2 mit Kinderbett

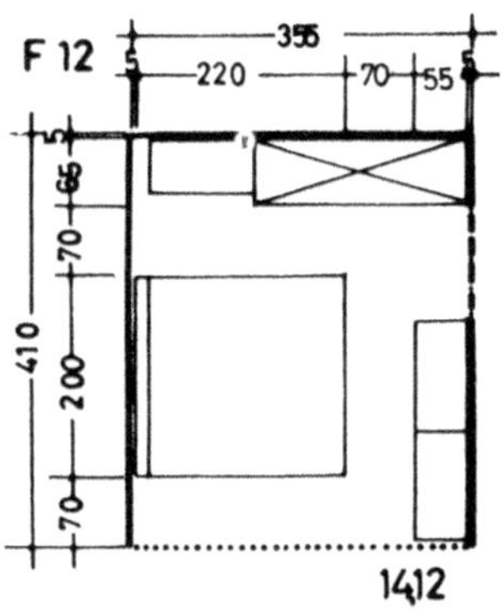

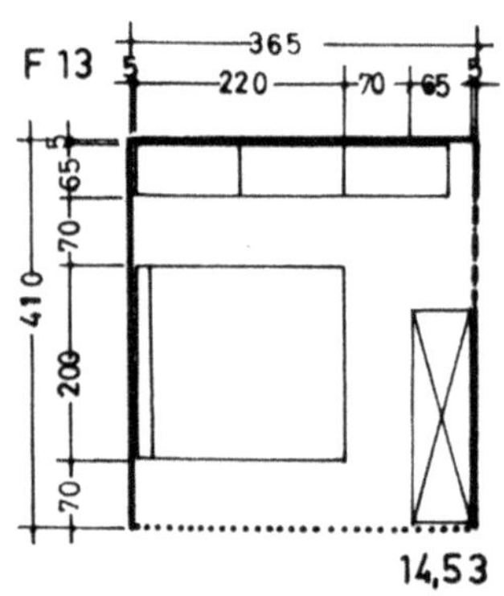

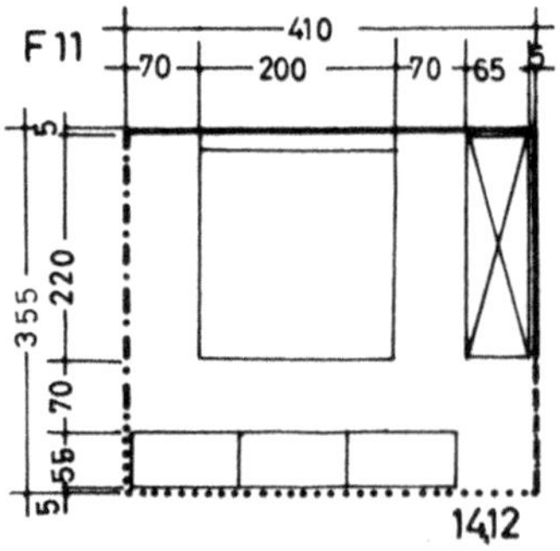

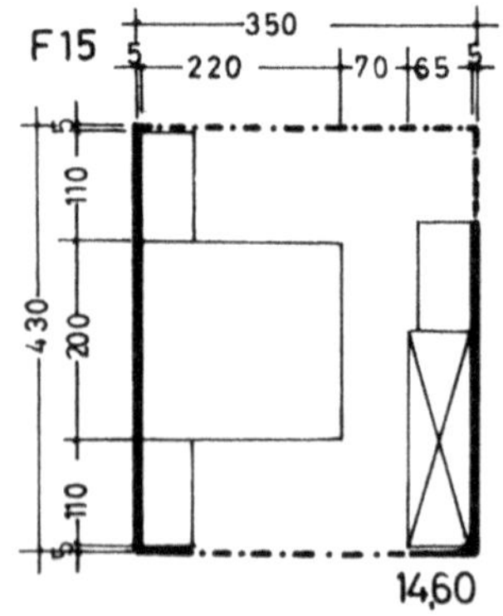

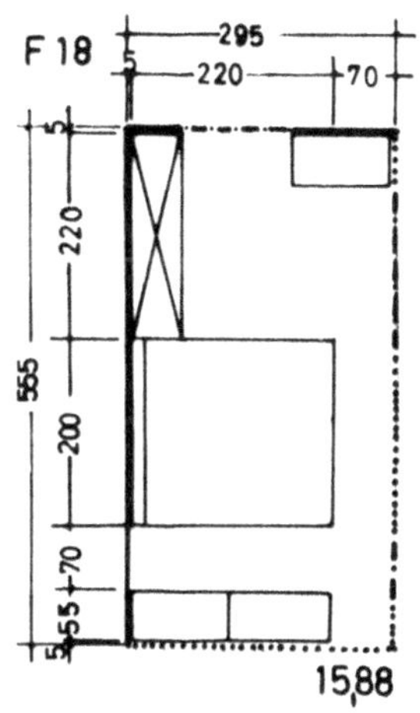
F 18
295
220
70
5
220
555
200
70
55
5
15,88

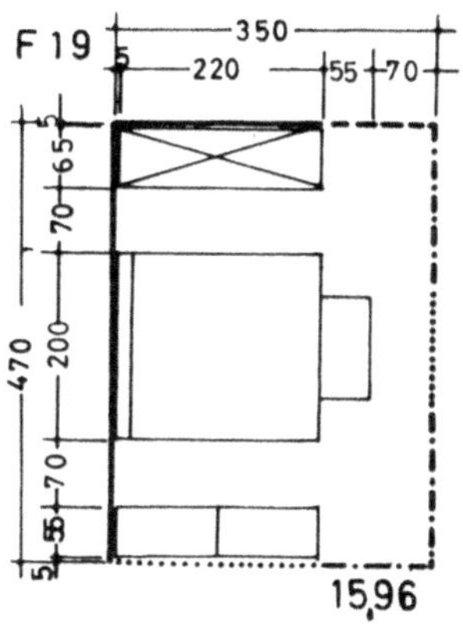
F 19
350
220
55
70
5
65
70
470
200
70
55
5
15,96

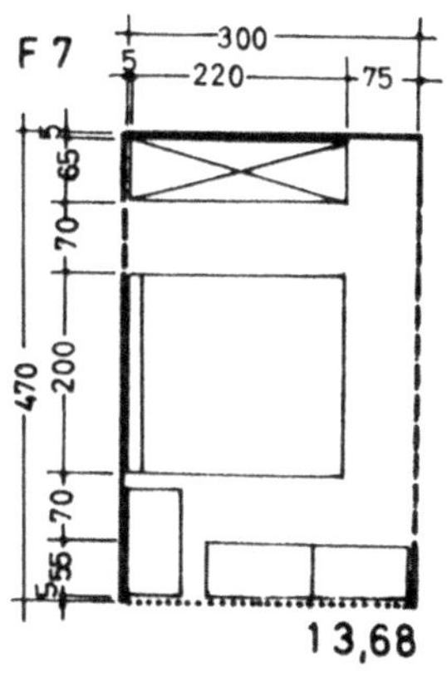
F 7
300
220
75
5
65
70
470
200
70
55
5
13,68

ZUSAMMENHÄNGE: FUNKTION/KONSTRUKTION	RWTH IFS AACHEN SEPT 1970 DRE/THI
MINDESTFLÄCHEN DER FUNKTIONSBEREICHE: 1.3 SCHLAFEN (ELTERN)	

1.3.3 getrennt aufgestellte Betten

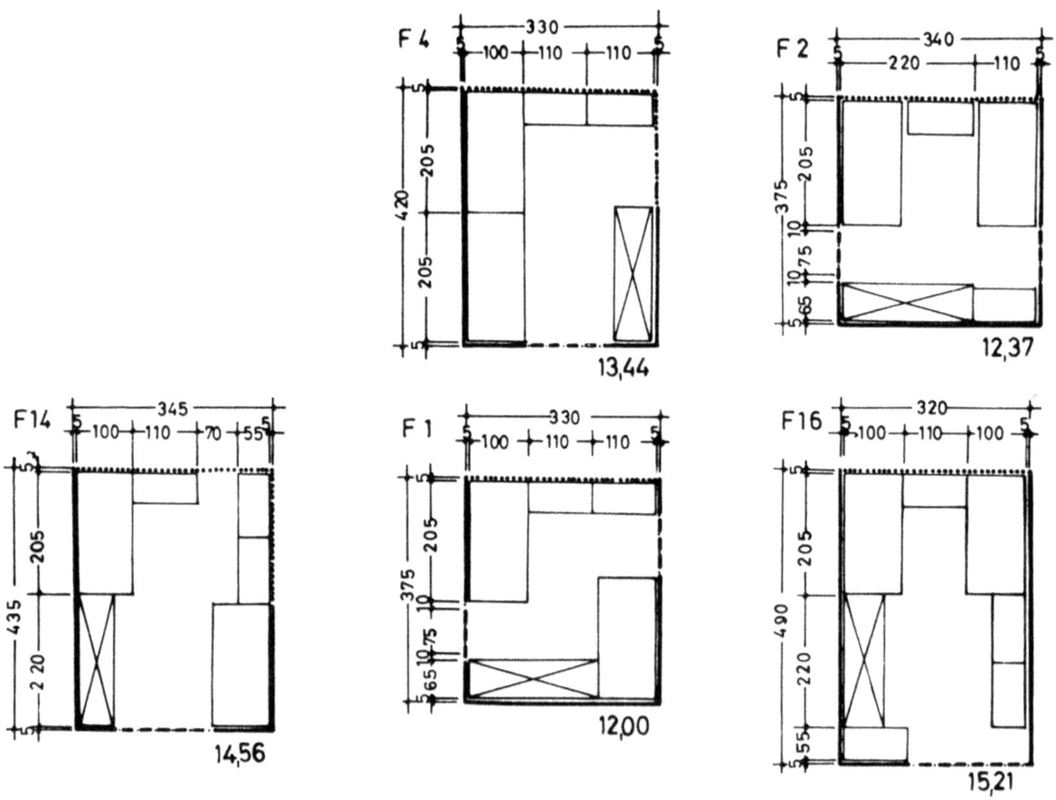

ZUSAMMENHÄNGE: FUNKTION / KONSTRUKTION	RWTH IFS AACHEN JULI 1970 DRE / MEI
MINDESTFLÄCHEN DER FUNKTIONSBEREICHE:	
1.4 SCHLAFEN (KINDER)	

1.4.1 Schlafen (1 Kind)

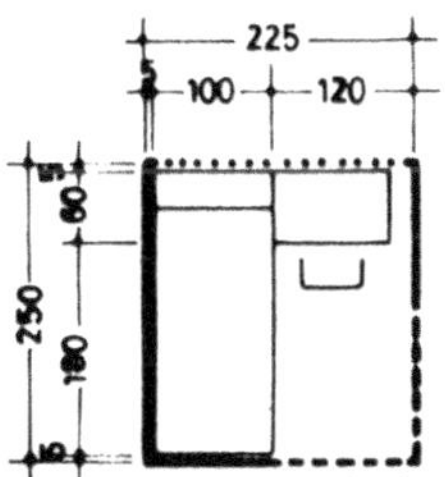

5,46

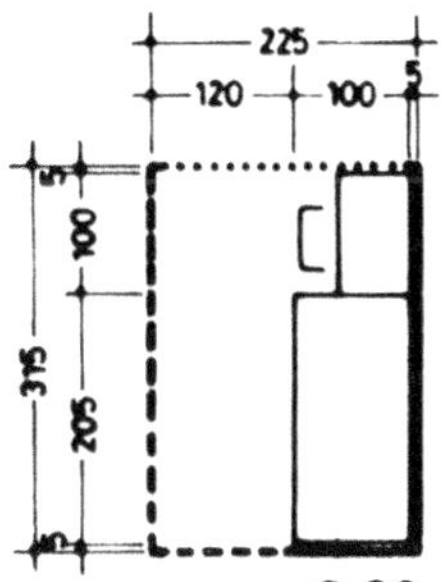

6,89

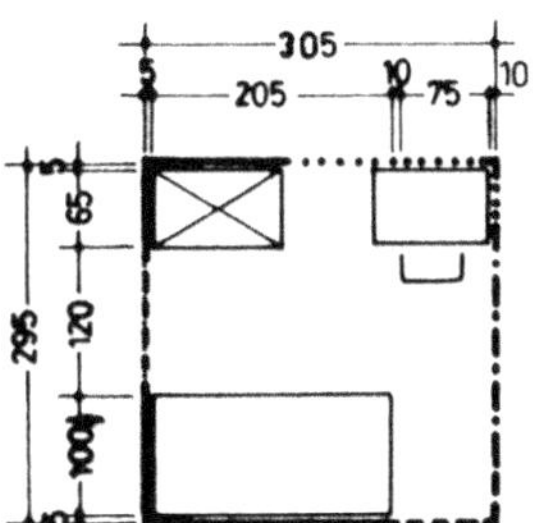

8,73

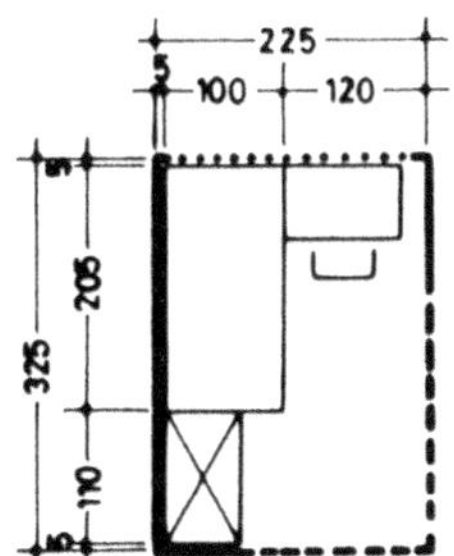

7,10

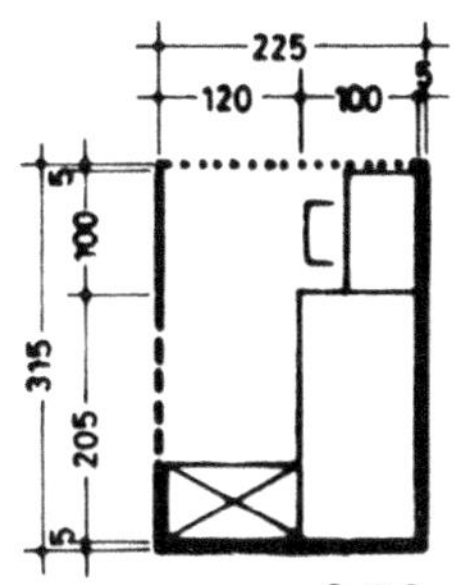

6,89

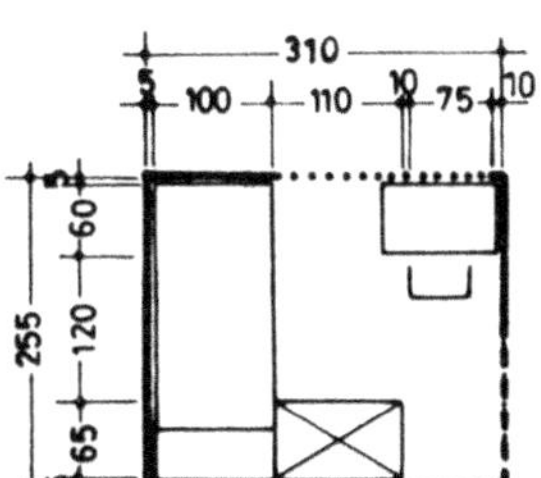

7,67

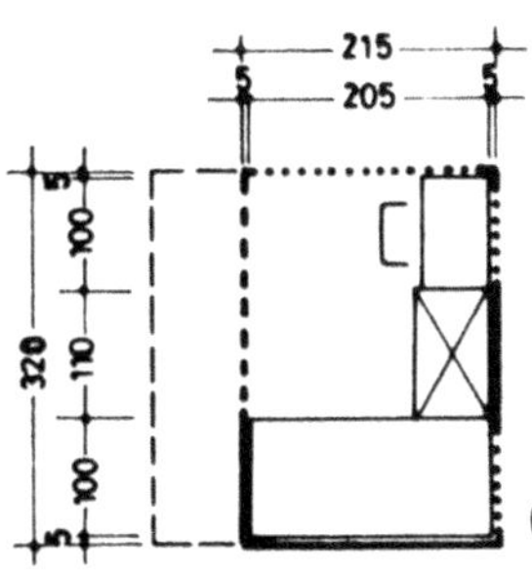

6,67

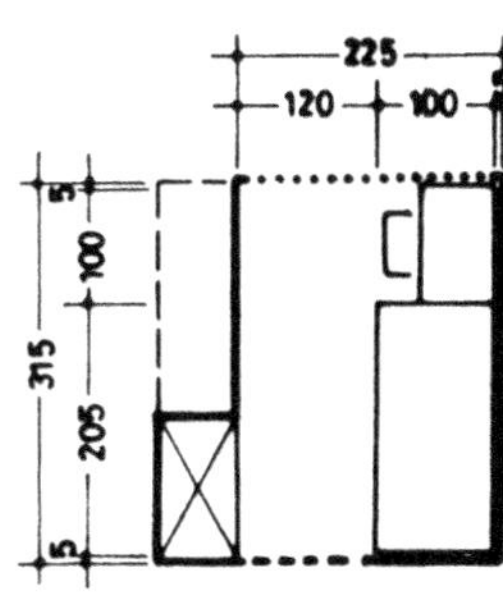

7,51

ZUSAMMENHÄNGE: FUNKTION / KONSTRUKTION	RWTH IFS AACHEN JULI 1970 DRE / ME
MINDESTFLÄCHEN DER FUNKTIONSBEREICHE 1.4 SCHLAFEN (KINDER)	

1.4.2 Schlafen (2 Kinder), ohne Schränke

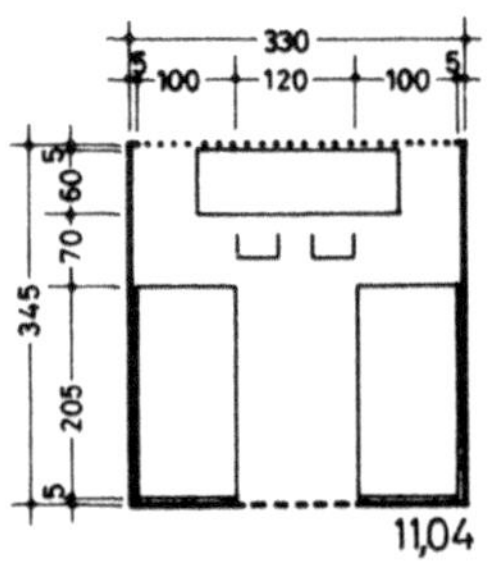

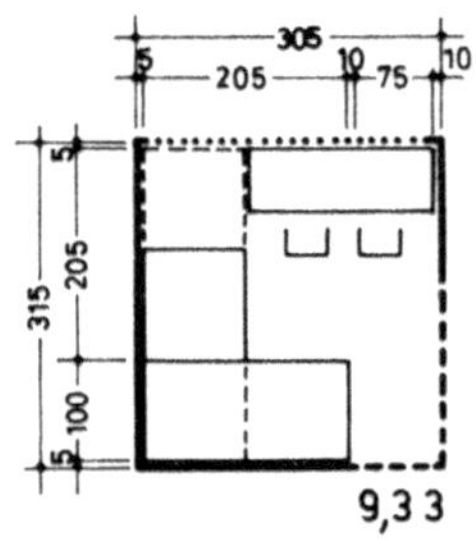

1.4.3 mit Schränken

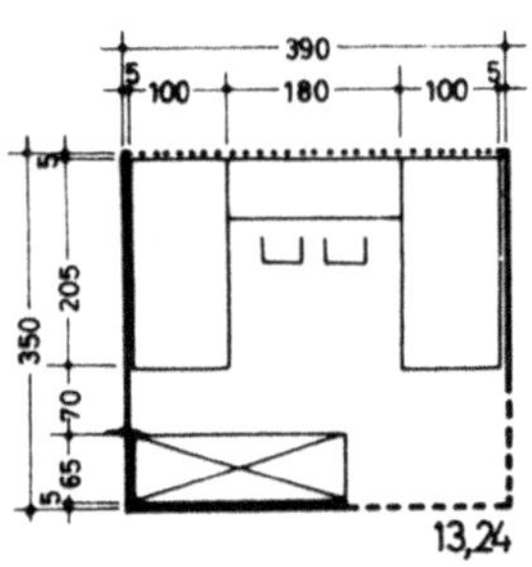

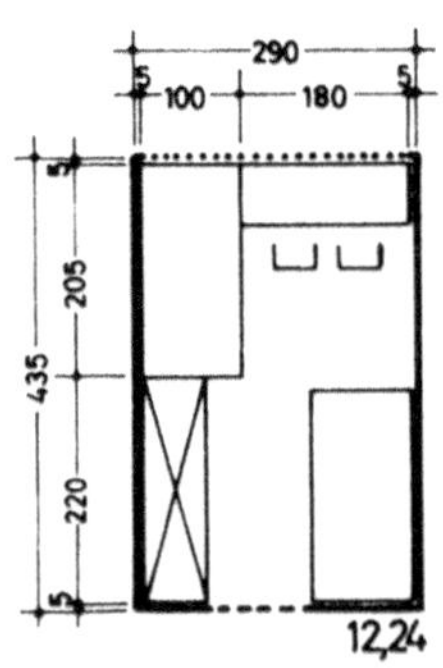

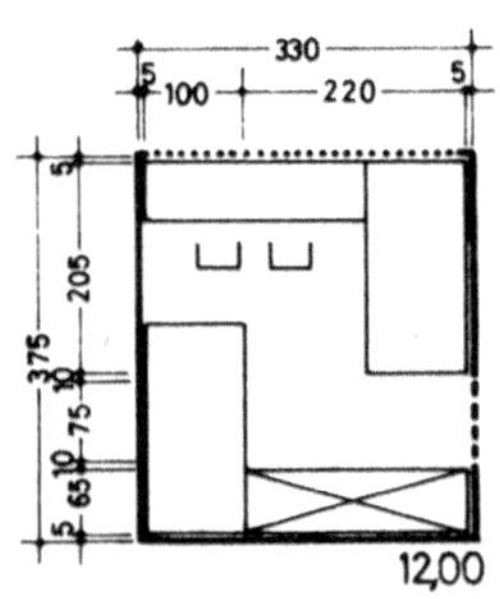

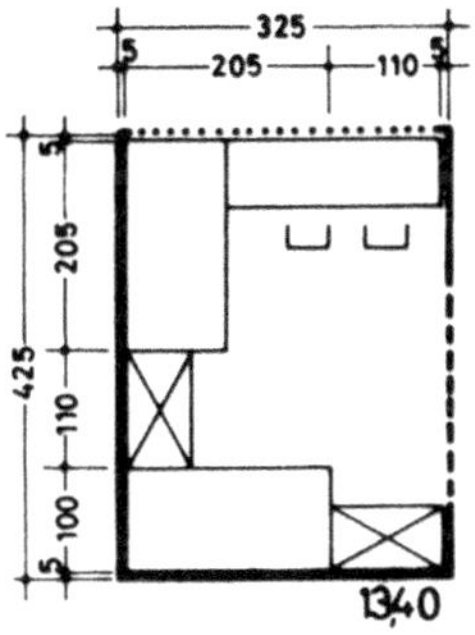

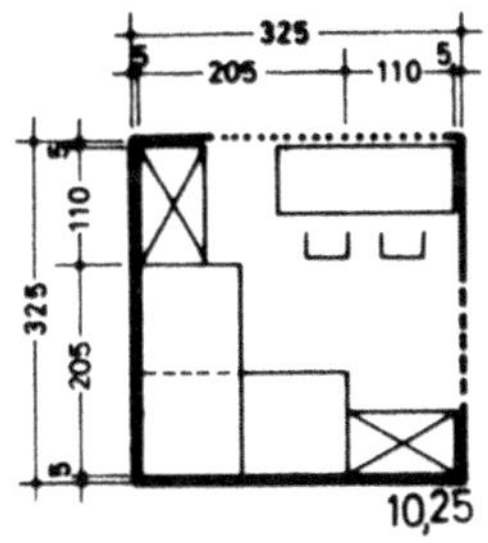

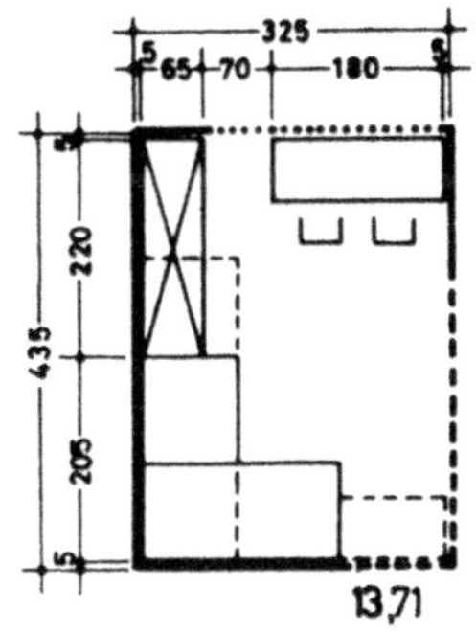

1.4.4 Teilbare Zimmer, ohne Schränke

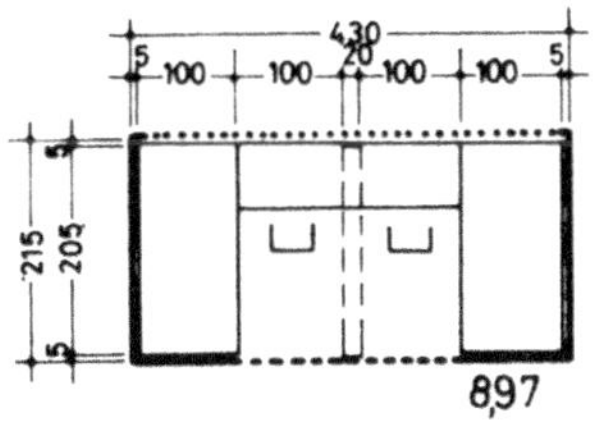

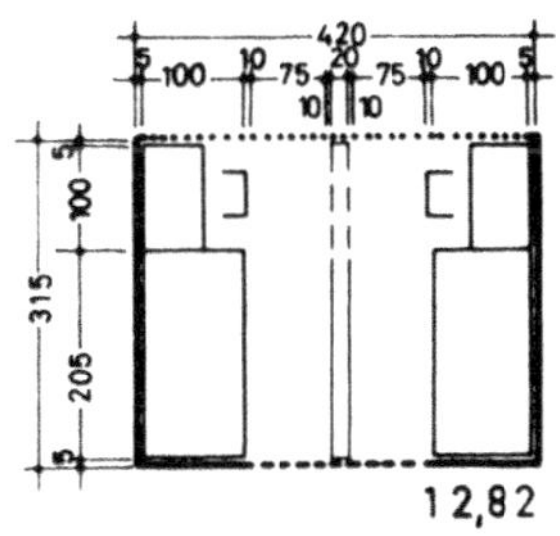

1.4 5 mit Schränken

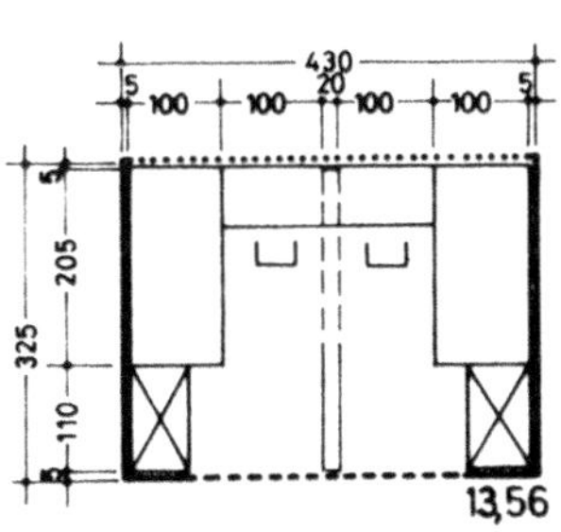

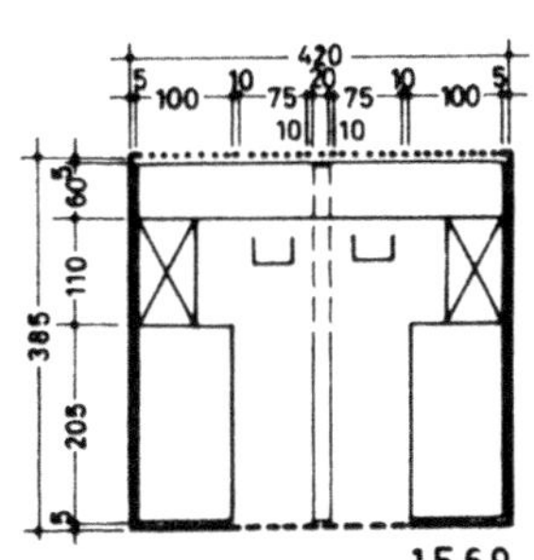

1.4.6 Schlafen Kind oder Gast mit Waschgelegenheit
(ohne Spielfläche)

ohne Schrank

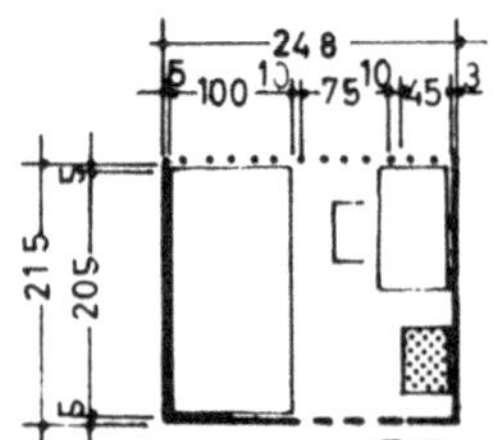

5,17

mit Schrank

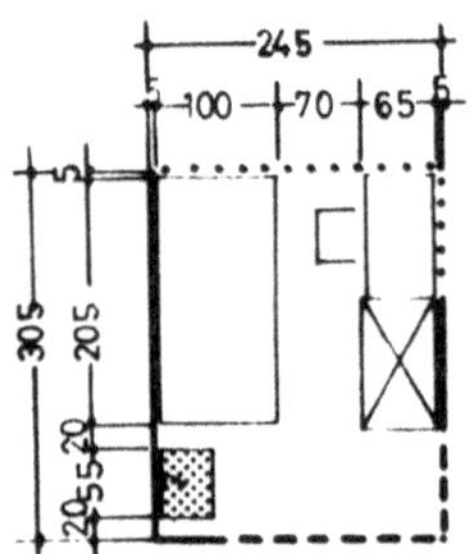

7,25

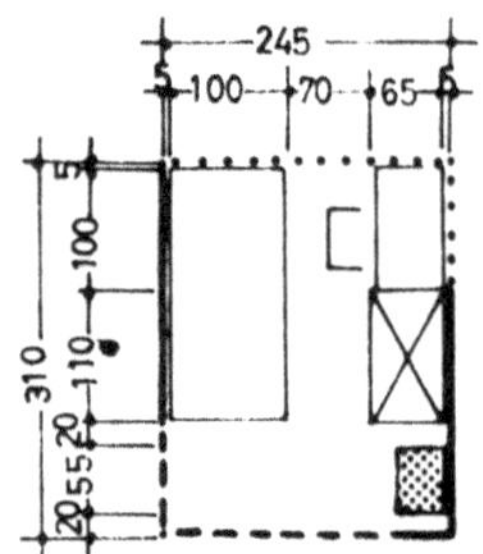

7,37

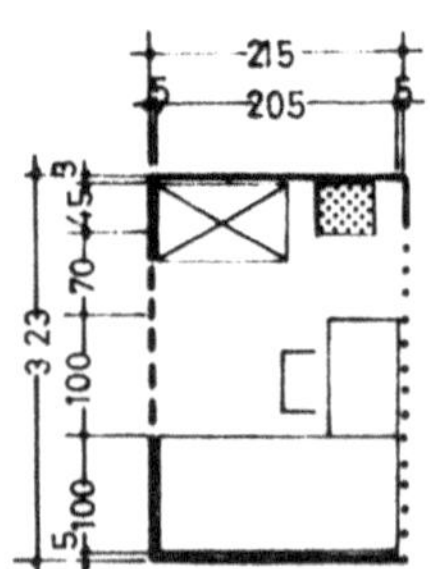

6,74

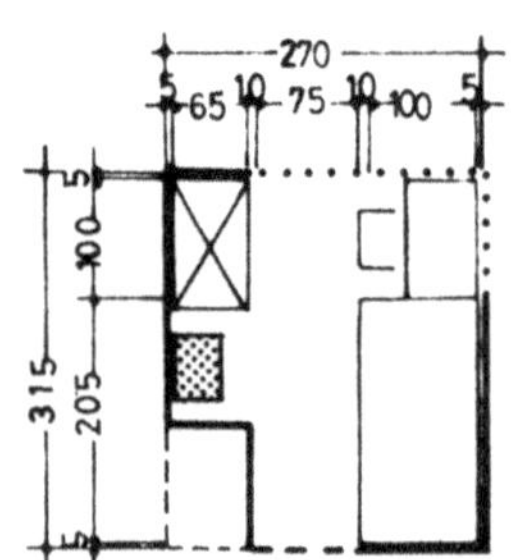

7,54

AUSSTATTUNGSTEIL
(Z.B. WASCHTISCH)

ZUSAMMENHÄNGE: FUNKTION / KONSTRUKTION	RWTH IFS AACHEN OKT. 1970 DRE / THI
MINDESTFLÄCHEN DER FUNKTIONSBEREICHE 1.5 KÜCHE	

1.5.1 ≤ 5 Personen

1.5.1.1 **zweizeilige Anordnung mit Einrichtungsteilen**

erweiterte Einrichtung

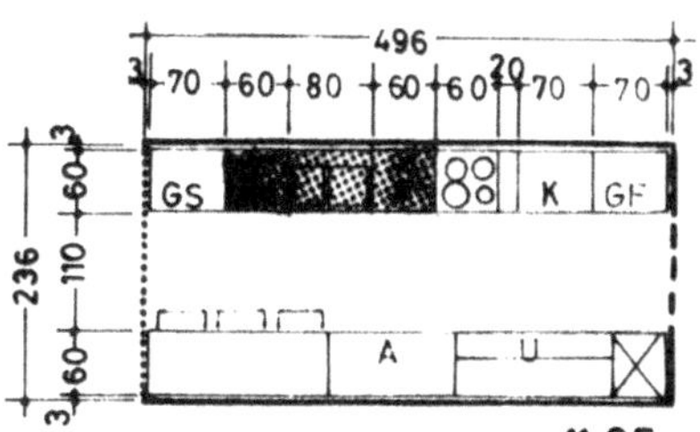

11,35

Grundeinrichtung

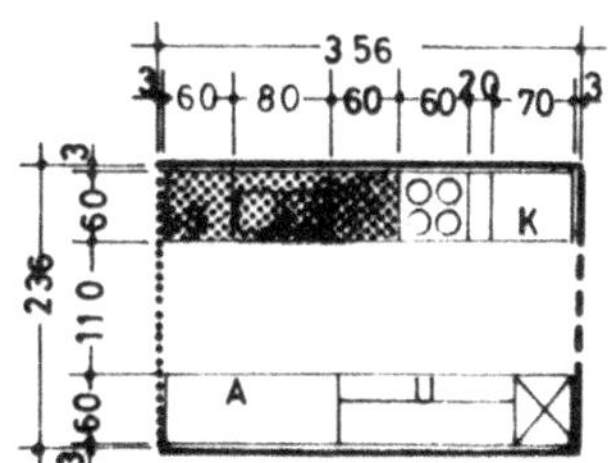

8,15

1.5.1.2 **zweizeilige Anordnung mit Ausstattungsteilen**

erweiterte Ausstattung

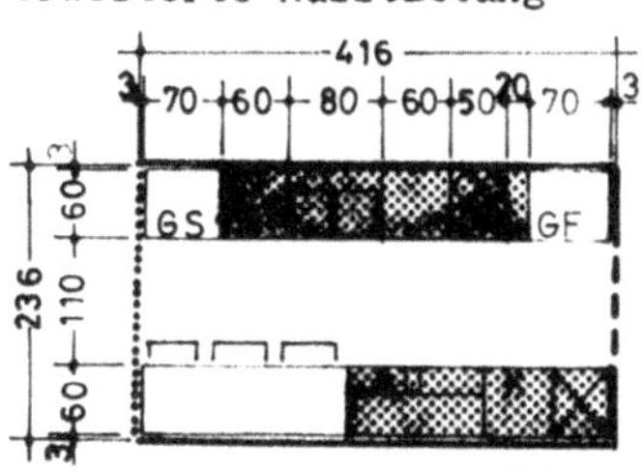

9,52

Grundausstattung

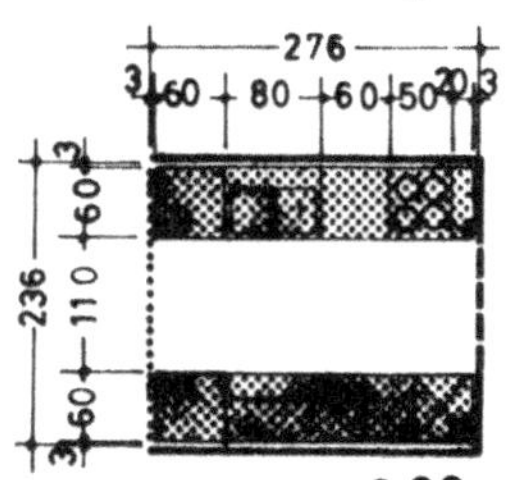

6,32

1.5.1.3 L-förmige Anordnung mit Einrichtungsteilen

erweiterte Einrichtung

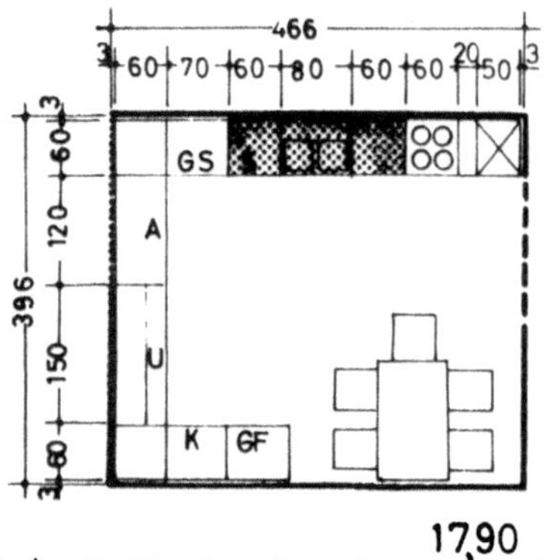

Grundeinrichtung

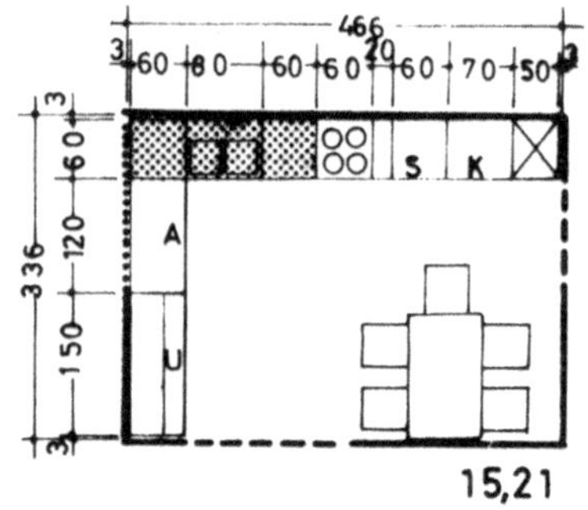

1.5.1.4 L-förmige Anordnung mit Ausstattungsteilen

erweiterte Ausstattung

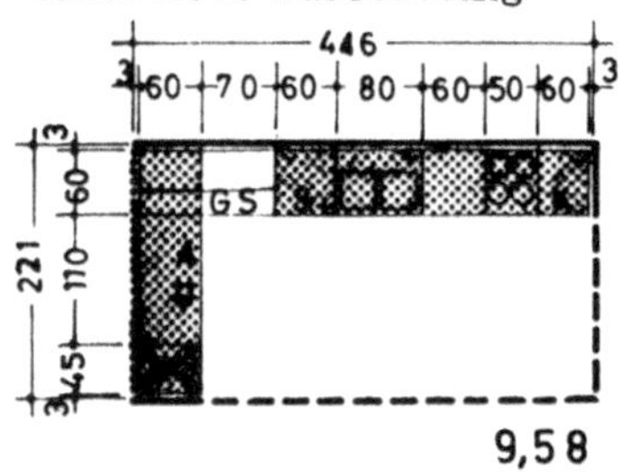

Grundausstattung

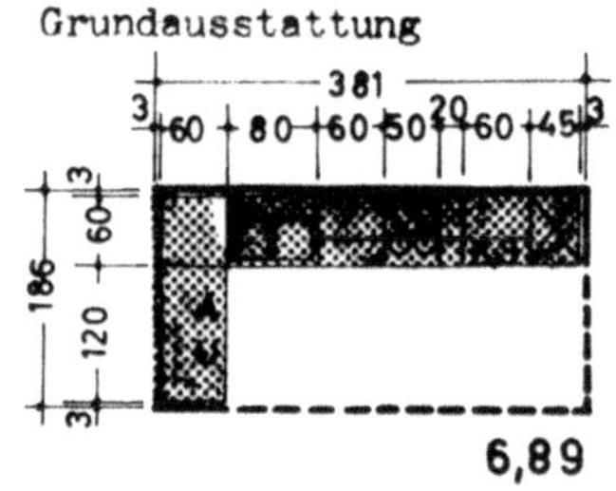

U	UNTERSCHRANK
A	ARBEITSPLATTE
S	SPEISENSCHRANK
K	KÜHLSCHRANK
GF	GEFRIERTRUHE
GS	GESCHIRRSPÜLMASCHINE

ZUSAMMENHÄNGE: FUNKTION/KONSTRUKTION	RWTH IFS AACHEN OKT. 1970 DRE / THI
MINDESTFLÄCHEN DER FUNKTIONSBEREICHE 1.5 KÜCHE	

1.5.2 ▸ 5Personen

1.5.2.1 zweizeilige Anordnung mit Einrichtungsteilen

erweiterte Einrichtung

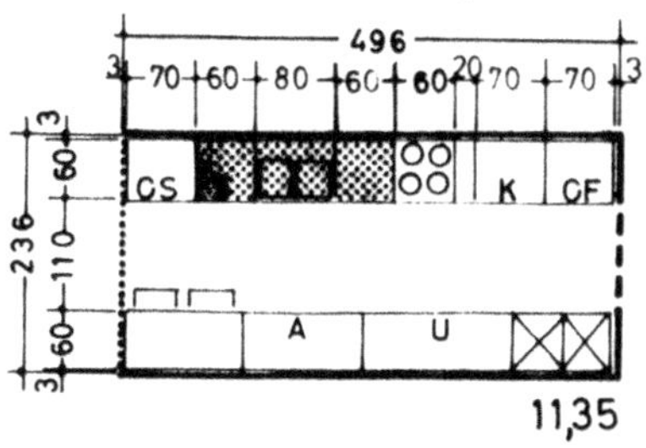

Grundeinrichtung

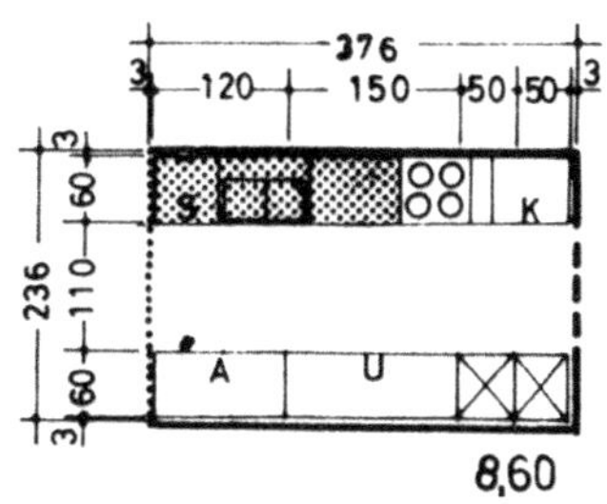

1.5.2.2 zweizeilige Anordnung mit Ausstattungsteilen

erweiterte Ausstattung

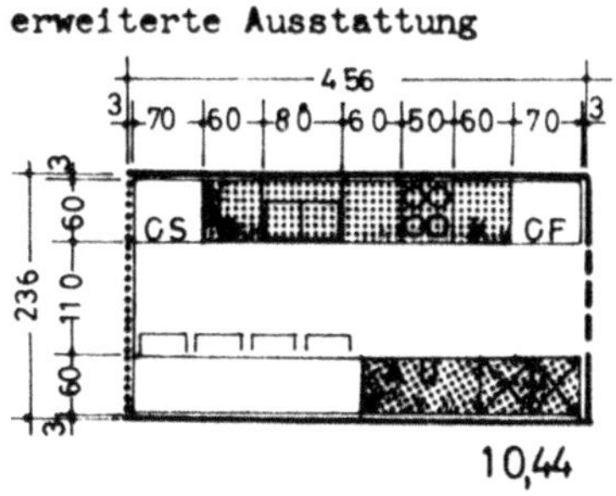

Grundausstattung

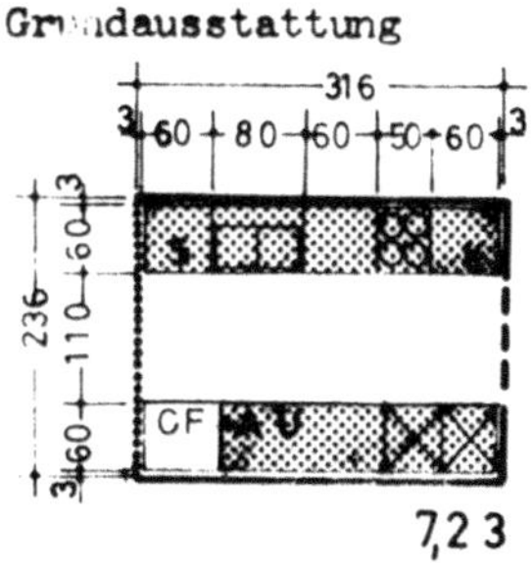

1.5.2.3 L-förmige Anordnung mit Einrichtungsteilen

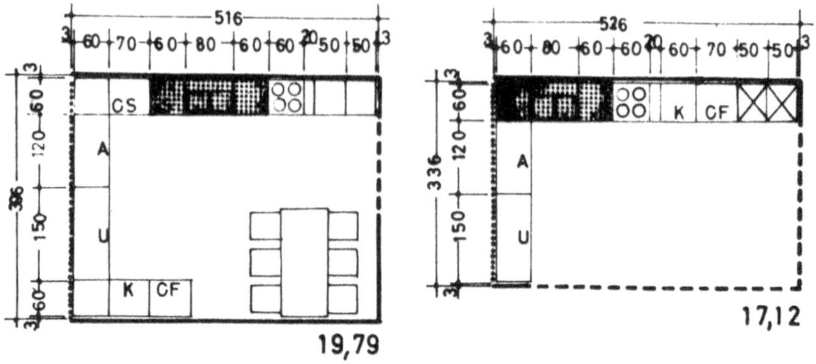

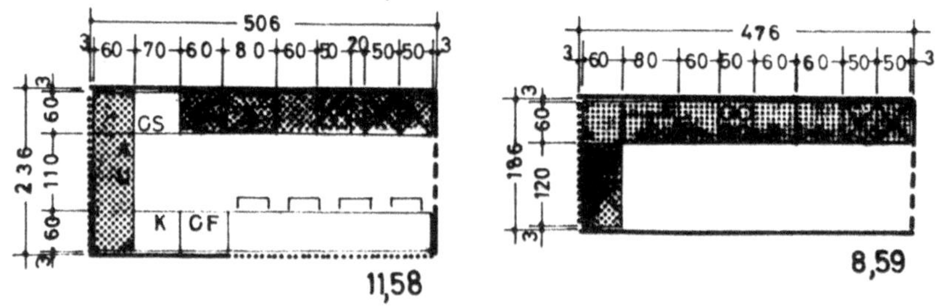

erweiterte Ausstattung

Grundausstattung

1.5.2.4 L-förmige Anordnung mit Ausstattungsteilen

ZUSAMMENHÄNGE: FUNKTION/KONSTRUKTION

RWTH IFS AACHEN
OKT. 1970 DRE / THI

MINDESTFLÄCHEN DER FUNKTIONSBEREICHE
1.6 HAUSARBEITSRAUM

1.6.1 trockener Hausarbeitsraum

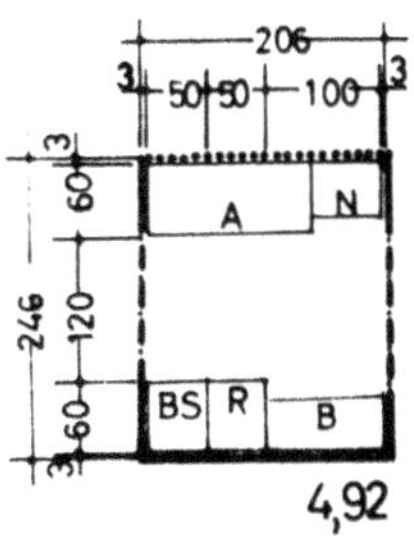

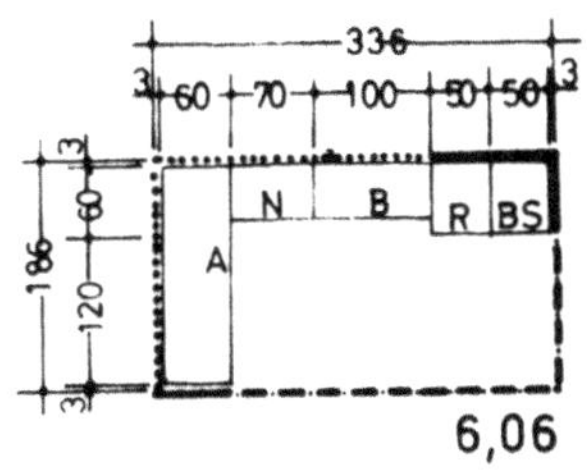

1.6.2 nasser Hausarbeitsraum

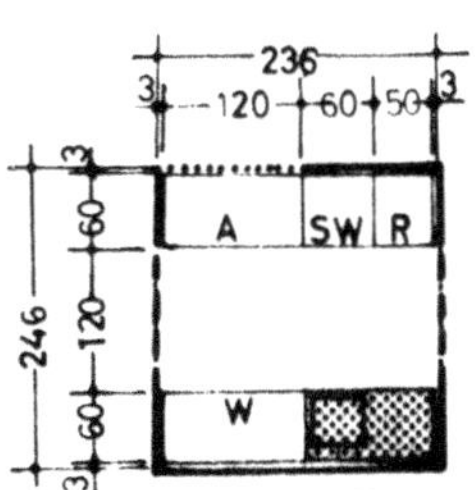

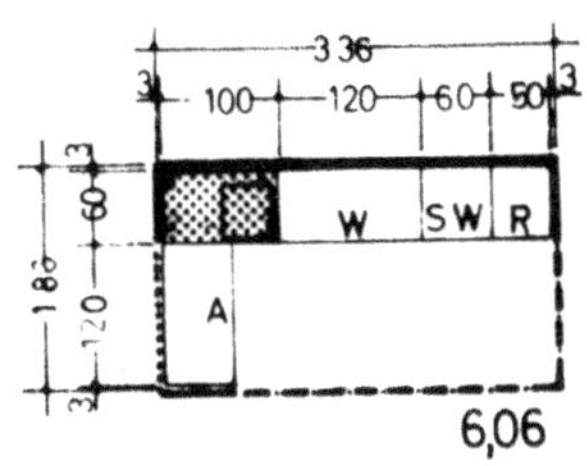

N NÄHMASCHINE
B BÜGELGERÄT
BS REINIGUNGSGERÄTESCHRANK
R REINIGUNGSMITTELSCHRANK
SW SCHMUTZWÄSCHEBEHÄLTER
W WASCHGERÄT

ZUSAMMENHÄNGE: FUNKTION / KONSTRUKTION	RWTH IFS AACHEN JUNI 1970 DRE / MEI
MINDESTFLÄCHEN DER FUNKTIONSBEREICHE 2.1 BADEN	

2.1.1 **Baden, o. WC / o. Waschm.**

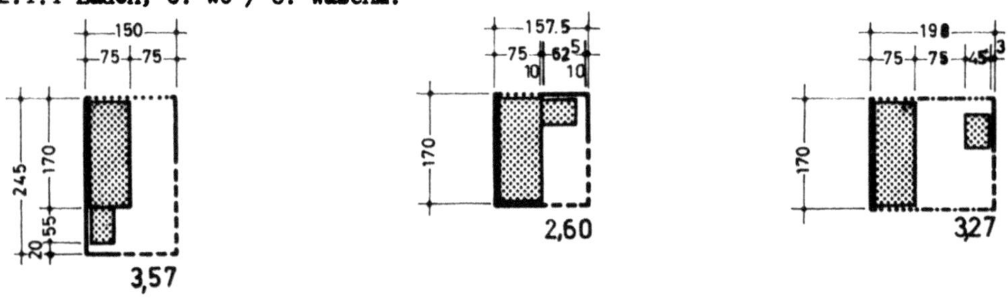

Baden, o. WC / m. Waschm.

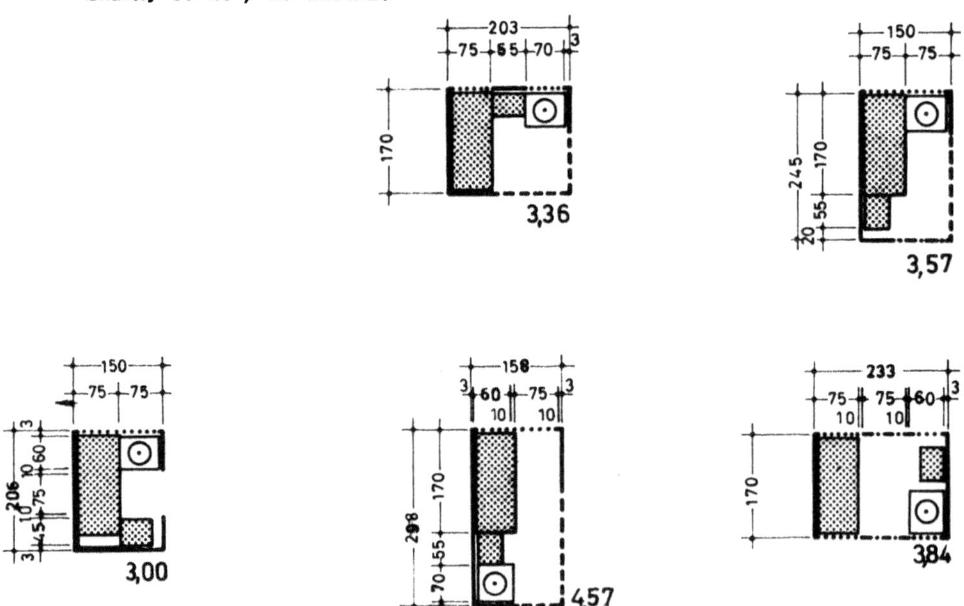

2.1.2 Baden, m. WC / o. Waschm.

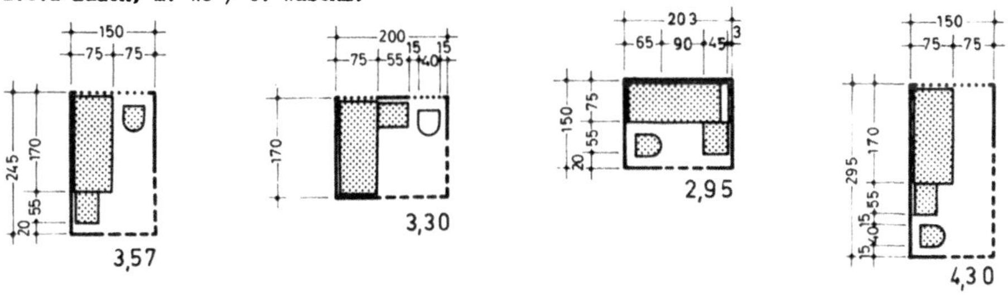

Baden, m.WC/m.Waschm.

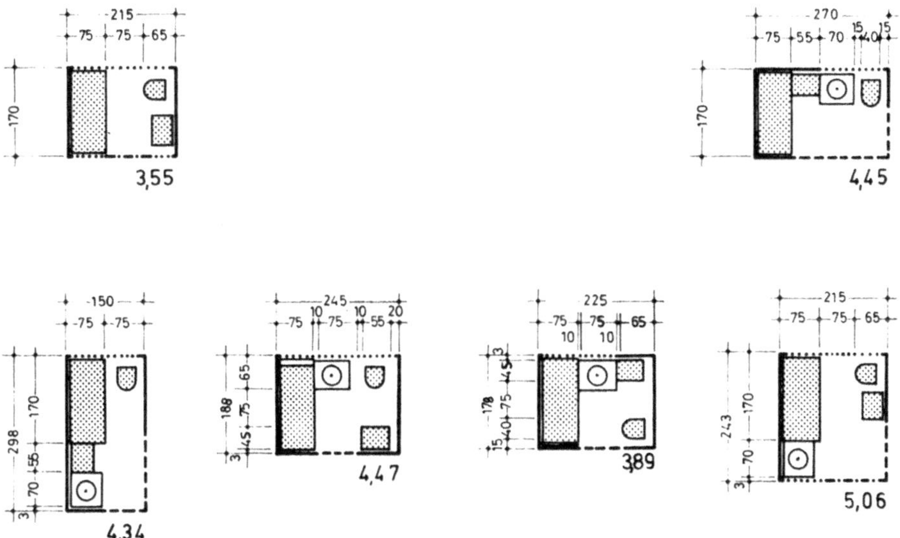

2.1.3 Duschen, m. WC / o. Waschm.

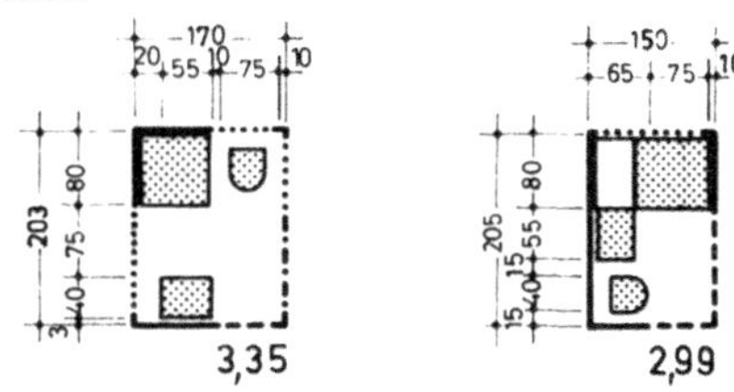

Duschen, m. WC / m. Waschm.

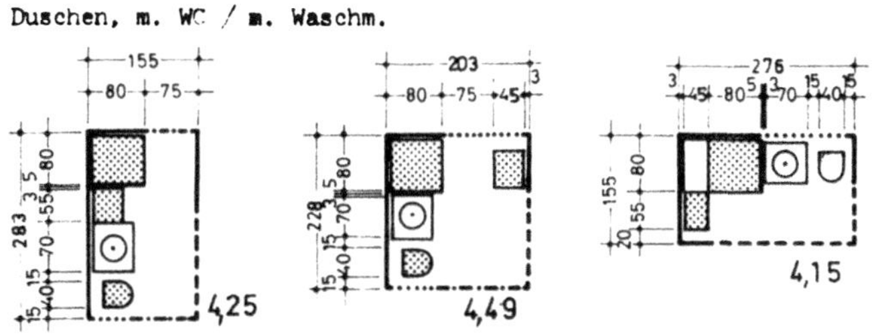

2.2 Toilette

mit WB

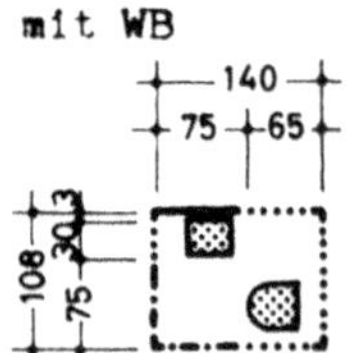

1,46

mit WT

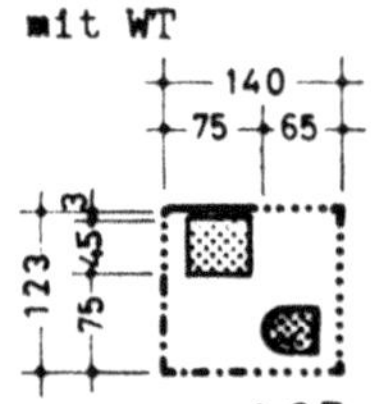

1,67

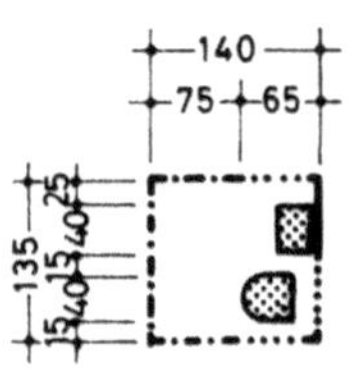

1,83

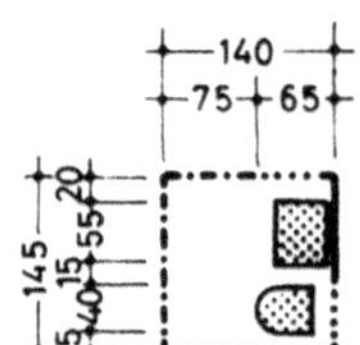

1,97

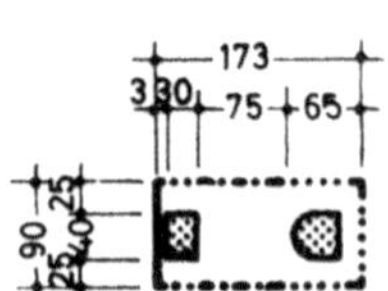

1,51

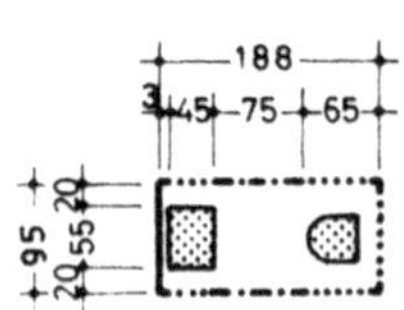

1,74

ZUSAMMENHÄNGE: FUNKTION/KONSTRUKTION	RWTH IFS AACHEN OKT 1970 DRE/THI
MINDESTFLÄCHEN DER FUNKTIONSBEREICHE ZUSAMMENSTELLUNG UND MITTELWERTE	

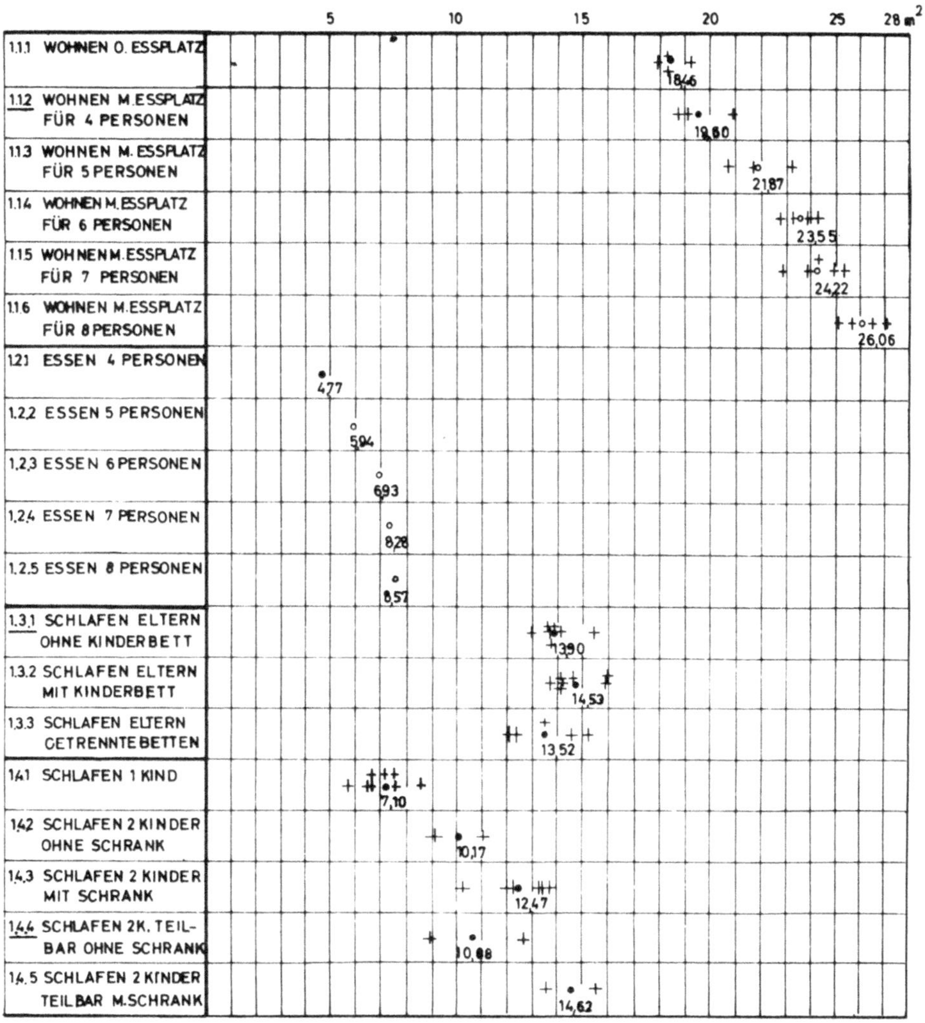

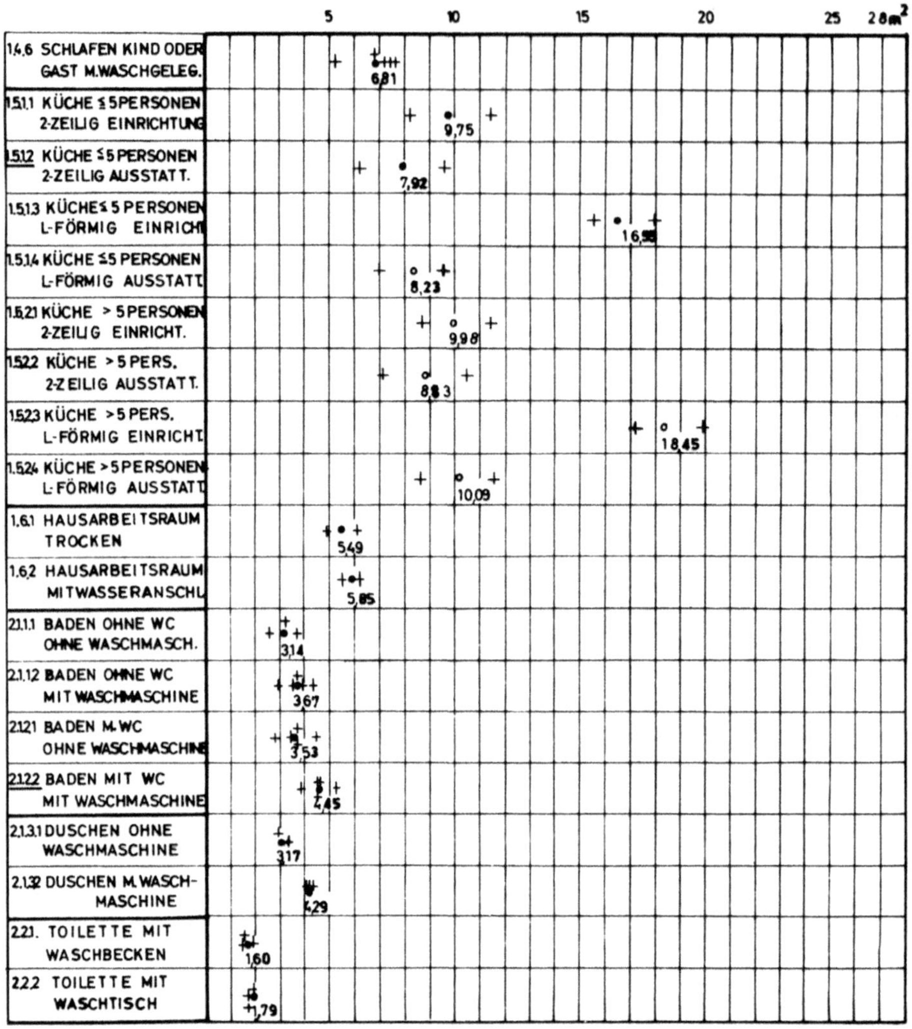

+ ERMITTELTE MINDESTFLÄCHEN BEI VERSCHIEDENER ANORDNUNG DER STELL- UND BEWEGUNGSFLÄCHEN

● MITTELWERT (4 PERSONEN)

○ MITTELWERT (5 UND MEHR PERSONEN)

ZUSAMMENHÄNGE: FUNKTION /

DARSTELLUNG DER FÜR RÄUME IN WOHN
MEHRFACH ZUTREFFENDEN EINZELFORD

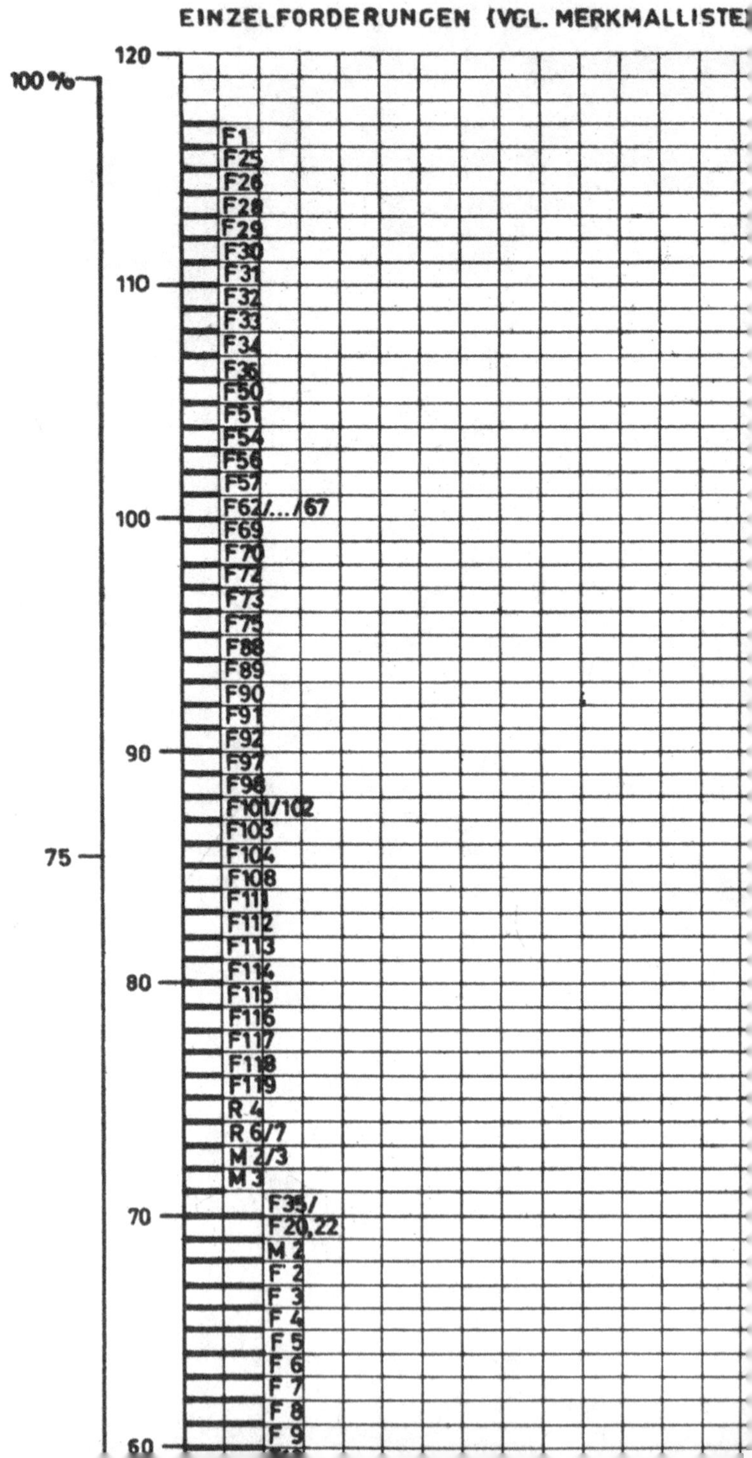

RUKTION

EIN - UND

1)

GL. BL. 2)

RWTH AACHEN

DEZ. 1969 DRESCH

3

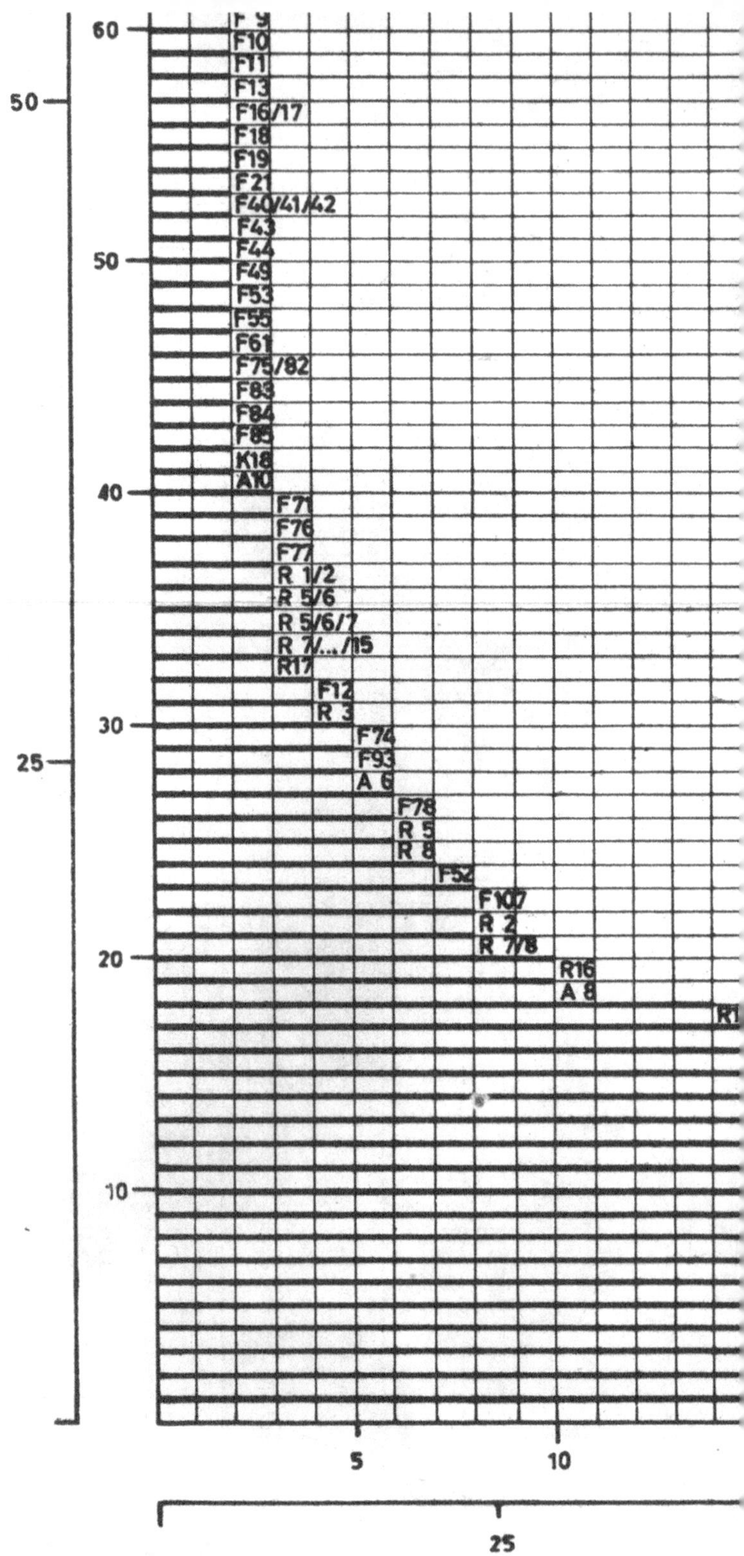

1) Forderungen, die sich aus der Z
mit öffentlichen Mitteln geförd
und einen wesentlichen Einfluß
tung von Wänden und Decken dies

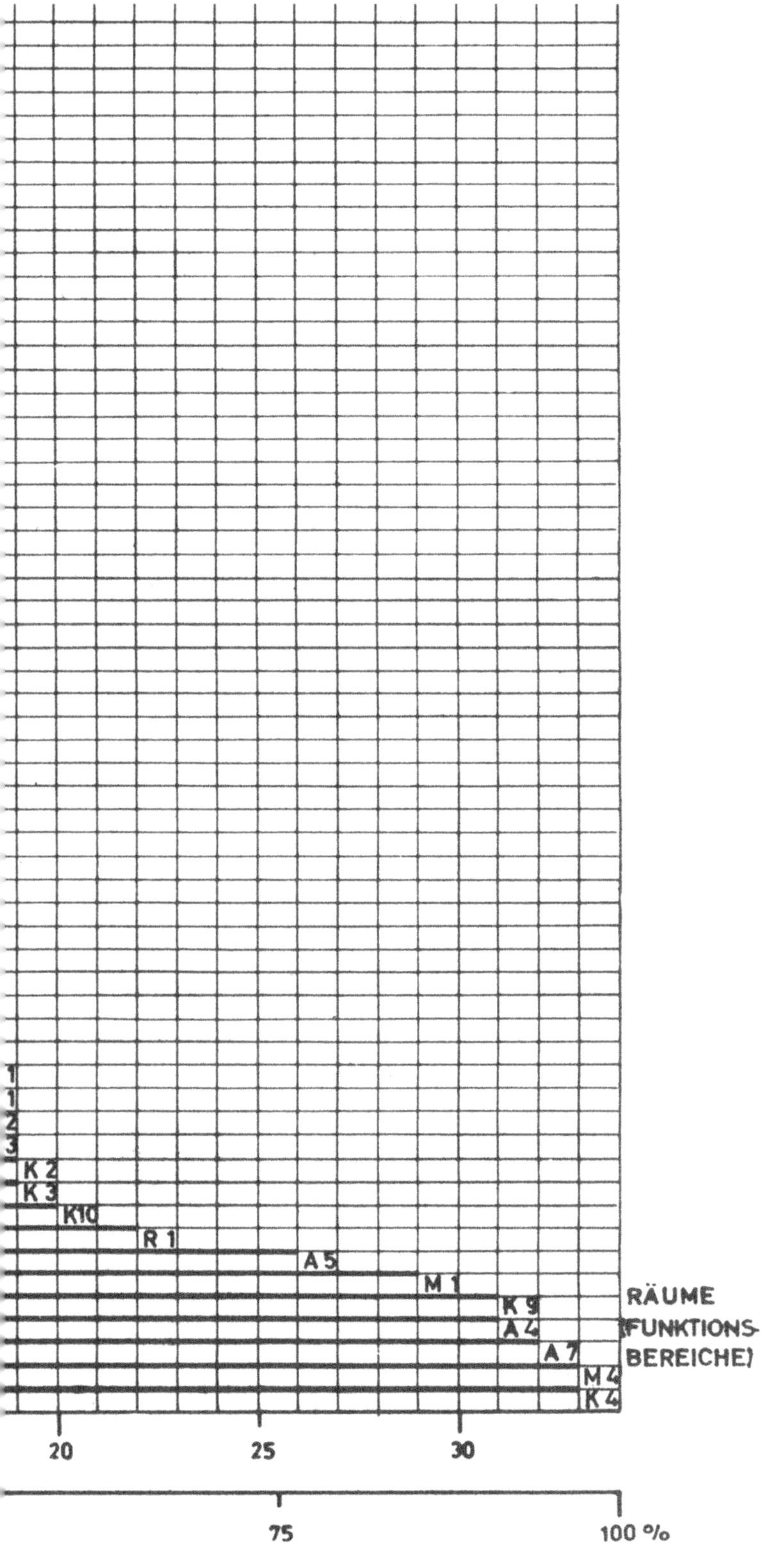

immung für Räume des
hnungsbaues herleiten
konstruktive Gestal-
ausüben.

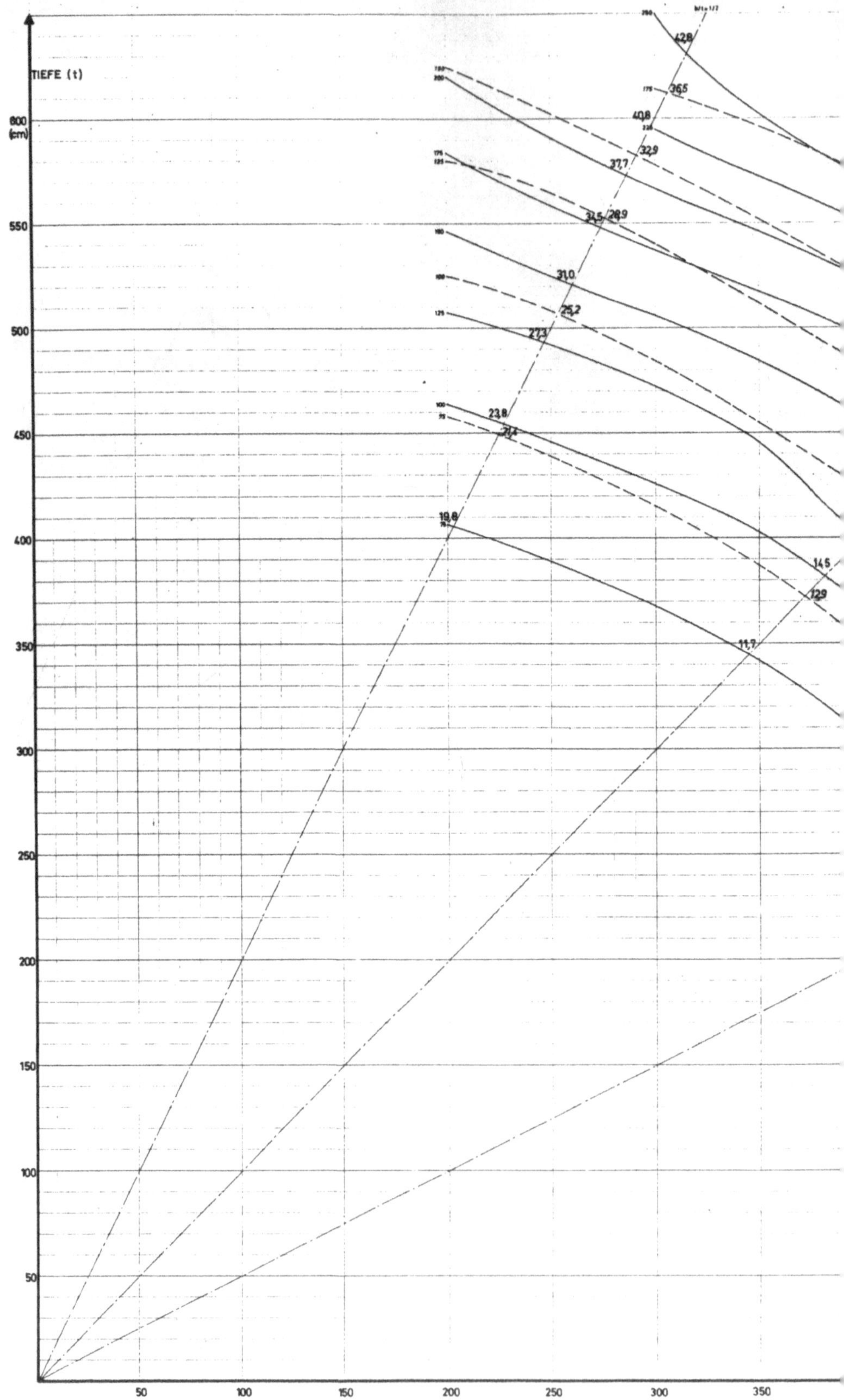

TIEFE (t)
600 (cm)
550
500
450
400
350
300
250
200
150
100
50
50
100
150
200
250
300
350
42,8
36,5
40,8
32,9
37,7
31,5
28,9
31,0
25,2
27,3
23,8
21,4
19,8
14,5
12,9
11,7

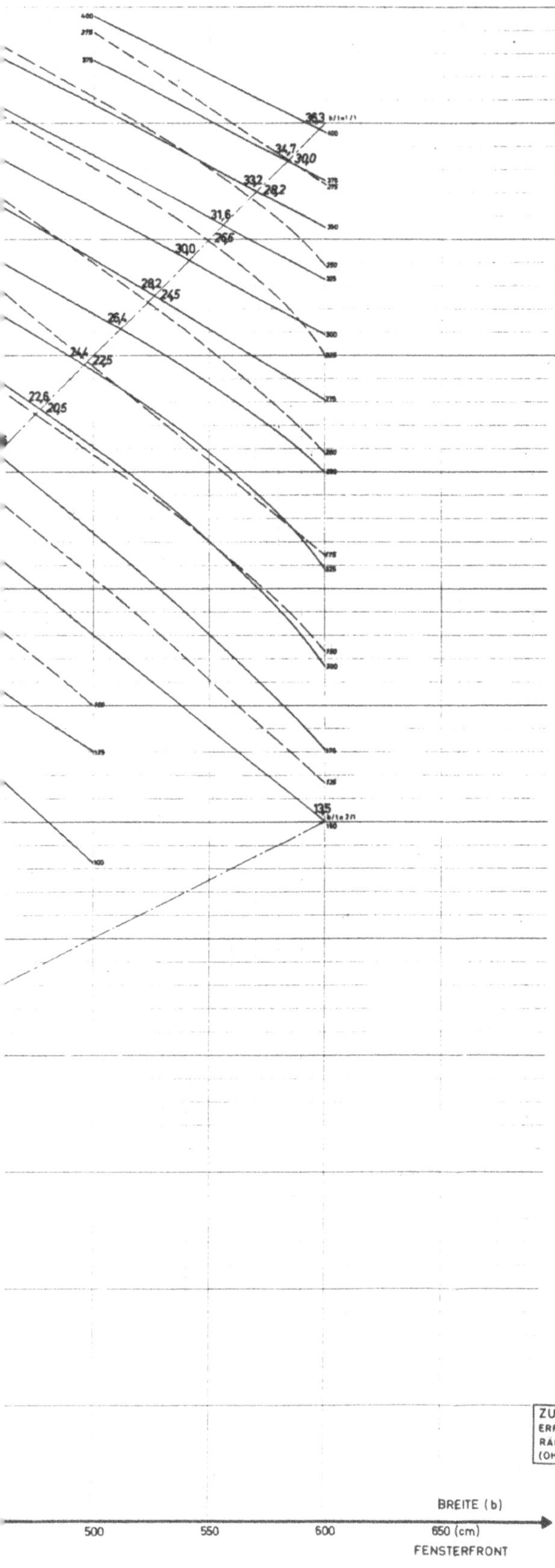

ERLÄUTERUNG :

FENSTERFLÄCHENANTEIL (IN %) DER FENSTERWAND

22,6 Fenster mit Sturz

20,5 Fenster ohne Sturz

——— 275 Fensterbreite bei
Verbauung, Fensterhöhe (m. Sturz), Raumhöhe
1 : 3 , 135 cm 250 cm

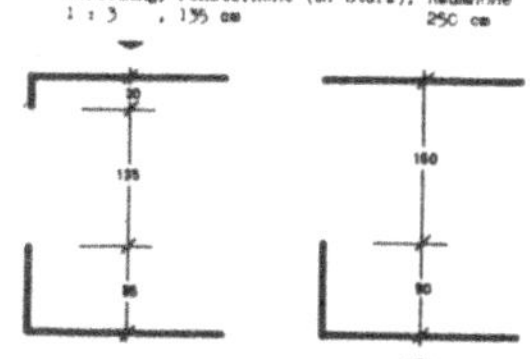

— — 275 Fensterbreite bei
Verbauung, Fensterhöhe (o. Sturz), Raumhöhe
1 : 3 , 160 cm , 250 cm

— — · 150 Fensterbreite bei
Verbauung, Fensterhöhe (m. Sturz), Raumhöhe
1 : 3 , 95 cm , 250 cm

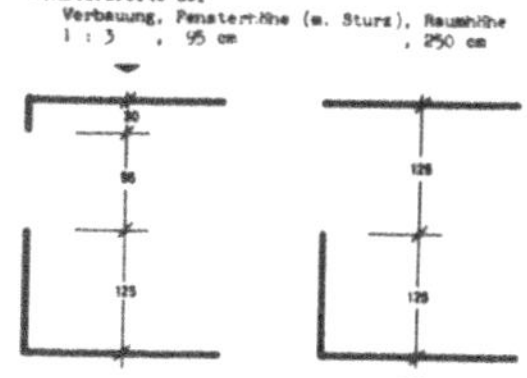

—·— 150 Fensterbreite bei
Verbauung, Fensterhöhe (o. Sturz), Raumhöhe
1 : 3 , 125 cm , 250 cm

— · · 100 Fensterbreite bei
Verbauung, Fensterhöhe (m. Sturz), Raumhöhe
1 : 3 , 50 cm , 250 cm

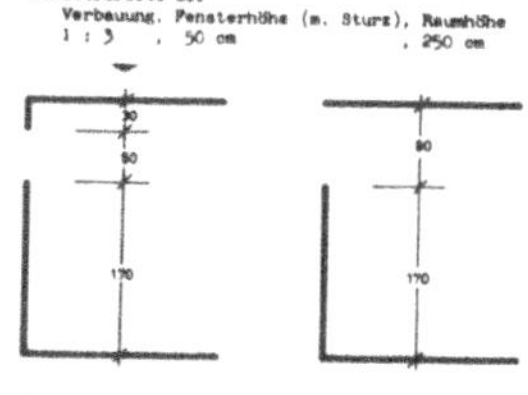

· · · · · 100 Fensterbreite bei
Verbauung, Fensterhöhe (o. Sturz), Raumhöhe
1 : 3 , 80 cm , 250 cm

WERTE NACH TABELLE 1 AUS :
ENTWURF D I N 5034 BEIBLATT 2, SEITE 3.

ZUSAMMENHÄNGE: FUNKTION / KONSTRUKTION ERFORDERLICHE FENSTERGRÖSSEN FÜR RÄUME IN WOHNUNGEN (T = 1 %) (OHNE BERÜCKSICHTIGUNG DER BRÜSTUNGSSTÄRKE)	RWTH AACHEN MAI 1970 D/MEINERT 4

Maßstab verkleinert

Konstruktiver Beitrag

1. Allgemeines

Ein Konstrukteur wird häufig vor die Tatsache gestellt, ein aus der Sicht des entwerfenden Architekten sich ergebendes Konzept schnell beurteilen zu müssen. Dabei taucht immer wieder die Frage auf, was macht eine geringfügige Änderung des durch die Funktion bestimmten Konzepts in konstruktiver Hinsicht aus. Um diese Frage beantworten zu können, soll aber nicht ein Katalog von Gestaltungsmöglichkeiten, die konstruktiv möglich sind, aufgezählt werden. Vielmehr wird eine Darstellungsweise erarbeitet, die unter weitgehender Ausschaltung des Baustoffs markante Aussagen über die Eigenschaften eines Raumes macht. Wichtigste Vorbedingung ist dabei, die Eigenschaften in der Veränderung irgendwelcher Größen, z.B. der Raumgröße, zu sehen.

2. Einleitung und Festlegungen

Von der Vielzahl der funktionellen Gestaltungsmöglichkeiten wirkt sich am deutlichsten die Veränderung von Raumgrößen auf die Belange der Konstruktion aus. Damit ergeben sich erste Zusammenhänge, die aber unabhängig von möglichen Ursachen aus funktioneller Sicht in den Auswirkungen in konstruktiver Hinsicht untersucht werden.

Ohne also die systematische Erfassung von Abhängigkeiten auf funktioneller Seite und somit evtl. Auswirkungen auf Veränderungen in den Raumgrößen zu kennen, geht die konstruktive Bearbeitung von folgenden Annahmen aus:

1. Die kleinste Raumgröße ist ein Quader mit einer Kantenlänge von 2,50 m (Standardraum).

2. Mit zunehmender Grundfläche des Raumes wächst seine Raumhöhe.

3. Größer werdende Räume können quadratischen oder rechteckigen Grundriß haben.

4. Räume können nebeneinander und/oder übereinander angeordnet sein.

Die unter 2. genannte Annahme wird aufgrund einer Auswahl mehrerer Grundrisse bei gleichzeitiger Berücksichtigung verschiedener Nutzungen untermauert (Abb. 1) und der gefundene Kurvenzug durch Approximation mathematisch formuliert (Abb. 2).

Unter Berücksichtigung dieser Annahme, die von detaillierten Aussagen über Funktionsabläufe unabhängig sind, setzt die Erforschung der konstruktiven Auswirkungen ein. Jedoch zeigt sich im Laufe der Ermittlungen, daß für die untersuchten Bereiche die Annahme einer konstanten Raumhöhe ausreichend und im allgemeinen zutreffender ist.

3. Ermittlung des Aufwandes

Jeder zu erstellende Raum bedarf eines bestimmten Aufwandes an Material. Aus den Größenabmessungen eines Raumes ergeben sich unmittelbar Dickenabmessungen der raumumschließenden Bauteile. Diese Dickenabmessungen sollen die Mindestabmessungen von Decke und Wänden sein, die über den Begriff der Steifigkeit nach den statisch erforderlichen Abmessungen festgelegt werden.

Da die Überlegungen baustoffunabhängig angestellt werden sollen, wird für die weiteren Ermittlungen ein Vergleichsbaustoff gewählt. Die Aufwandsermittlung und alle daraus resultierenden Eigenschaften werden, da sie sich auf den ganzen Raum beziehen sollen, an eben diesem Vergleichsbaustoff angestellt. Es bietet sich an, den Baustoff Stahlbeton zu nehmen, da dieser sich gleichermaßen für normal- und biegebeanspruchte Bauteile eignet.

Der Aufwand, um einen Raum zu erstellen, wird in Materialvolumen bezogen auf das Gesamtvolumen bzw. auf die Grundrißfläche eines Raumes ermittelt.

Unter Berücksichtigung dieser Überlegungen wird der mit der Raumgröße sich verändernde Aufwand bei Veränderlichkeit von Raumform und Zuordnung der Räume ermittelt.

3.1 Raumformen

Neben dem Raum mit quadratischem Grundriß werden auch rechteckige Räume bis zu einem Seitenverhältnis von 1:2 untersucht (Abb. 3). Die Fenstergröße wird vereinfachend gleich der Größe einer Raumseite angenommen, wobei für rechteckige Räume diese einmal die größere und einmal die kleinere Raumseite sein kann.

3.2 Raumzuordnung

Räume können freistehend und im Verband miteinander angeordnet sein, und zwar neben- oder/und übereinander. Die Ergebnisse bei Betrachtung von freistehenden und nebeneinanderliegenden Räumen verändern sich nicht bei übereinander angeordneten Räumen (Abb. 4). Bei der Darstellung sind daher nur die ersten beiden Anordnungsmöglichkeiten berücksichtigt. Was über die Fenstergröße unter 3.1 gesagt wird, gilt auch hier.

3.3 Auswertung

Die Diagramme der Abb. 3 und 4 lassen ganz klar erkennen, daß mit zunehmender Grundrißfläche für quadratische Räume und rechteckige Räume mit einem festen Seitenverhältnis der Aufwand gemäß einer Funktion hyperbolischen Typs abnimmt, um dann entsprechend der Funktion langsam wieder zuzunehmen. Bei rechteckigen Grundrißflächen wird der Tiefstwert später erreicht als bei quadratischen, wie die eingezeichnete Verbindungslinie der Minimapunkte zeigt. Unter der Voraussetzung gleichbleibender Raumgröße ergibt sich eine Abnahme des Aufwandes mit größer werdendem Verhältnis langer Raumseite zu kurzer Raumseite, d.h. rechteckige Räume benötigen im allgemeinen weniger Aufwand als quadratische. Nur bei Räumen, bei denen eine kurze Wand das Fenster bildet, zeigt sich im Bereich kleinerer Grundrißgrößen eine Zunahme des Aufwandes.

Die eingetragenen Linien gleicher Grundrißseiten machen deutlich, daß bei Veränderung der Grundrißgröße durch Vergrößerung jeweils einer Grundrißseite der Aufwand mit zunehmender "langer Grundrißseite" abnimmt und mit zunehmender "kurzer Grundrißseite" zunimmt.

4. Ermittlung der Eigenschaften

Ausgehend von den für die Aufwandsermittlungen zugrunde gelegten Abmessungen ergeben sich ganz bestimmte Eigenschaften für den Gesamtraum. Insbesondere werden Räume in bezug auf einen ausreichenden Wärme- und Schallschutz nach den entsprechenden DIN-Vorschriften untersucht. Weiterhin werden die für den Gesamtraum interessanten Wärmeverlustanteile ermittelt.

4.1 Aufwand infolge notwendiger Wärmedämmung

Die der Aufwandsermittlung zugrunde gelegten Bauteilabmessungen reichen nicht aus, um einen ausreichenden Wärmeschutz zu gewährleisten. Um dies erreichen zu können, ist ein zusätzlicher Aufwand erforderlich, der entweder durch Hinzufügen geeigneter Materialien oder durch Vergrößerung der Abmessungen erreicht werden kann. Da alle Untersuchungen aber baustoffunabhängig durchgeführt werden, damit Vergleichsuntersuchungen verschiedener Bauweisen ohne viel Umrechnungsschwierigkeit durchgeführt werden können, wird die zweite Methode gewählt (Abb. 5).

4.2 Aufwand infolge notwendigen Schallschutzes

Ein ausreichender Schallschutz läßt sich allein durch Vergrößern der Abmessungen nicht erzielen. Es wird daher nur die Auswirkung auf den Luftschallschutz betrachtet, und zwar wieder bei Räumen mit quadratischem und rechteckigem Grundriß (Abb. 6). Eine Unterscheidung nach Zuordnungsmöglichkeiten ist naturgemäß nicht erforderlich, da sich dadurch keine Veränderung der Eigenschaften ergibt.

4.3 Wärmeverlustanteile

Die Eigenschaften von Räumen werden unter 4.1 und 4.2 durch den Aufwand an Materialien beschrieben. Eine andere Möglichkeit, eine Beschreibung vorzunehmen, besteht darin, den aufzubringenden Aufwand an Energie zur Aufrechterhaltung eines bestimmten Temperaturniveaus anzugeben. Dabei ist weniger von Wichtigkeit wie groß die einzelnen Wärmeverluste sind, sondern wie sich die Wärmeverlustanteile auf die einzelnen Bauteile verteilen und wie sich diese Verteilung mit zunehmender Raumgröße ändert (Abb. 7).

5. Einstufung der Eigenschaften

Neben der Veränderlichkeit der einzelnen Eigenschaften mit der Raumgröße ist interessant zu wissen, wieviel z.B. eine Vergrößerung oder andere Anordnung von Räumen gegenüber einer zunächst konzipierten Größe oder Anordnung ausmacht. Dies kann deutlich gemacht werden durch die Gegenüberstellung von erreichten mit geforderten Eigenschaften, die sich mit Raumgröße und Raumzuordnung ändern. Der Quotient von vorhandener und zulässiger Eigenschaft wird als Wertigkeit bezeichnet.

5.1 Wertigkeit der Wärmedämmeigenschaft

Die Wärmeverluste der einzelnen Bauteile, wie sie in ihren Abmessungen bei der Aufwandsermittlung zugrunde gelegt wurden, werden zu einem mittleren Gesamtwärmeverlust zusammengefaßt ebenso die geforderten Wärmedurchlaßwerte. Die Wertigkeiten werden für allein- (Abb. 8), nebeneinander- und übereinanderstehende Räume (Abb. 9) für verschiedene Kombinationsmöglichkeiten ermittelt (Abb. 9). Die Diagramme zeigen, daß mit größer werdenden Räumen und bei Anordnung im Verband mit anderen Räumen der Bedarf an Dämmittel oder Wärme abnimmt.

5.2 Wertigkeit der Schalldämmeigenschaft

Die Gegenüberstellung der vorhandenen und geforderten Schalldämmeigenschaft erstreckt sich nur auf die Behandlung des Luftschallschutzes (Abb. 10), wie in Abschnitt 4.2 schon erwähnt. Beim Auftragen der Wertigkeiten in ein Diagramm stellt sich heraus, daß bei quadratischen Räumen eine ausreichende Dämmung schneller mit zunehmender Raumgröße erreicht wird, als bei rechteckigen.

6. Zusammenfassung und Ausblick

Unabhängig von Baustoffkennwerten soll die Beurteilungsmöglichkeit bei Raumveränderungen verbessert werden. Es werden Räume in Größe und Form variiert und verschiedene Zuordnungsmöglichkeiten von Räumen zueinander betrachtet. Dabei werden für diese Fälle jeweils der Aufwand (aus statisch erforderlichen Abmessungen) und die sich daraus ergebenden Eigenschaften (Wärmedämmung, Schalldämmung) ermittelt.

Die Ermittlungen werden exemplarisch für einen Baustoff, aus dem alle Bauteile bestehen, gemacht. Für andere Baustoffe könnte diese Ermittlung in der gleichen Weise durchgeführt werden. Allerdings kann dies nur für solche Baustoffe geschehen, die gleichermaßen für Wände und Decken geeignet sind, also Normal- und Biegebeanspruchungen vertragen können.

Wenn jedoch für Decken und Wände verschiedene Baustoffe verwendet werden sollen, müssen für die Aufwandsermittlung neue Kriterien für erforderliche Abmessungen gefunden werden. Für die daran anschließende Ermittlung der Eigenschaften könnten dann auch zusätzlich noch Hilfsbaustoffe angesetzt werden, um entsprechende Eigenschaften zu verbessern. Dadurch ist allerdings eine einheitliche Vergleichsmöglichkeit auf der Grundlage der Baustoffunabhängigkeit nicht mehr so einfach gegeben.

7. Verzeichnis der Abbildungen

g) Materialmehrverbrauch in Abhängigkeit von der Raumgröße und Raumform infolge Schallschutz, Fenster in langer Wand

Abb. 7: Wärmeverlustanteile für Räume mit

a) drei Wände und Decke außenliegend

b) zwei Wände und Decke außenliegend

c) eine Wand und Decke außenliegend

d) Decke außenliegend

e) drei Außenwänden

f) zwei Außenwänden

g) einer Außenwand

h) keiner Außenwand

Abb. 8: Wertigkeiten allein- und nebeneinanderstehender Räume infolge vorhandener Wärmedämmeigenschaft in Abhängigkeit von der Raumgröße für

a) quadratische Räume - l/b = 1,0

b) rechteckige Räume - l/b = 1,5
Fenster in kurzer Wand

c) rechteckige Räume - l/b = 1,5
Fenster in langer Wand

d) rechteckige Räume - l/b = 2,0
Fenster in kurzer Wand

e) rechteckige Räume - l/b = 2,0
Fenster in langer Wand

Abb. 9: Wertigkeiten über- und nebeneinanderstehender Räume infolge vorhandener Wärmedämmeigenschaft in Abhängigkeit von der Raumgröße für

a)-e) quadratische Räume - l/b = 1,0 und
rechteckige Räume - l/b = 1,5 und l/b = 2,0
Fenster in kurzer Wand und Fenster in langer Wand
für unterkellerte Räume

f)-k) quadratische Räume - l/b = 1,0 und
rechteckige Räume - l/b = 1,5 und l/b = 2,0
Fenster in kurzer Wand und Fenster in langer Wand
für Dachgeschoßräume

e)-p) quadratische Räume - l/b = 1,0 und
rechteckige Räume - l/b = 1,5 und l/b = 2,0
Fenster in kurzer und Fenster in langer Wand für
nichtunterkellerte Erdgeschoßräume

q)-u) quadratische Räume - l/b = 1,0 und
rechteckige Räume - l/b = 1,5 und l/b = 2,0
Fenster in kurzer Wand und Fenster in langer Wand für unterkellerte Erdgeschoßräume

v)-z) quadratische Räume - l/b = 1,0 und
rechteckige Räume - l/b = 1,5 und l/b = 2,0
Fenster in kurzer Wand und Fenster in langer Wand für Zwischengeschoßräume

Abb. 10: Wertigkeit der Schalldämmeigenschaft von Decken in Abhängigkeit von Raumgröße und Raumform

Abb. 1

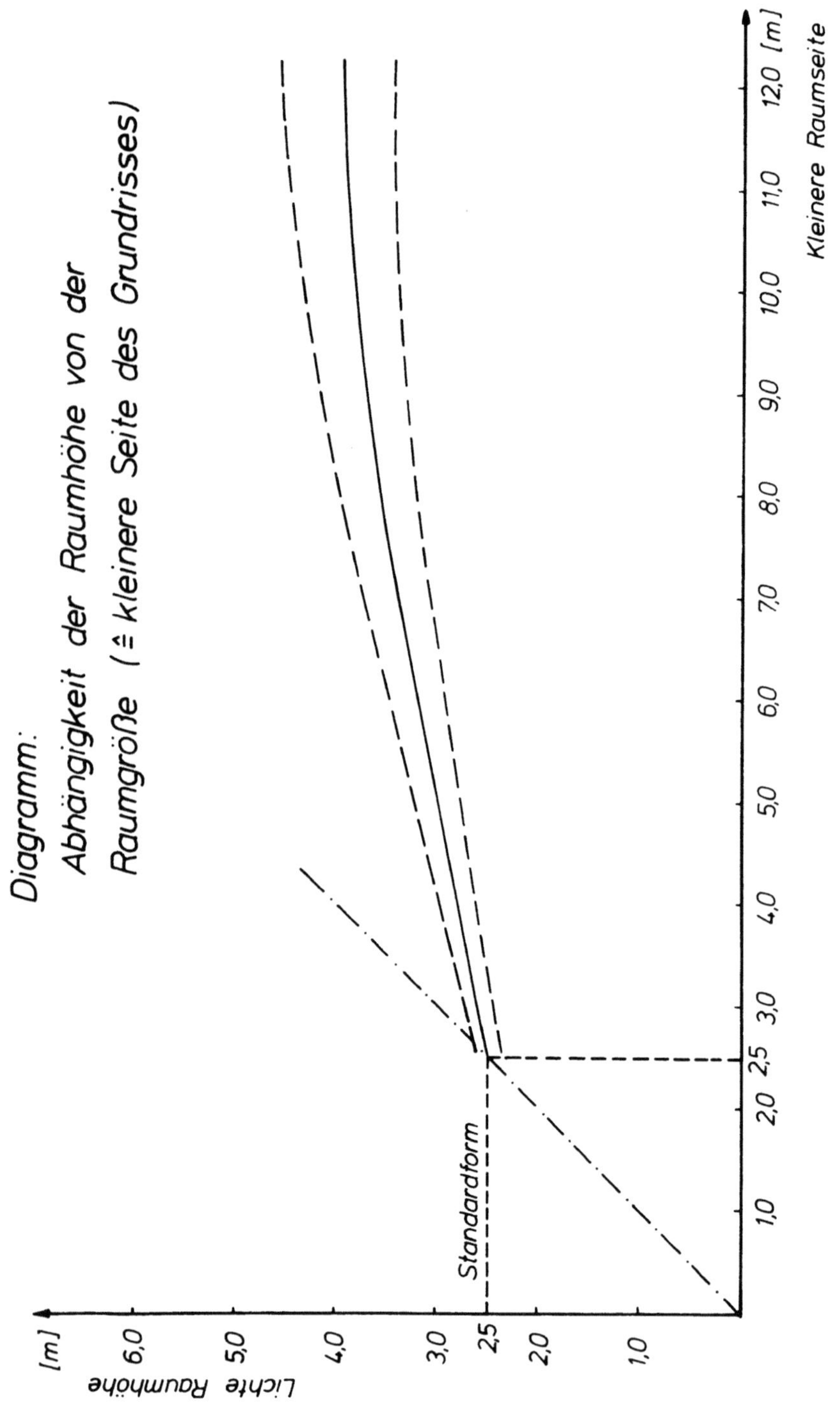
Diagramm:
Abhängigkeit der Raumhöhe von der
Raumgröße (≙ kleinere Seite des Grundrisses)
Standardform
Lichte Raumhöhe
[m]
6,0
5,0
4,0
3,0
2,5
2,0
1,0
1,0
2,0
2,5
3,0
4,0
5,0
6,0
7,0
8,0
9,0
10,0
11,0
12,0 [m]
Kleinere Raumseite

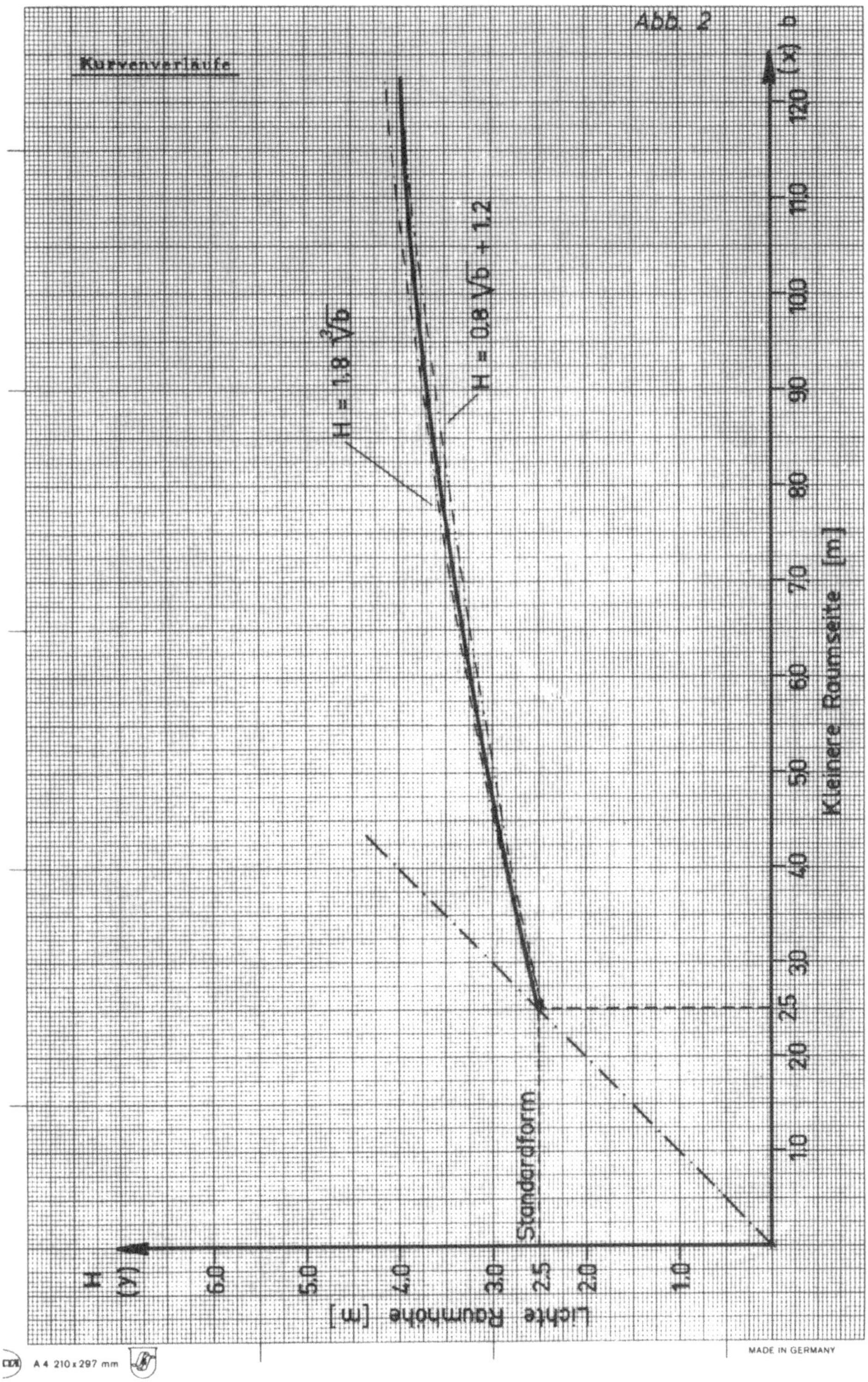
Kurvenverläufe
Abb. 2
H = 1,8 $\sqrt[3]{b}$
H = 0,8 $\sqrt{b}$ + 1,2
Standardform
Kleinere Raumseite [m]
(x) b
H (y)
Lichte Raumhöhe [m]
10
20
25
30
40
50
60
70
80
90
100
110
120
1,0
2,0
2,5
3,0
4,0
5,0
6,0
A 4 210 x 297 mm
MADE IN GERMANY

Abb. 3

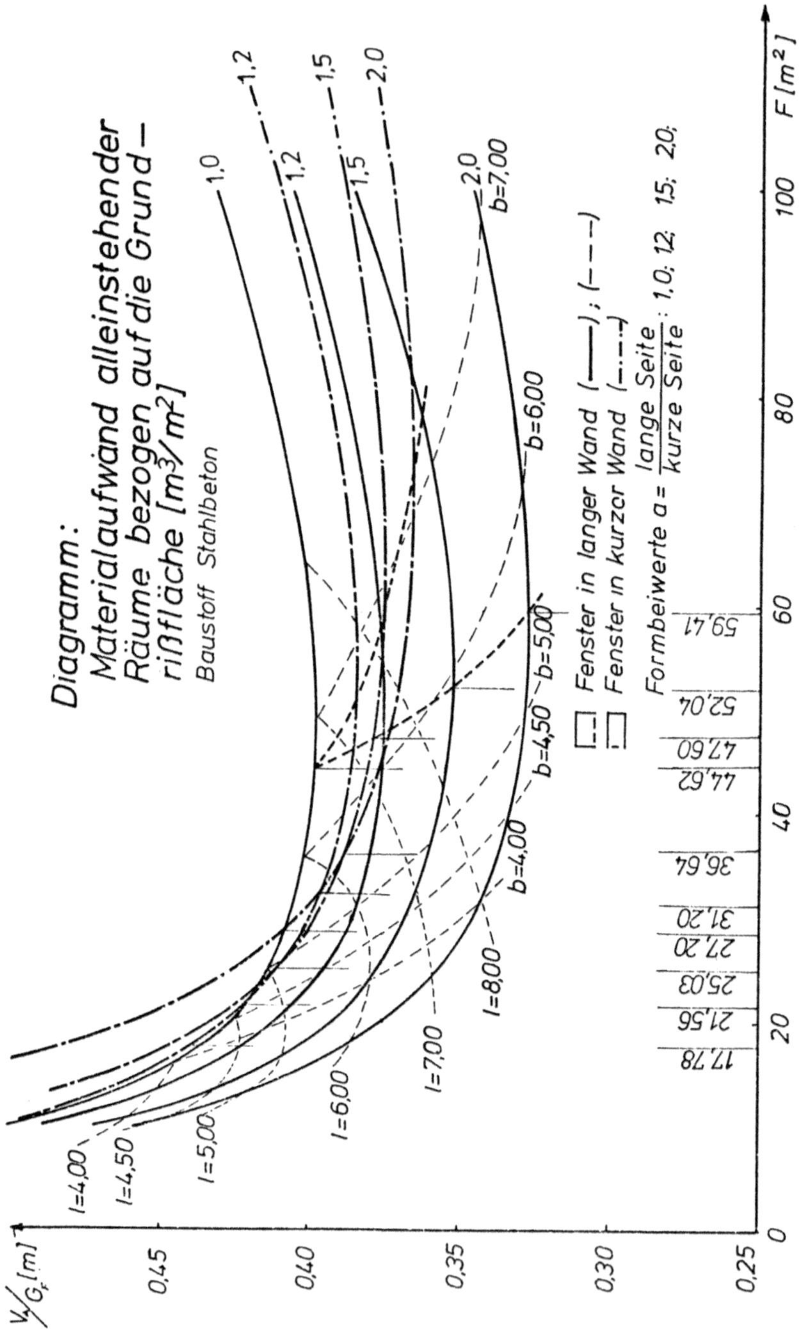
Diagramm:
Materialaufwand alleinstehender Räume bezogen auf die Grundrißfläche [m³/m²]
Baustoff Stahlbeton
Fenster in langer Wand (——); (– – –)
Fenster in kurzer Wand (–·–·–)
Formbeiwerte a = lange Seite / kurze Seite : 1,0; 1,2; 1,5; 2,0;
V/G_f [m]
0,45
0,40
0,35
0,30
0,25
F [m²]
0
20
40
60
80
100
17,78
21,56
25,03
27,20
31,20
36,64
44,62
47,60
52,04
59,41
l=4,00
l=4,50
l=5,00
l=6,00
l=7,00
l=8,00
b=4,00
b=4,50
b=5,00
b=6,00
b=7,00
1,0
1,2
1,5
2,0

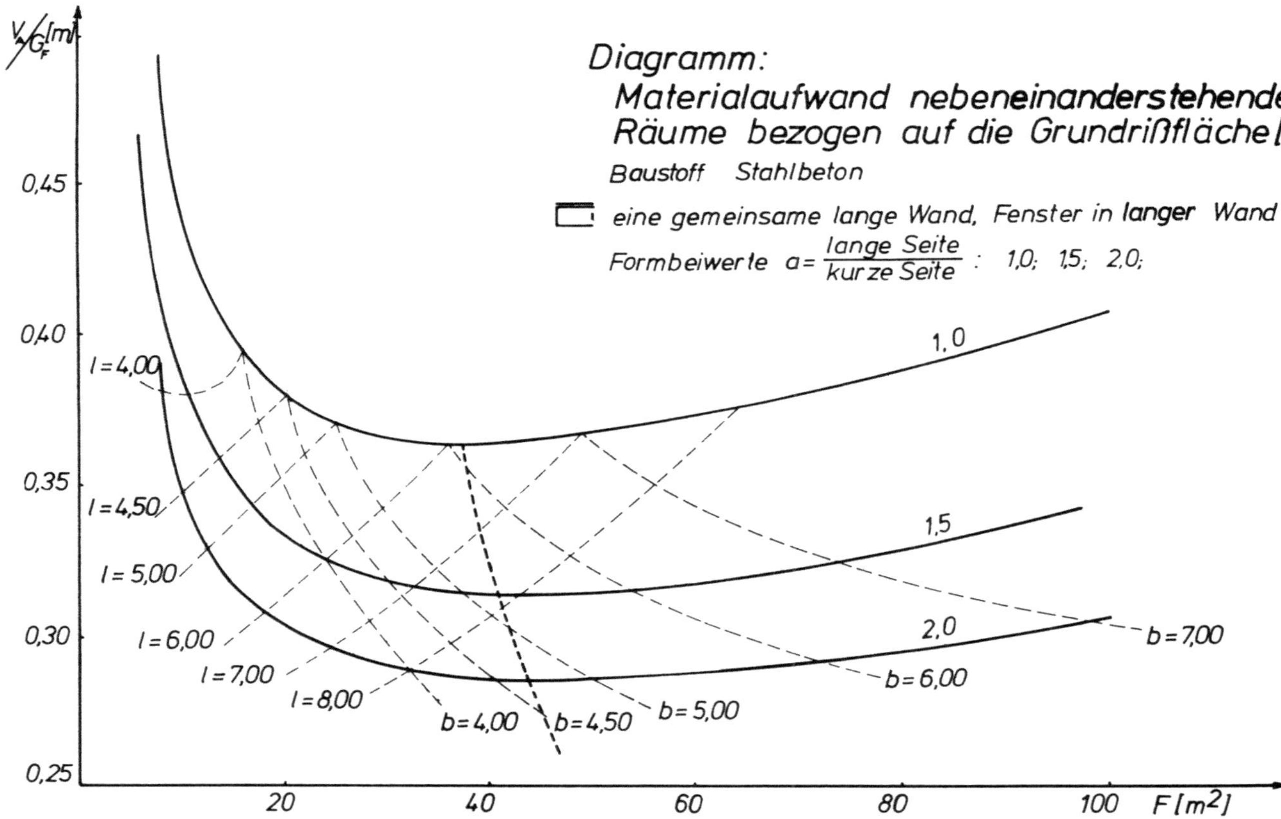
Diagramm:
Materialaufwand nebeneinanderstehender
Räume bezogen auf die Grundrißfläche [m³/m²]
Baustoff Stahlbeton
eine gemeinsame lange Wand, Fenster in langer Wand
Formbeiwerte a = lange Seite / kurze Seite : 1,0; 1,5; 2,0;
V/G_F [m]
0,45
0,40
0,35
0,30
0,25
20
40
60
80
100
F [m²]
1,0
1,5
2,0
l = 4,00
l = 4,50
l = 5,00
l = 6,00
l = 7,00
l = 8,00
b = 4,00
b = 4,50
b = 5,00
b = 6,00
b = 7,00

Abb. 4a

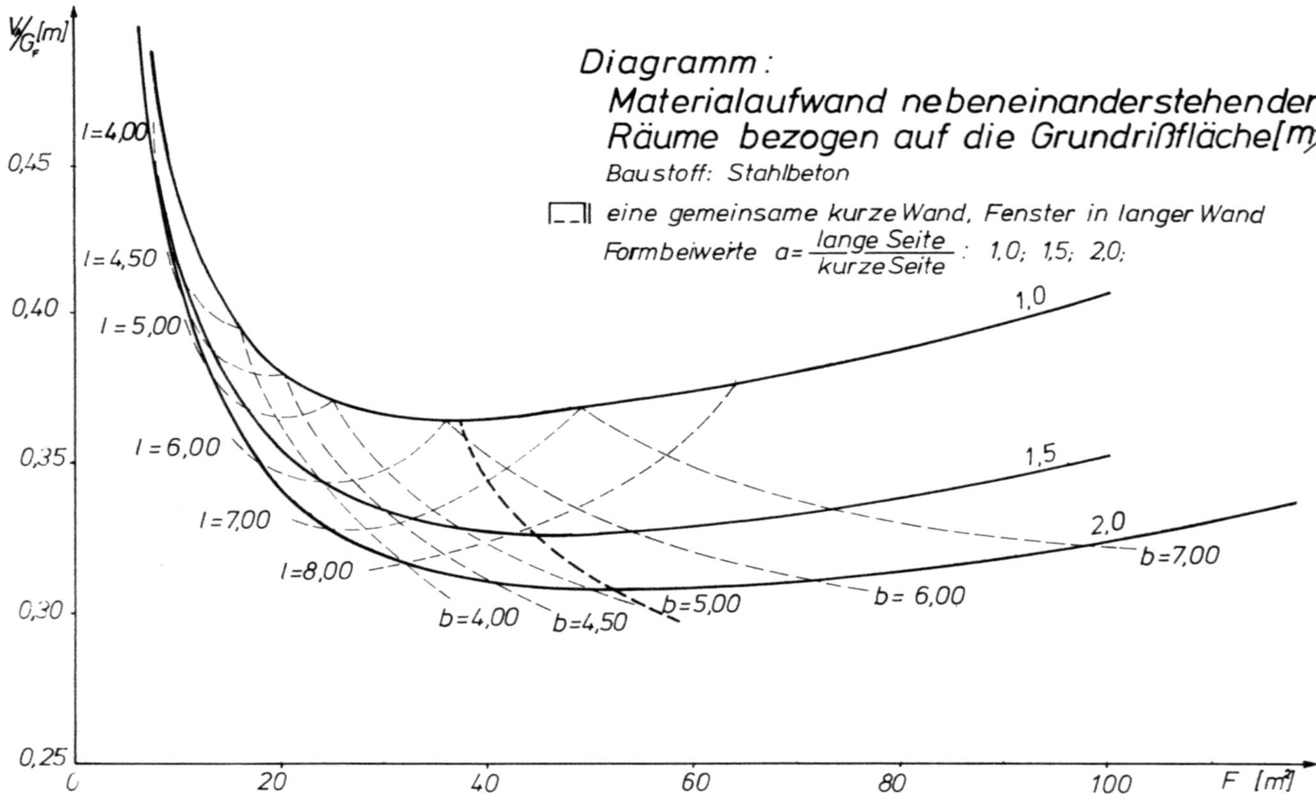
Diagramm:
Materialaufwand nebeneinanderstehender Räume bezogen auf die Grundrißfläche [m³/m²]
Baustoff: Stahlbeton
eine gemeinsame kurze Wand, Fenster in langer Wand
Formbeiwerte a = lange Seite / kurze Seite : 1,0; 1,5; 2,0;
V/G [m]
0,45
0,40
0,35
0,30
0,25
l=4,00
l=4,50
l=5,00
l=6,00
l=7,00
l=8,00
b=4,00
b=4,50
b=5,00
b= 6,00
b=7,00
1,0
1,5
2,0
0
20
40
60
80
100
F [m²]

Abb. 4b

Abb. 4c

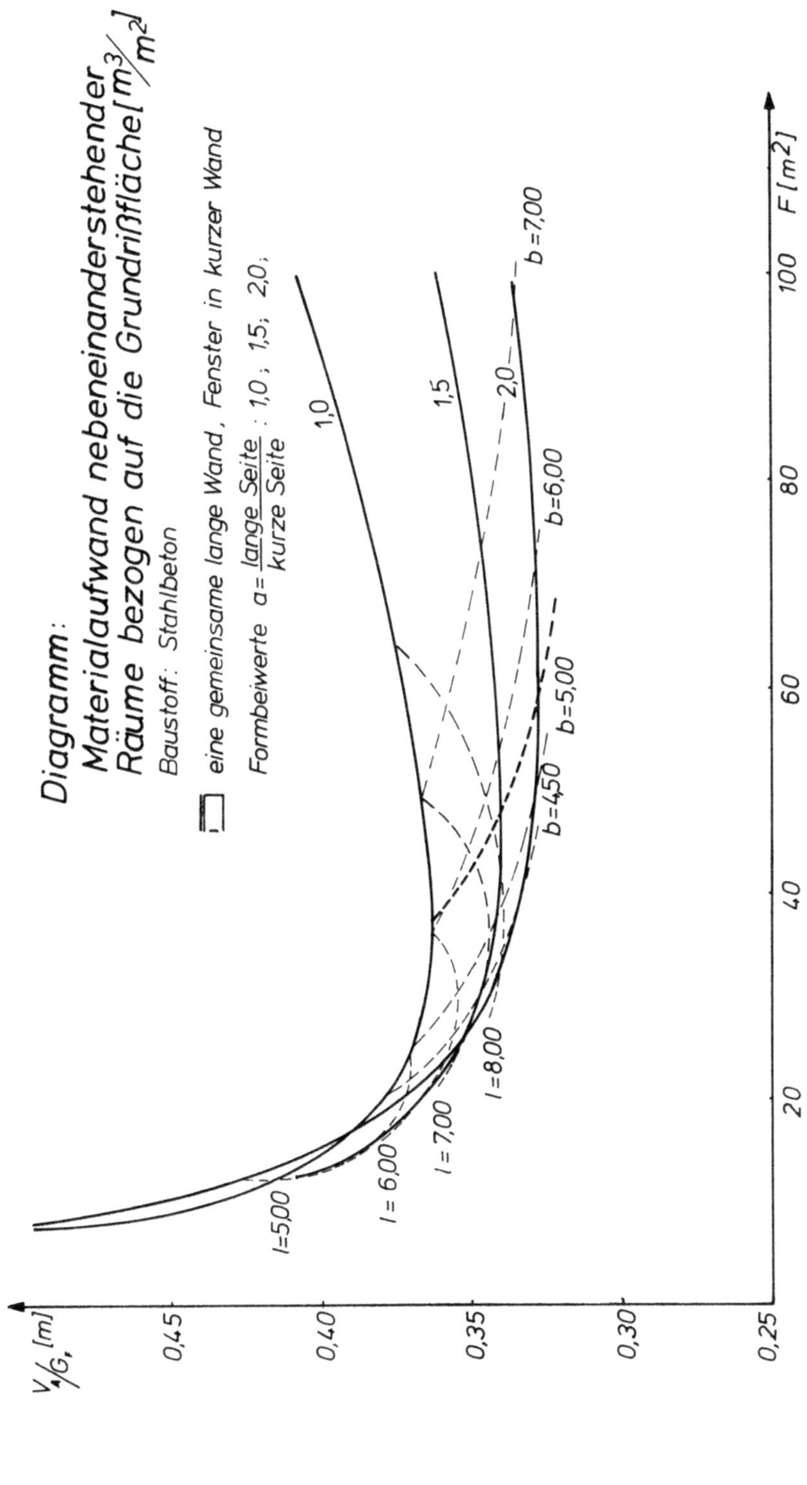

Diagramm:
Materialaufwand nebeneinanderstehender Räume bezogen auf die Grundrißfläche [m³/m²]
Baustoff: Stahlbeton
eine gemeinsame lange Wand, Fenster in kurzer Wand
Formbeiwerte a = lange Seite / kurze Seite : 1,0 ; 1,5; 2,0;
V/G, [m]
0,45
0,40
0,35
0,30
0,25
F [m²]
20
40
60
80
100
1,0
1,5
2,0
b = 7,00
b = 6,00
b = 5,00
b = 4,50
l = 5,00
l = 6,00
l = 7,00
l = 8,00

Abb. 4d

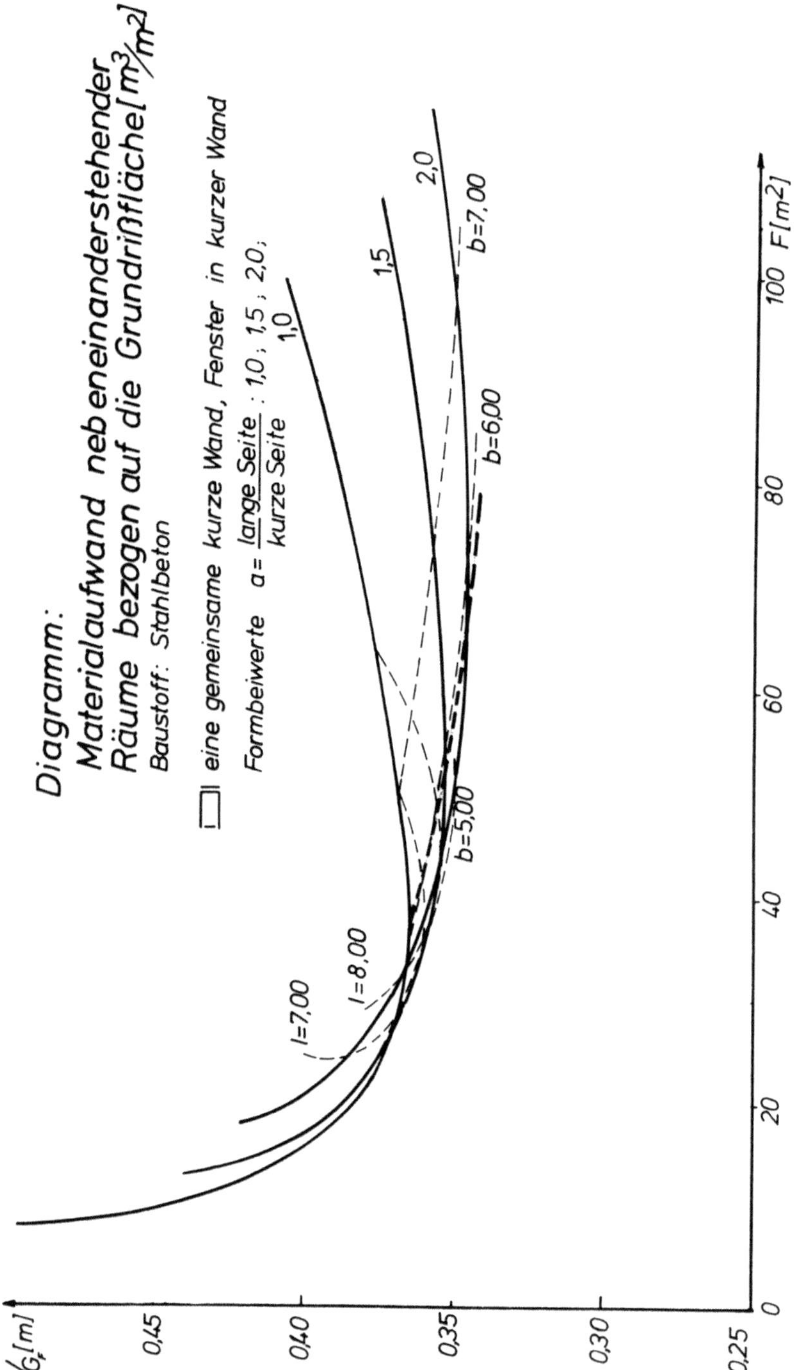
Diagramm:
Materialaufwand nebeneinanderstehender Räume bezogen auf die Grundrißfläche [m³/m²]
Baustoff: Stahlbeton
eine gemeinsame kurze Wand, Fenster in kurzer Wand
Formbeiwerte a = lange Seite / kurze Seite : 1,0 ; 1,5 ; 2,0 ;
V/G [m]
0,45
0,40
0,35
0,30
0,25
0
20
40
60
80
100
F [m²]
1,0
1,5
2,0
l=7,00
l=8,00
b=5,00
b=6,00
b=7,00

Abb. 4e

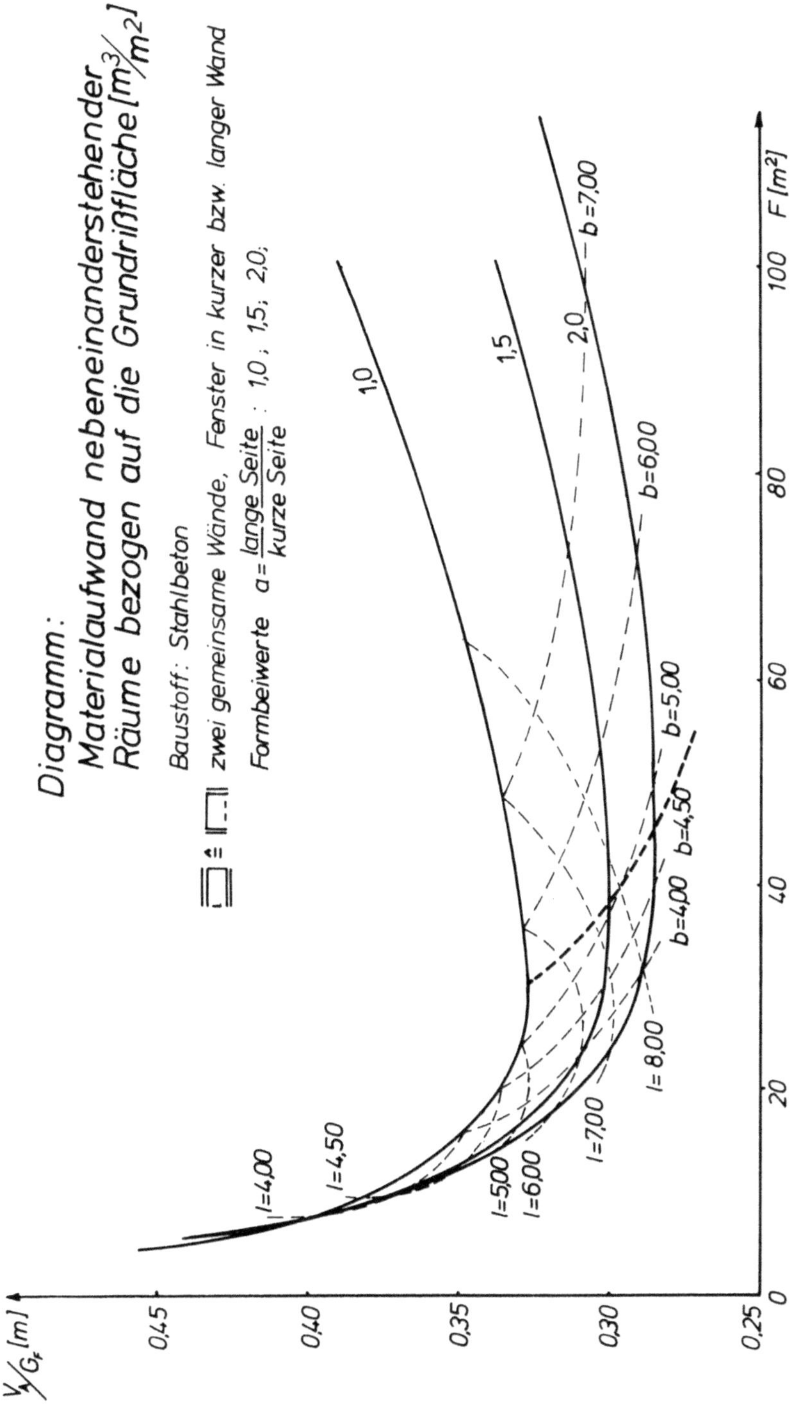
Diagramm:
Materialaufwand nebeneinanderstehender Räume bezogen auf die Grundrißfläche [m³/m²]
Baustoff: Stahlbeton
zwei gemeinsame Wände, Fenster in kurzer bzw. langer Wand
Formbeiwerte a = lange Seite / kurze Seite : 1,0 ; 1,5; 2,0;
V/G [m]
0,45
0,40
0,35
0,30
0,25
0
20
40
60
80
100
F [m²]
1,0
1,5
2,0
b=7,00
b=6,00
b=5,00
b=4,50
b=4,00
l=4,00
l=4,50
l=5,00
l=6,00
l=7,00
l=8,00

Abb. 4f

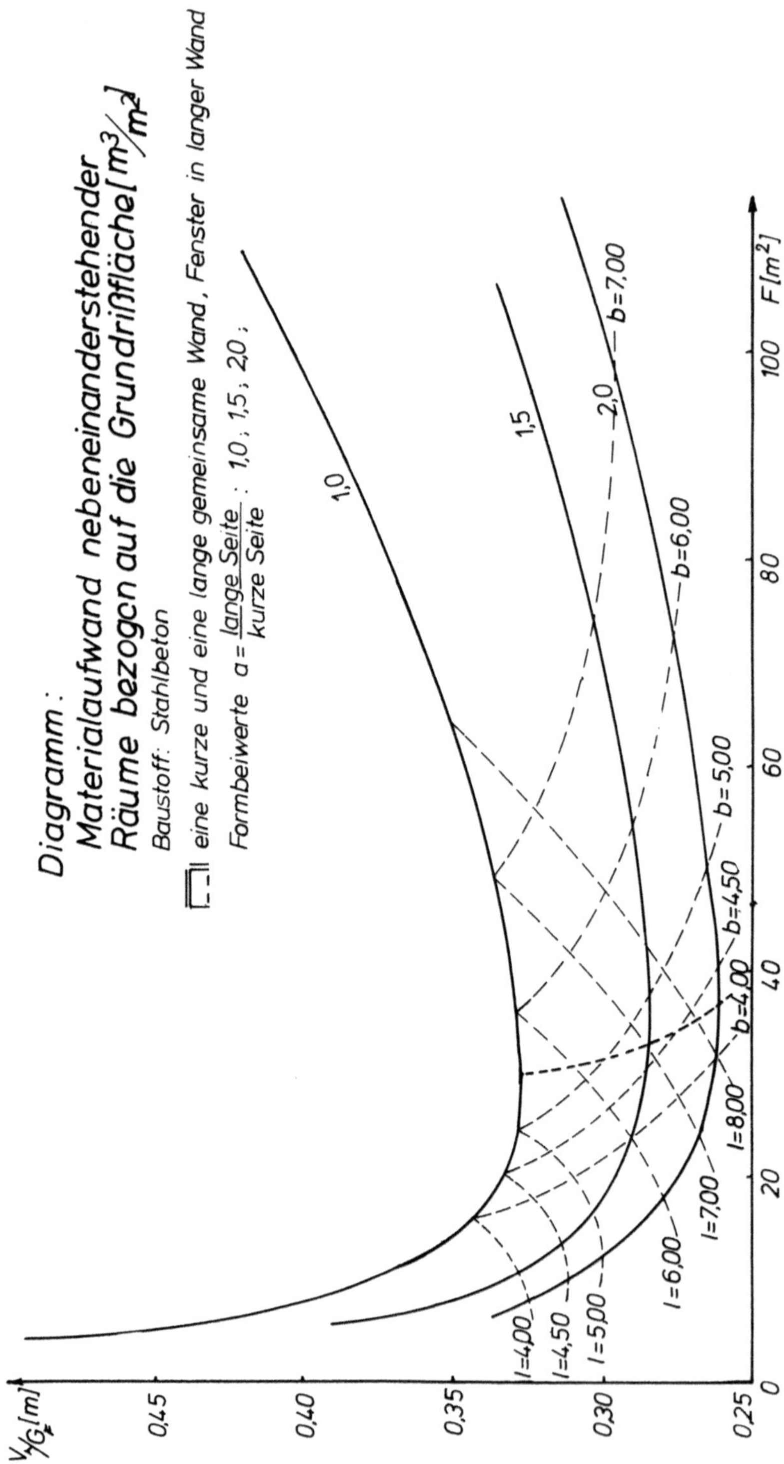

Diagramm:
Materialaufwand nebeneinanderstehender Räume bezogen auf die Grundrißfläche [m³/m²]
Baustoff: Stahlbeton
eine kurze und eine lange gemeinsame Wand, Fenster in langer Wand
Formbeiwerte a = lange Seite / kurze Seite : 1,0 ; 1,5 ; 2,0 ;
V/G_F [m]
0,45
0,40
0,35
0,30
0,25
0
20
40
60
80
100
F [m²]
1,0
1,5
2,0
b=7,00
b=6,00
b=5,00
b=4,50
b=4,00
l=4,00
l=4,50
l=5,00
l=6,00
l=7,00
l=8,00

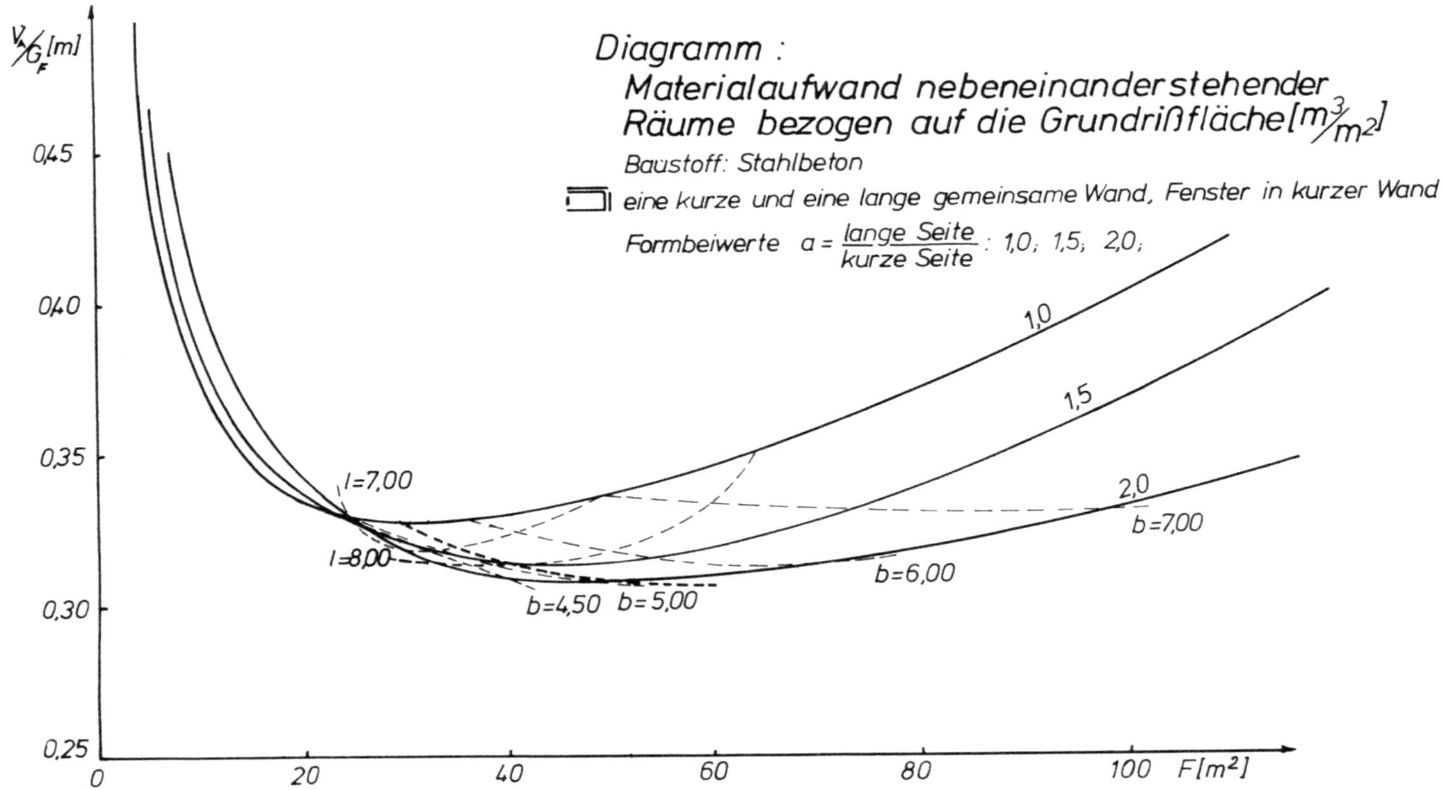
Diagramm :
Materialaufwand nebeneinanderstehender Räume bezogen auf die Grundrißfläche [m³/m²]
Baustoff: Stahlbeton
eine kurze und eine lange gemeinsame Wand, Fenster in kurzer Wand
Formbeiwerte a = lange Seite / kurze Seite : 1,0; 1,5; 2,0;
V/G_F [m]
0,45
0,40
0,35
0,30
0,25
0
20
40
60
80
100
F [m²]
1,0
1,5
2,0
l=7,00
l=8,00
b=4,50
b=5,00
b=6,00
b=7,00

Abb. 4g

Abb. 4h

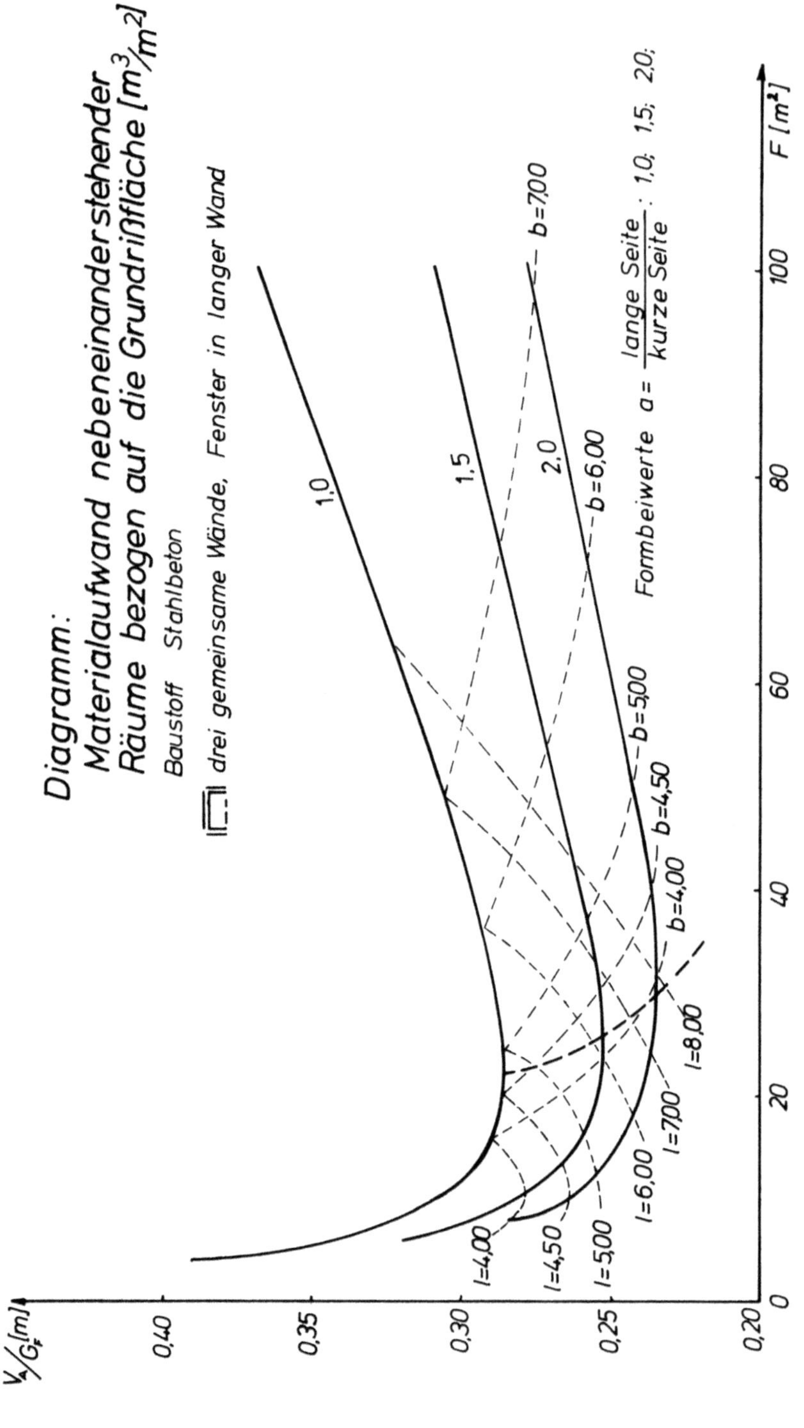

Diagramm:
Materialaufwand nebeneinanderstehender Räume bezogen auf die Grundrißfläche [m³/m²]
Baustoff Stahlbeton
drei gemeinsame Wände, Fenster in langer Wand
V/G [m]
0,40
0,35
0,30
0,25
0,20
0
20
40
60
80
100
F [m²]
1,0
1,5
2,0
b=7,00
b=6,00
b=5,00
b=4,50
b=4,00
l=4,00
l=4,50
l=5,00
l=6,00
l=7,00
l=8,00
Formbeiwerte a = lange Seite / kurze Seite : 1,0; 1,5; 2,0;

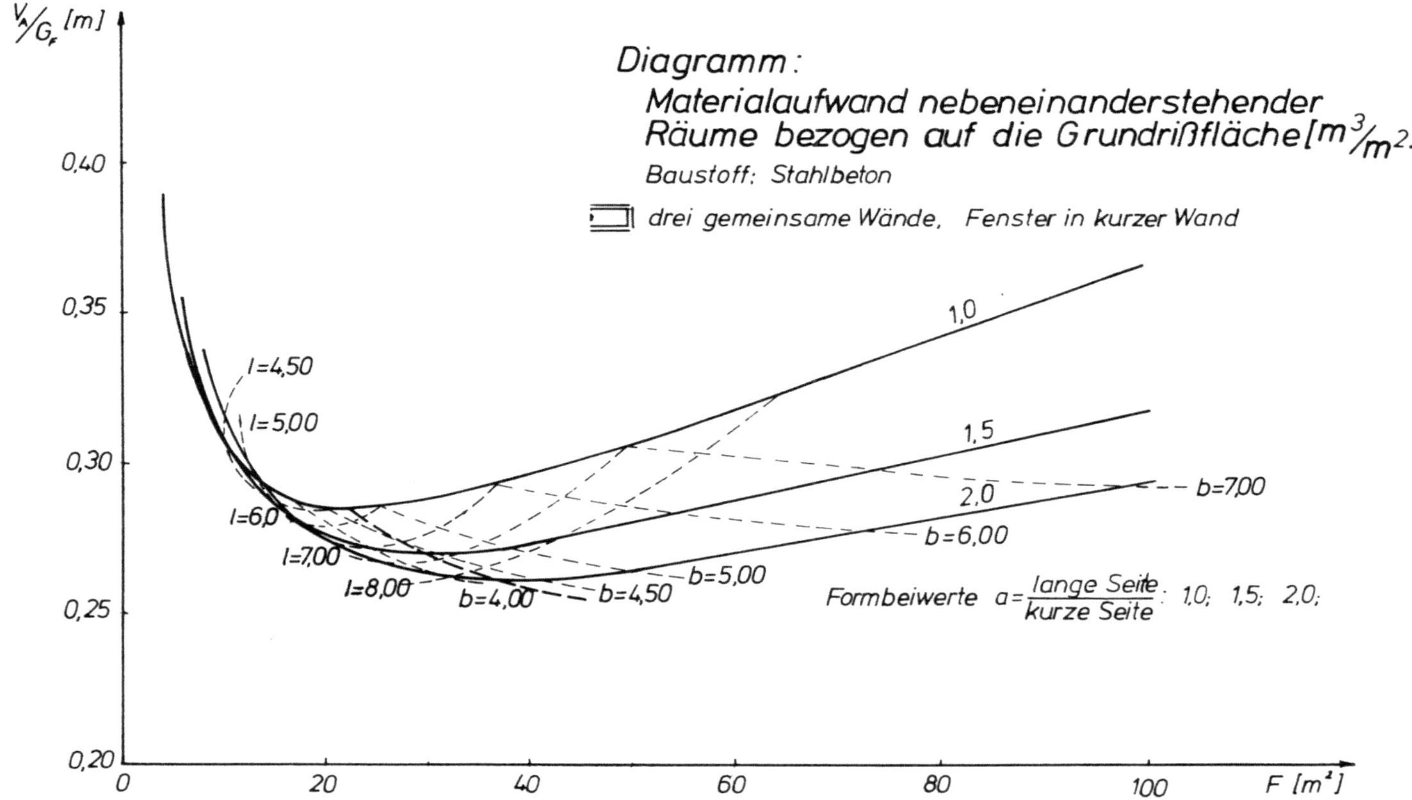
Diagramm:
Materialaufwand nebeneinanderstehender Räume bezogen auf die Grundrißfläche [m³/m²]
Baustoff: Stahlbeton
drei gemeinsame Wände, Fenster in kurzer Wand
V/G [m]
0,40
0,35
0,30
0,25
0,20
0
20
40
60
80
100
F [m²]
1,0
1,5
2,0
l=4,50
l=5,00
l=6,0
l=7,00
l=8,00
b=4,00
b=4,50
b=5,00
b=6,00
b=7,00
Formbeiwerte a = lange Seite / kurze Seite: 1,0; 1,5; 2,0;

Abb. 4i

Abb. 5

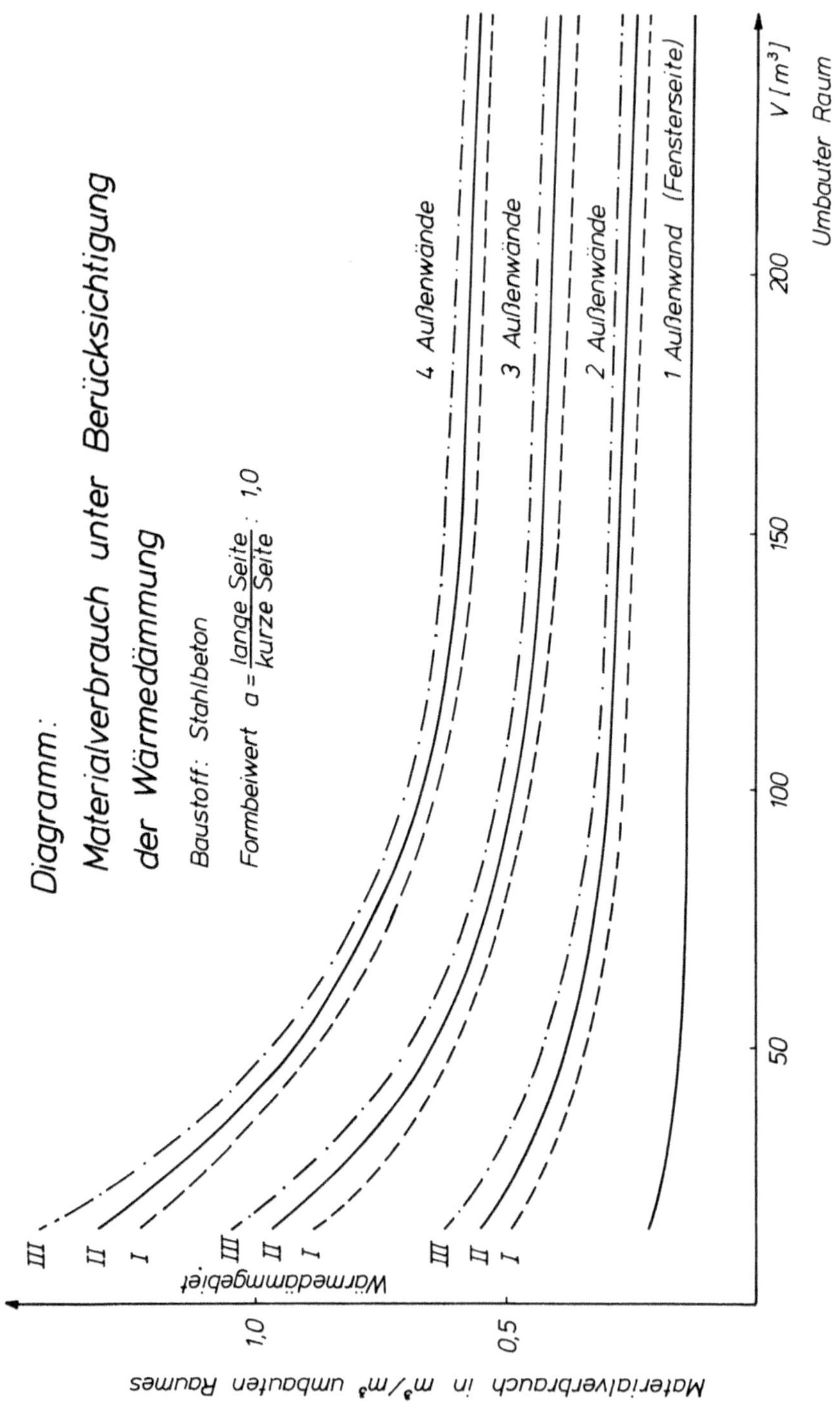
Diagramm:
Materialverbrauch unter Berücksichtigung
der Wärmedämmung
Baustoff: Stahlbeton
Formbeiwert a = lange Seite / kurze Seite : 1,0
4 Außenwände
3 Außenwände
2 Außenwände
1 Außenwand (Fensterseite)
Wärmedämmgebiet
III
II
I
1,0
0,5
Materialverbrauch in m³/m³ umbauten Raumes
50
100
150
200
V [m³]
Umbauter Raum

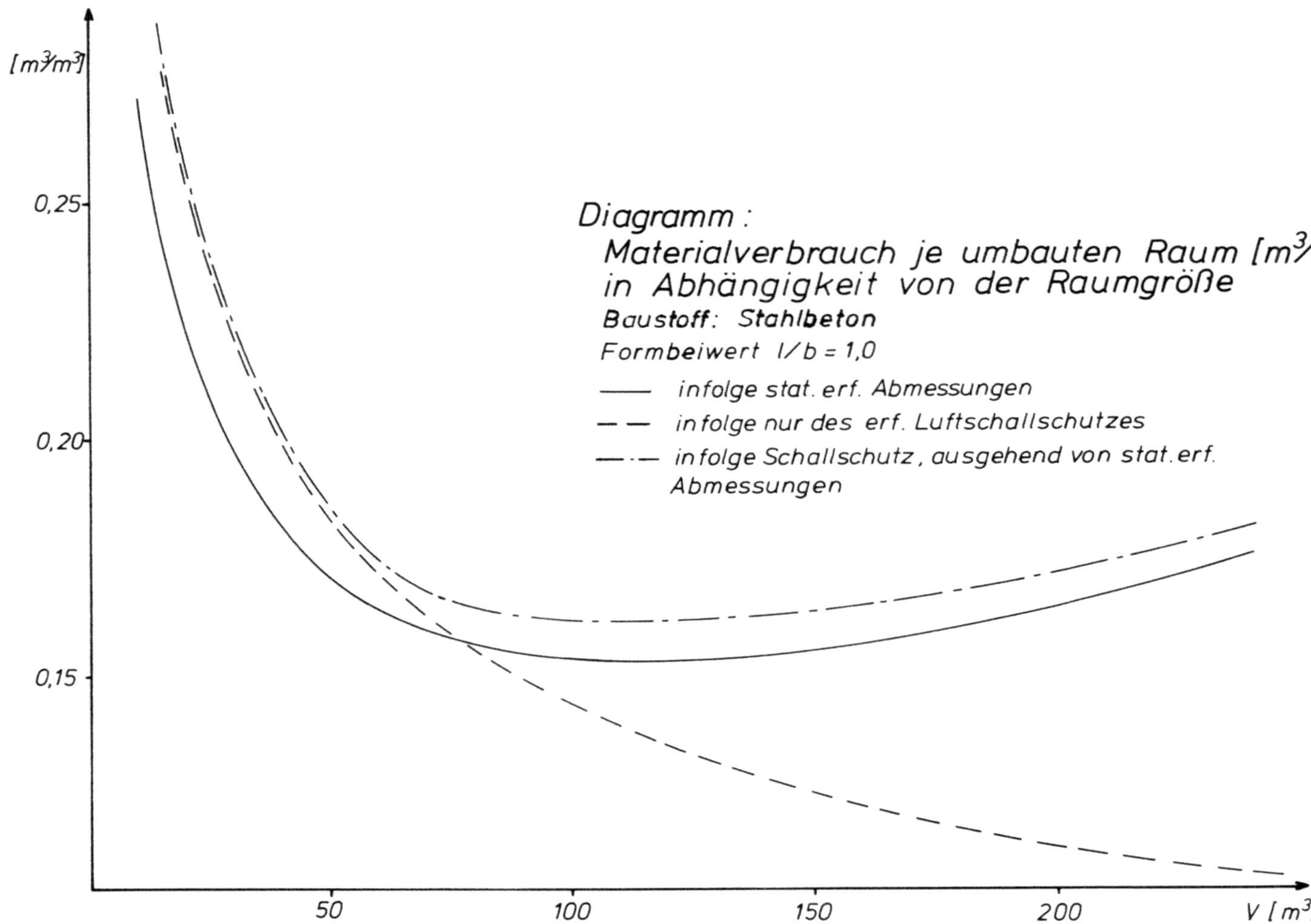
[m³/m³]
0,25
0,20
0,15
50
100
150
200
V [m³]
Diagramm :
Materialverbrauch je umbauten Raum [m³/m³]
in Abhängigkeit von der Raumgröße
Baustoff: Stahlbeton
Formbeiwert l/b = 1,0
infolge stat. erf. Abmessungen
infolge nur des erf. Luftschallschutzes
infolge Schallschutz, ausgehend von stat. erf. Abmessungen

Abb. 6a

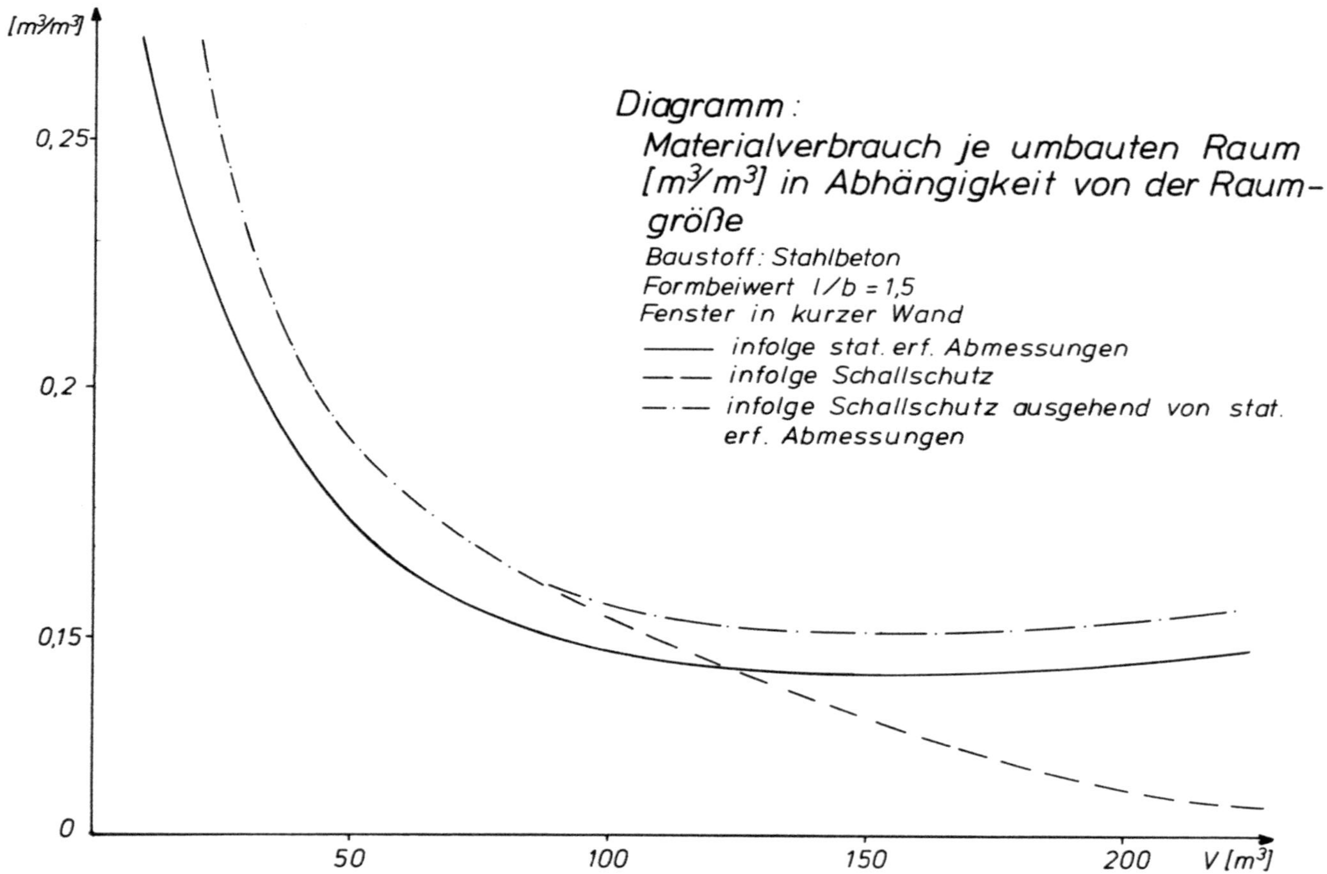
[m³/m³]
0,25
0,2
0,15
0
50
100
150
200
V [m³]
Diagramm:
Materialverbrauch je umbauten Raum [m³/m³] in Abhängigkeit von der Raumgröße
Baustoff: Stahlbeton
Formbeiwert l/b = 1,5
Fenster in kurzer Wand
infolge stat. erf. Abmessungen
infolge Schallschutz
infolge Schallschutz ausgehend von stat. erf. Abmessungen

Abb. 6b

Abb. 6c

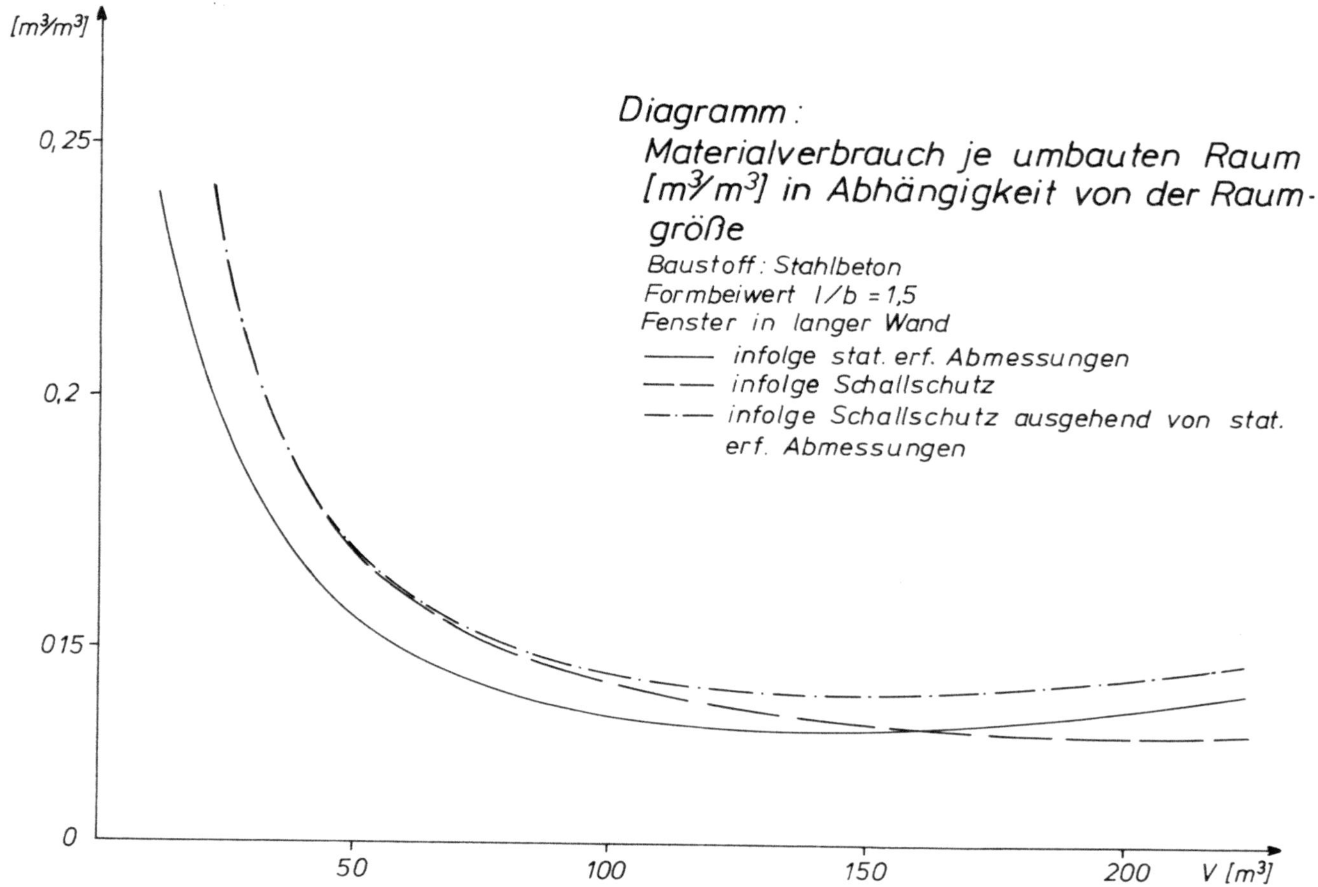
[m³/m³]
0,25
0,2
0 15
0
50
100
150
200
V [m³]
Diagramm:
Materialverbrauch je umbauten Raum [m³/m³] in Abhängigkeit von der Raumgröße
Baustoff: Stahlbeton
Formbeiwert l/b = 1,5
Fenster in langer Wand
infolge stat. erf. Abmessungen
infolge Schallschutz
infolge Schallschutz ausgehend von stat. erf. Abmessungen

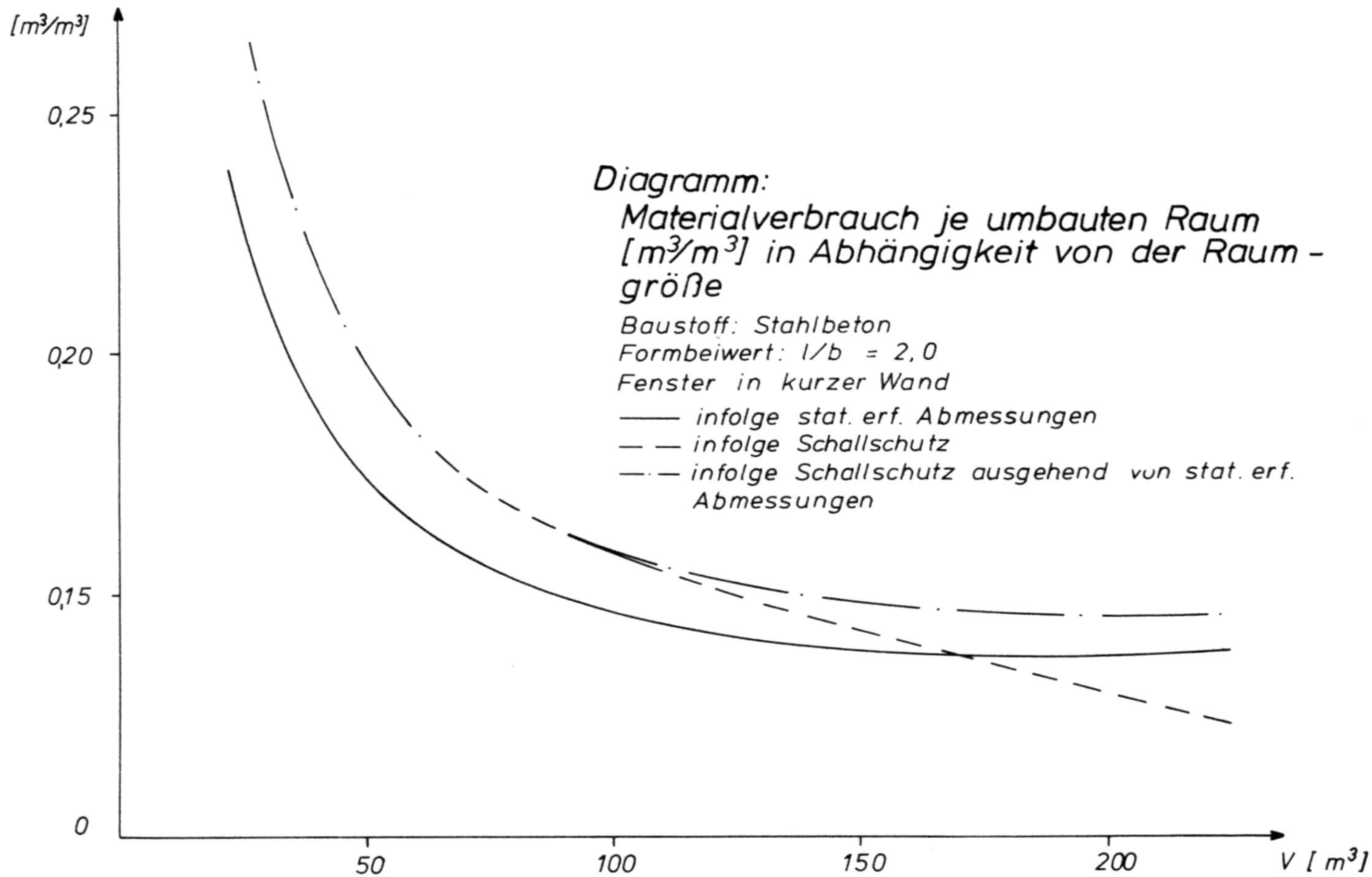
[m³/m³]
0,25
0,20
0,15
0
50
100
150
200
V [m³]
Diagramm:
Materialverbrauch je umbauten Raum [m³/m³] in Abhängigkeit von der Raum - größe
Baustoff: Stahlbeton
Formbeiwert: l/b = 2,0
Fenster in kurzer Wand
infolge stat. erf. Abmessungen
infolge Schallschutz
infolge Schallschutz ausgehend von stat. erf. Abmessungen

Abb. 6d

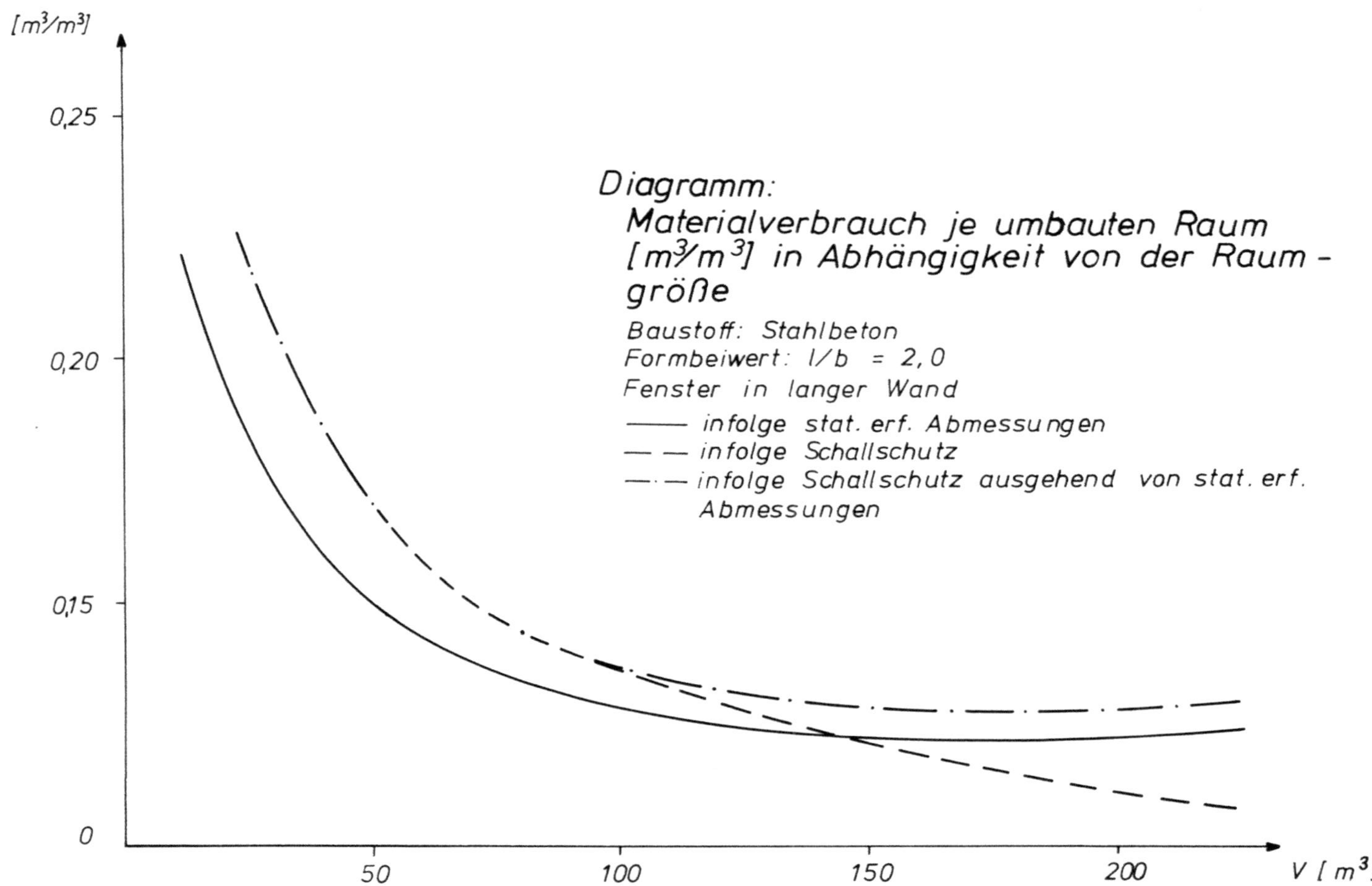
[m³/m³]
0,25
0,20
0,15
0
50
100
150
200
V [m³]
Diagramm:
Materialverbrauch je umbauten Raum
[m³/m³] in Abhängigkeit von der Raum-
größe
Baustoff: Stahlbeton
Formbeiwert: l/b = 2,0
Fenster in langer Wand
infolge stat. erf. Abmessungen
infolge Schallschutz
infolge Schallschutz ausgehend von stat. erf. Abmessungen

Abb. 6e

Abb. 6f

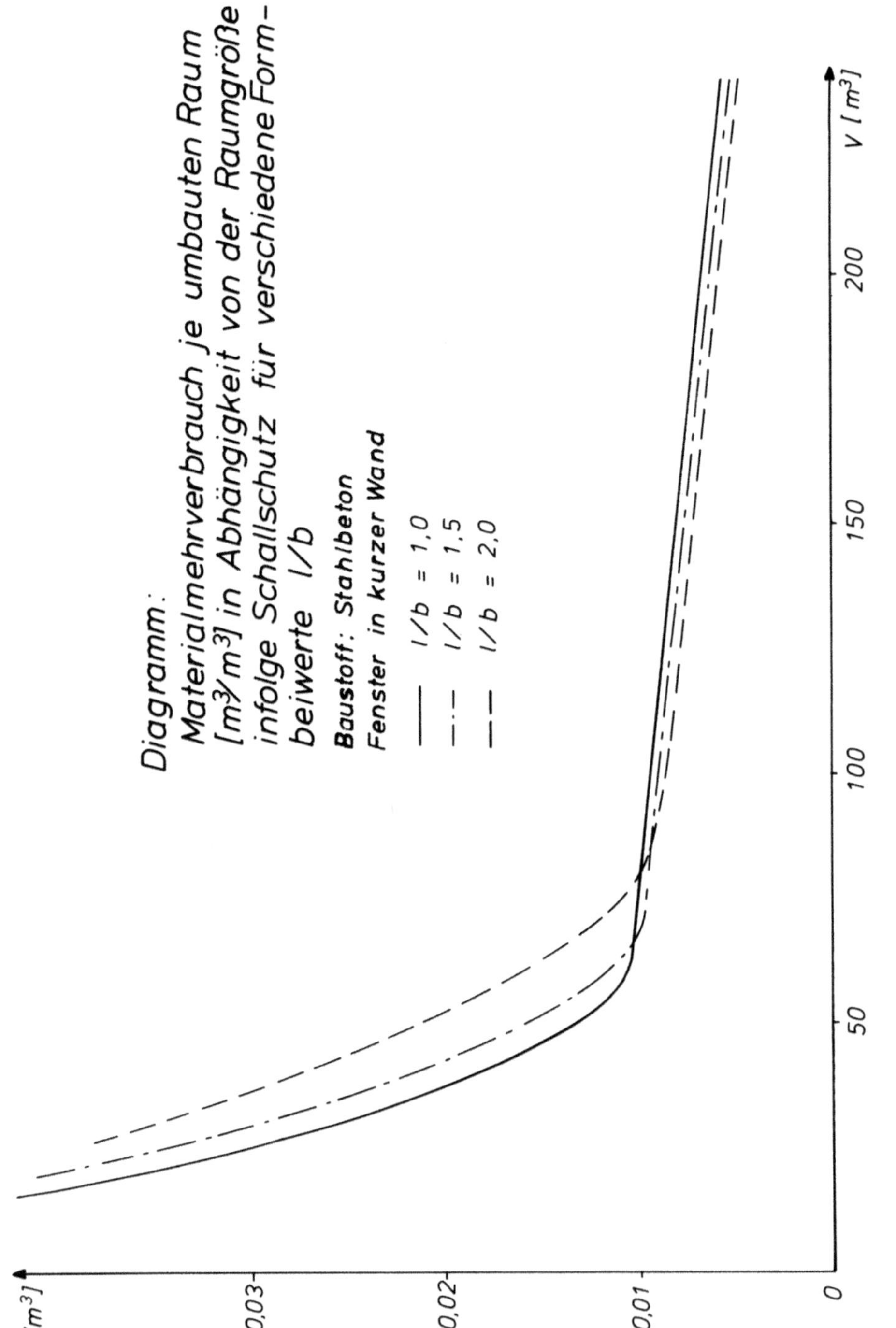
Diagramm:
Materialmehrverbrauch je umbauten Raum
[m³/m³] in Abhängigkeit von der Raumgröße
infolge Schallschutz für verschiedene Form-
beiwerte l/b
Baustoff: Stahlbeton
Fenster in kurzer Wand
l/b = 1,0
l/b = 1,5
l/b = 2,0
[m³/m³]
0,03
0,02
0,01
0
50
100
150
200
V [m³]

Abb. 6g

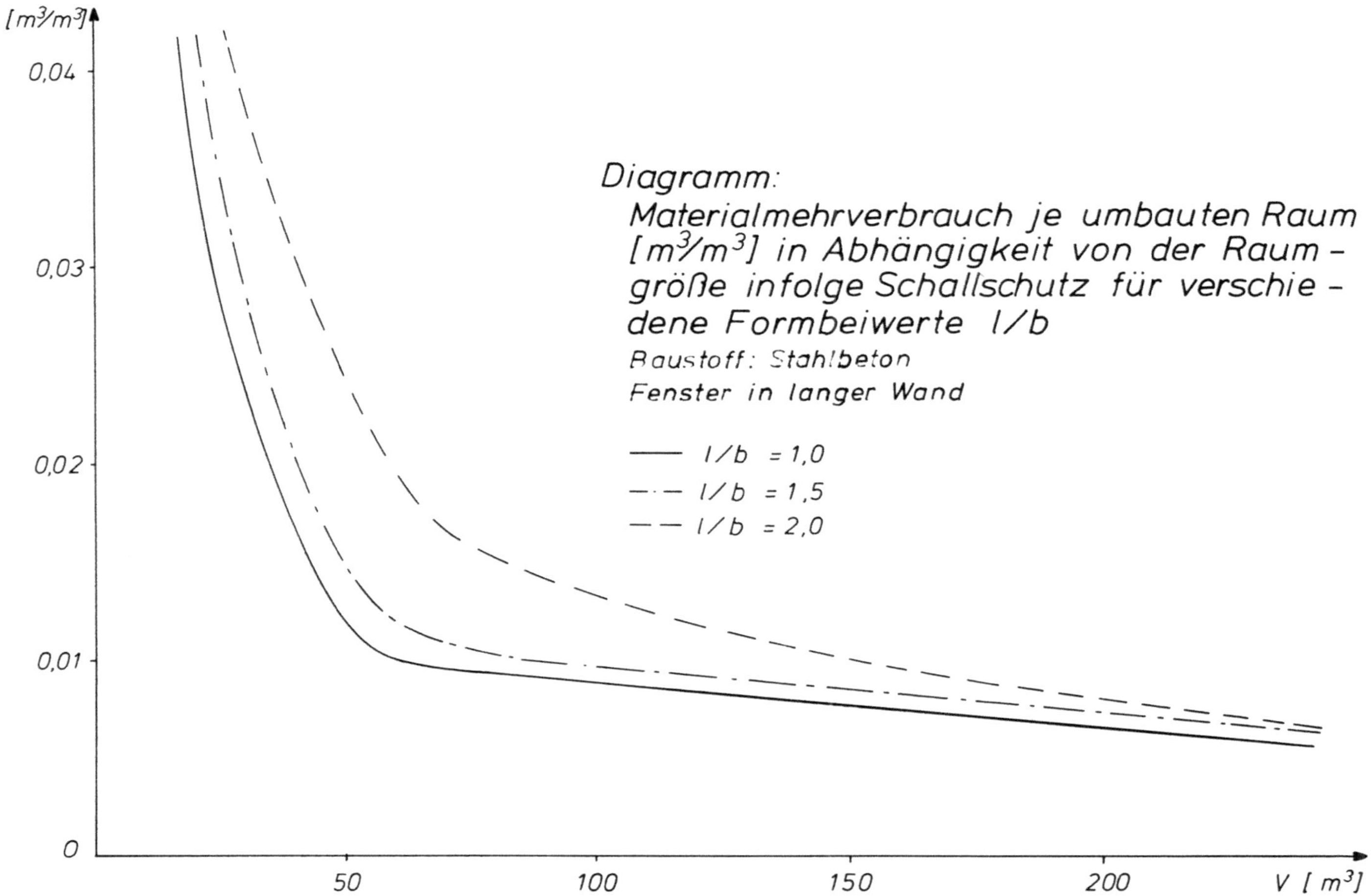
[m³/m³]
0,04
0,03
0,02
0,01
0
50
100
150
200
V [m³]
Diagramm:
Materialmehrverbrauch je umbauten Raum [m³/m³] in Abhängigkeit von der Raum-größe infolge Schallschutz für verschie-dene Formbeiwerte l/b
Baustoff: Stahlbeton
Fenster in langer Wand
l/b = 1,0
l/b = 1,5
l/b = 2,0

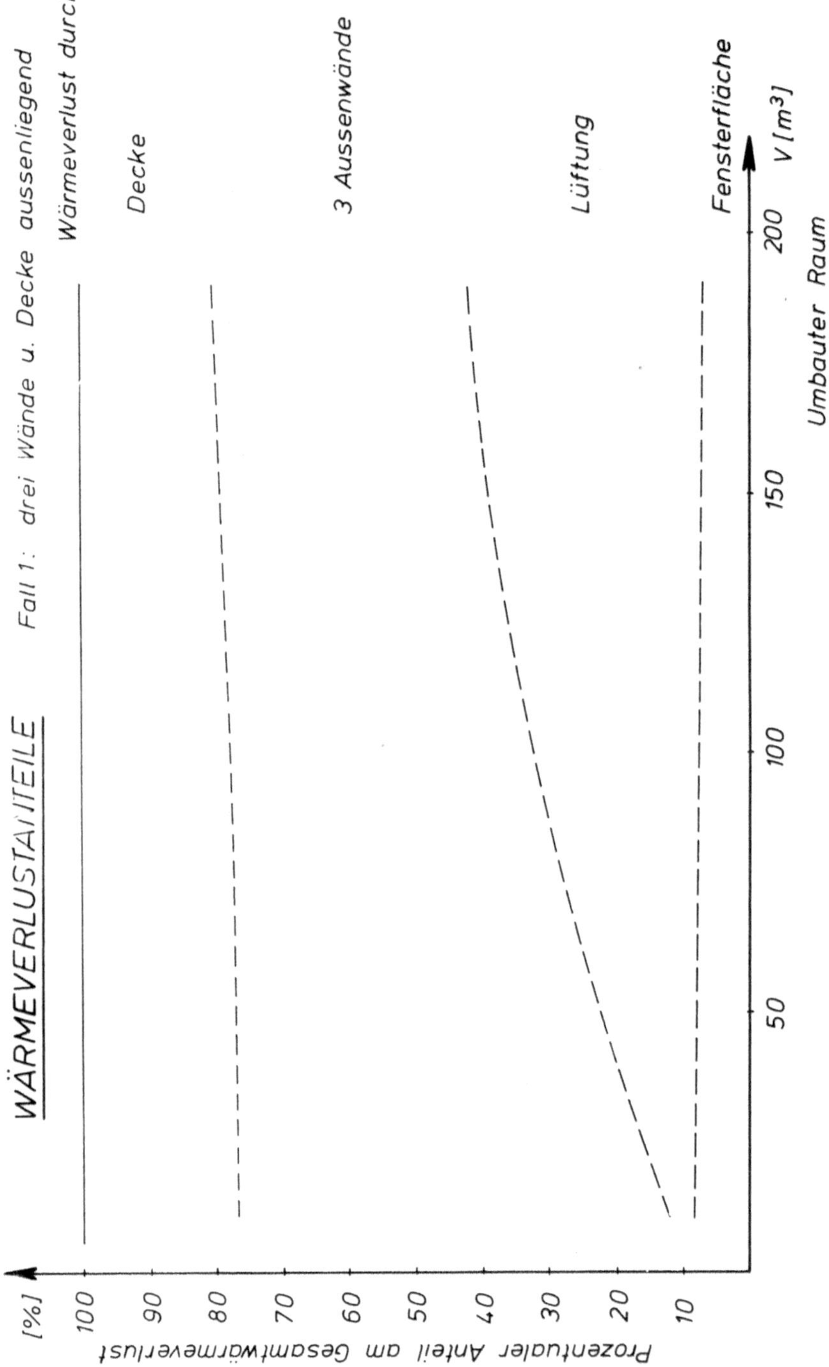
WÄRMEVERLUSTANTEILE
Fall 1: drei Wände u. Decke aussenliegend
Wärmeverlust durch:
Decke
3 Aussenwände
Lüftung
Fensterfläche
[%]
100
90
80
70
60
50
40
30
20
10
Prozentualer Anteil am Gesamtwärmeverlust
50
100
150
200
V [m³]
Umbauter Raum

Abb. 7a

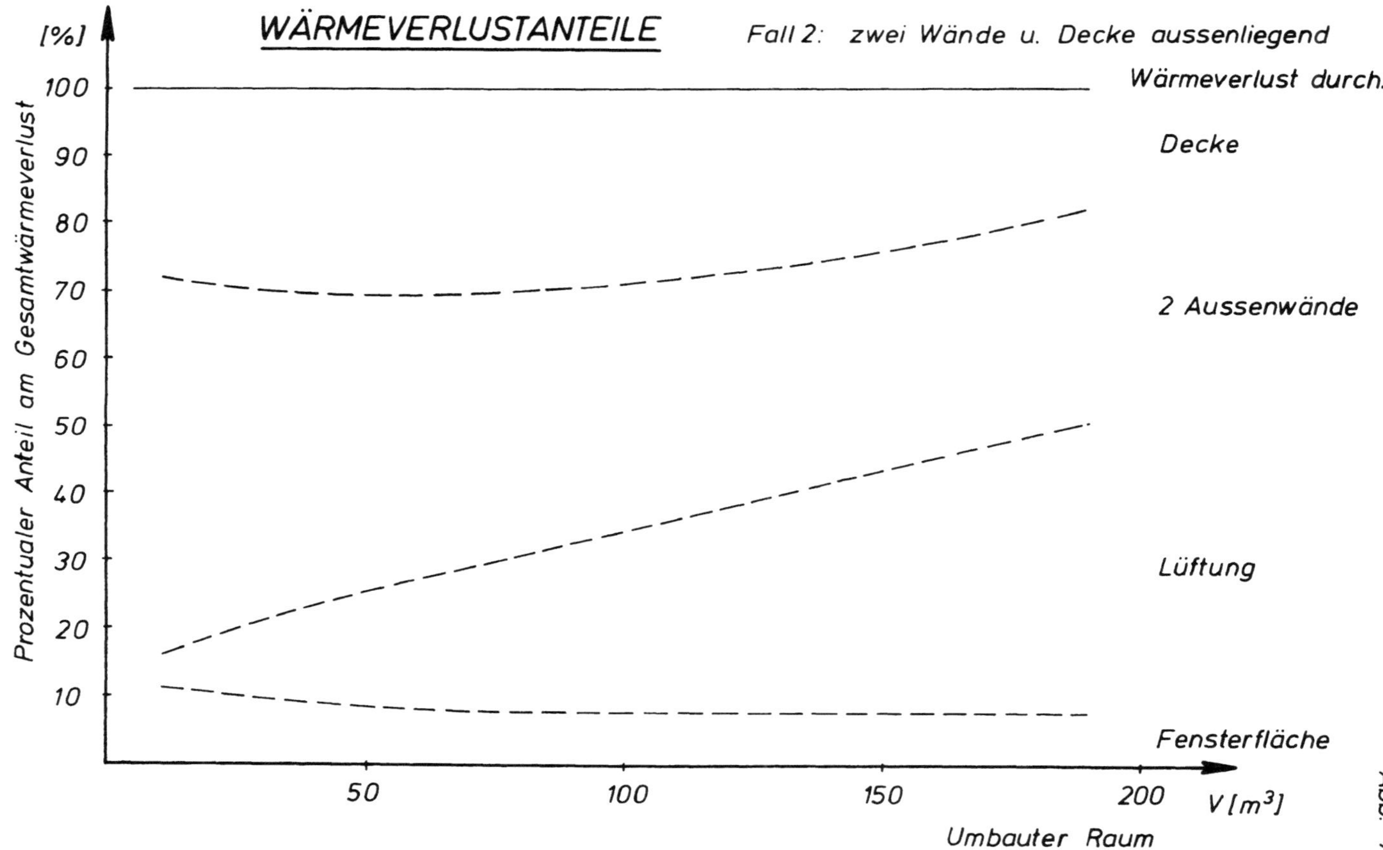
WÄRMEVERLUSTANTEILE
Fall 2: zwei Wände u. Decke aussenliegend
[%]
100
90
80
70
60
50
40
30
20
10
Prozentualer Anteil am Gesamtwärmeverlust
Wärmeverlust durch:
Decke
2 Aussenwände
Lüftung
Fensterfläche
50
100
150
200
V [m³]
Umbauter Raum

Abb. 7b

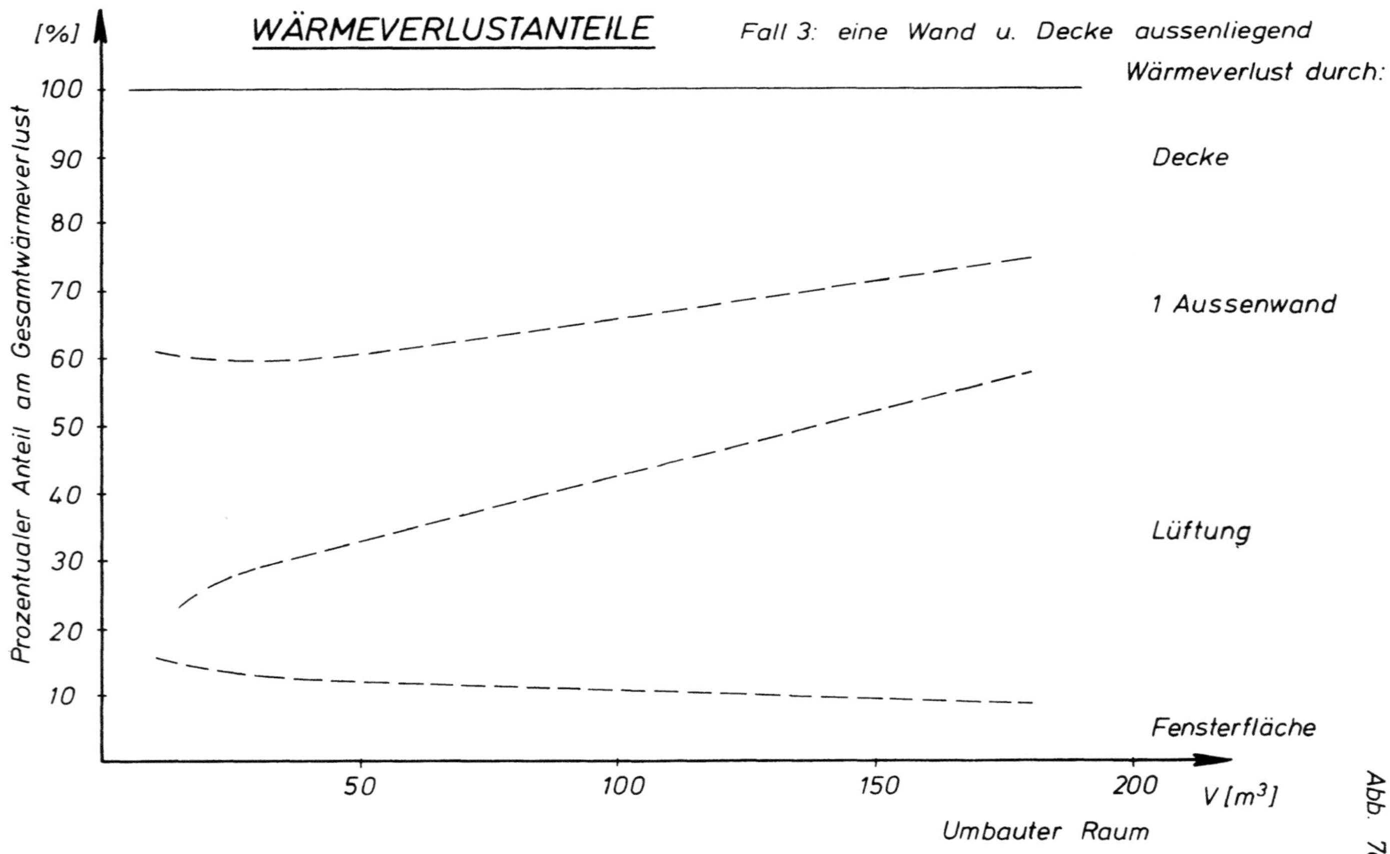
WÄRMEVERLUSTANTEILE
Fall 3: eine Wand u. Decke aussenliegend
Wärmeverlust durch:
Decke
1 Aussenwand
Lüftung
Fensterfläche
[%]
Prozentualer Anteil am Gesamtwärmeverlust
100
90
80
70
60
50
40
30
20
10
50
100
150
200
V [m³]
Umbauter Raum

Abb. 7c

WÄRMEVERLUSTANTEILE

Fall 4: Decke aussenliegend

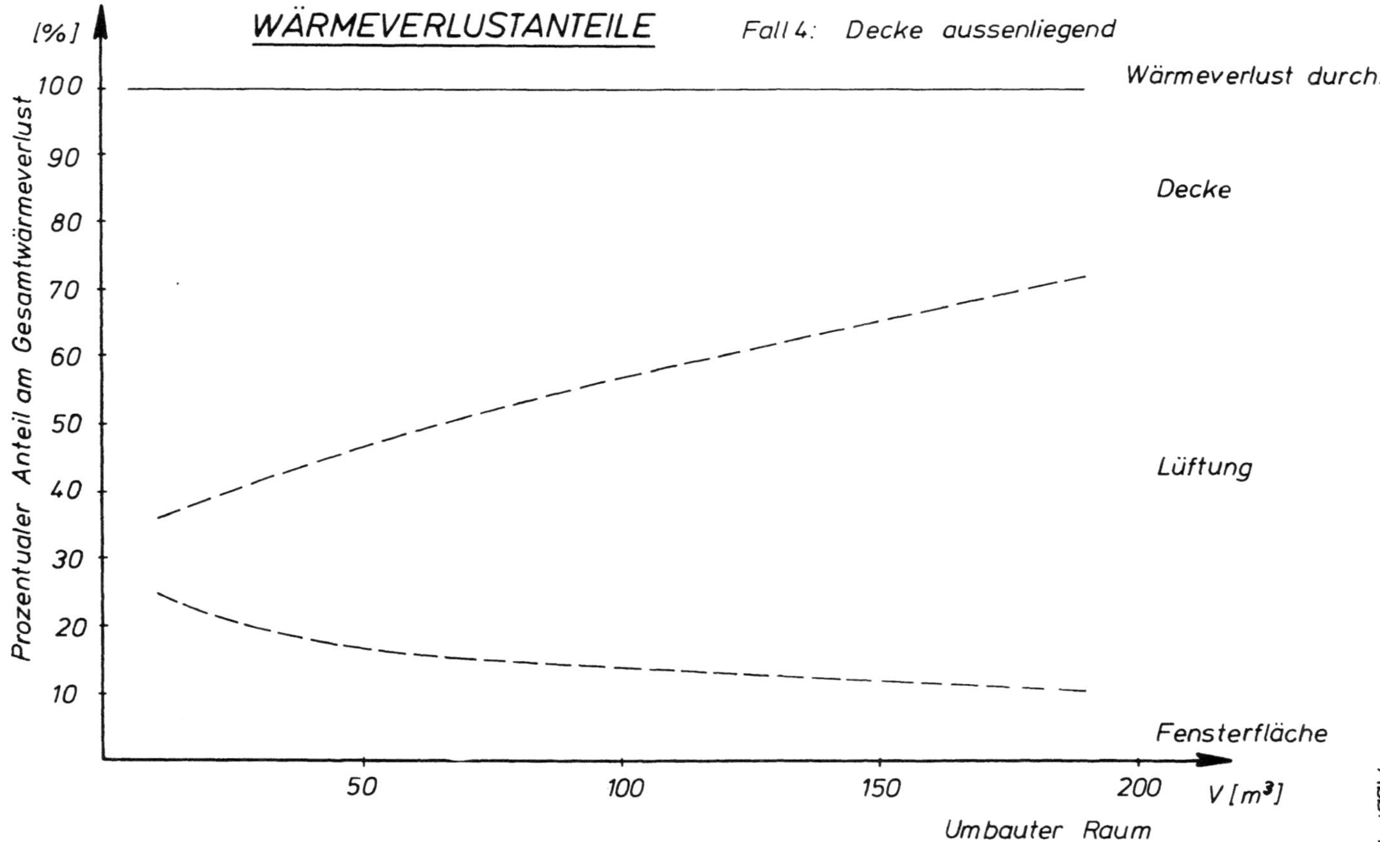

Abb. 7d

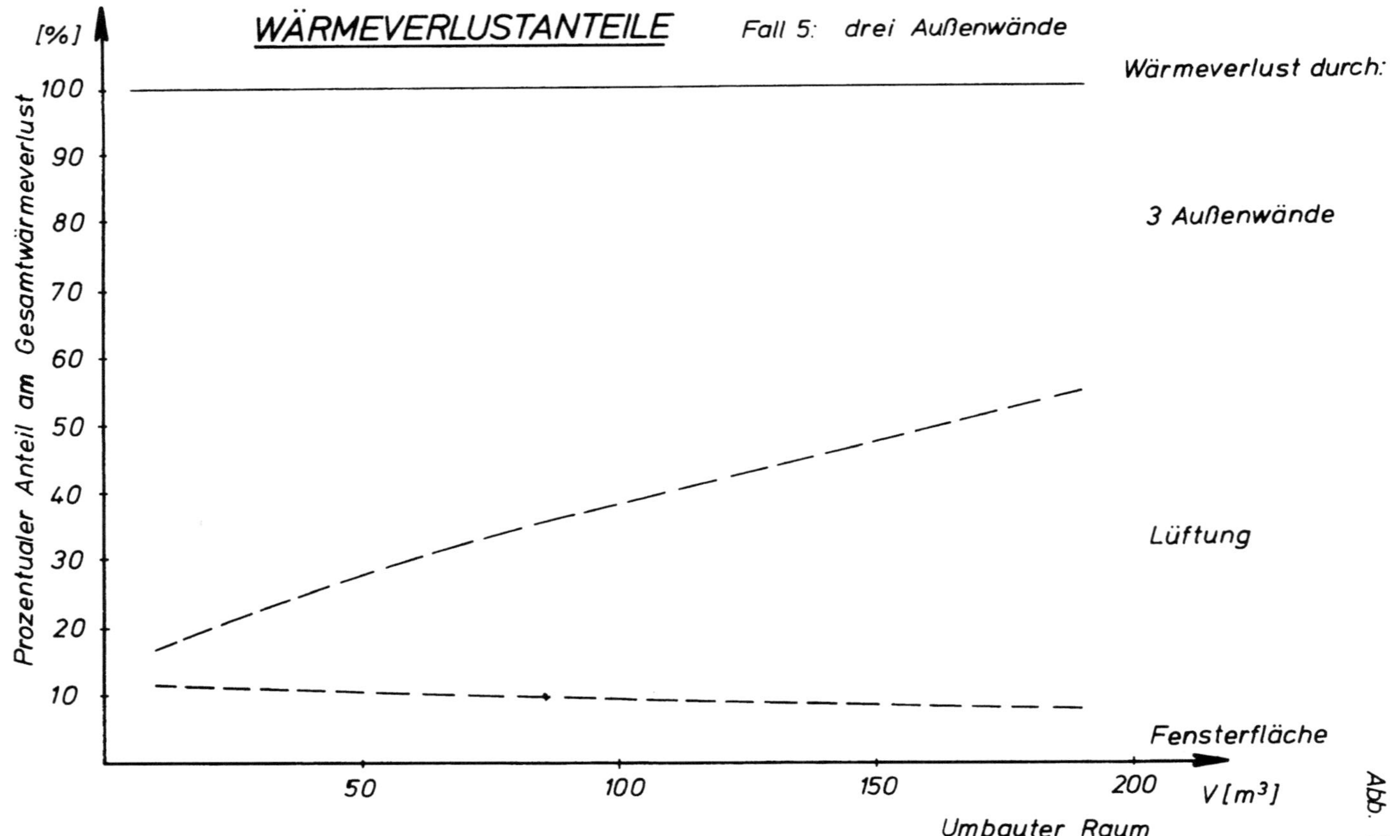
WÄRMEVERLUSTANTEILE
Fall 5: drei Außenwände
Wärmeverlust durch:
3 Außenwände
Lüftung
Fensterfläche
[%]
Prozentualer Anteil am Gesamtwärmeverlust
100
90
80
70
60
50
40
30
20
10
50
100
150
200
V [m³]
Umbauter Raum

Abb. 7e

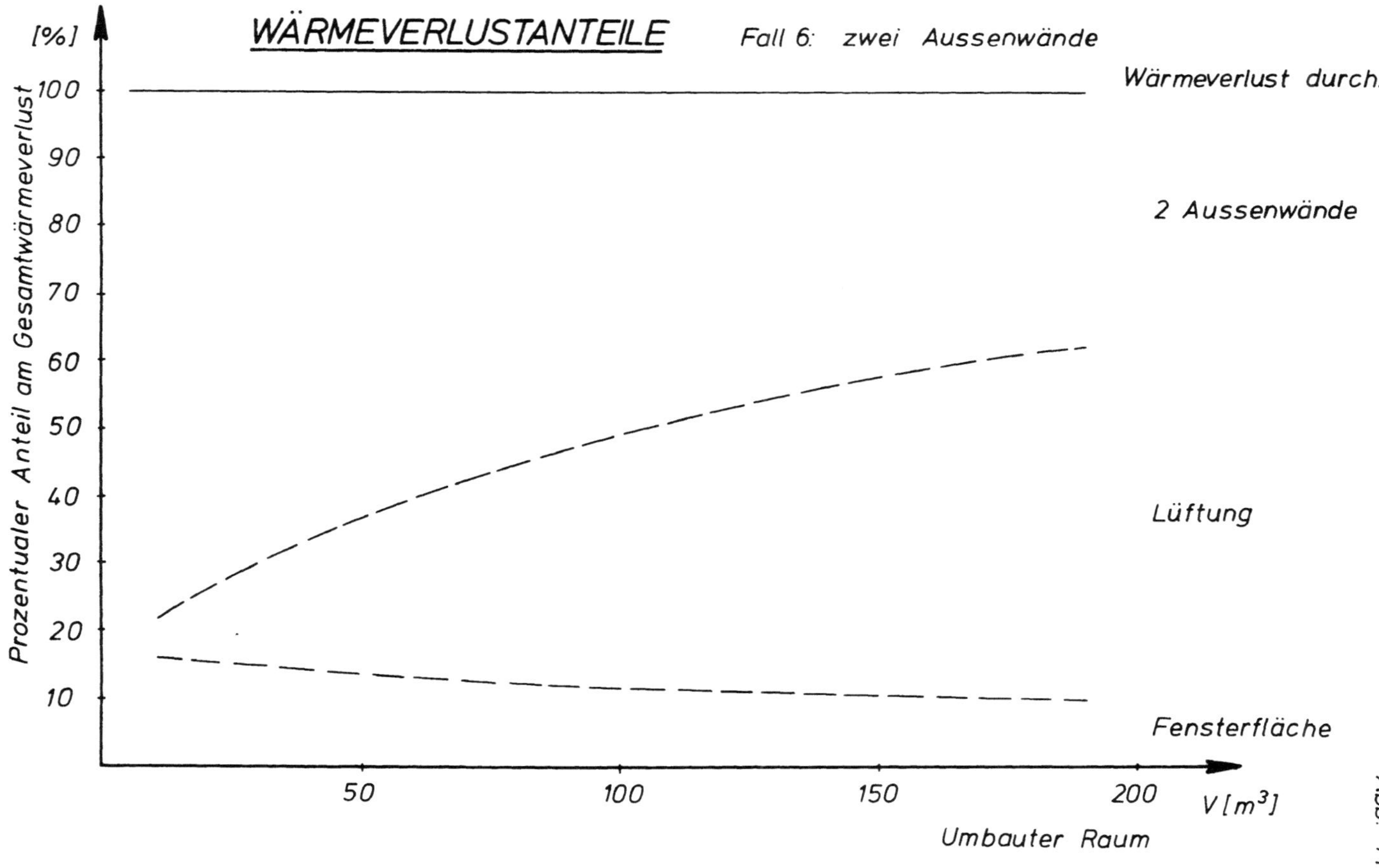
WÄRMEVERLUSTANTEILE
Fall 6: zwei Aussenwände
[%]
Prozentualer Anteil am Gesamtwärmeverlust
100
90
80
70
60
50
40
30
20
10
50
100
150
200
V [m³]
Umbauter Raum
Wärmeverlust durch:
2 Aussenwände
Lüftung
Fensterfläche

Abb. 7f

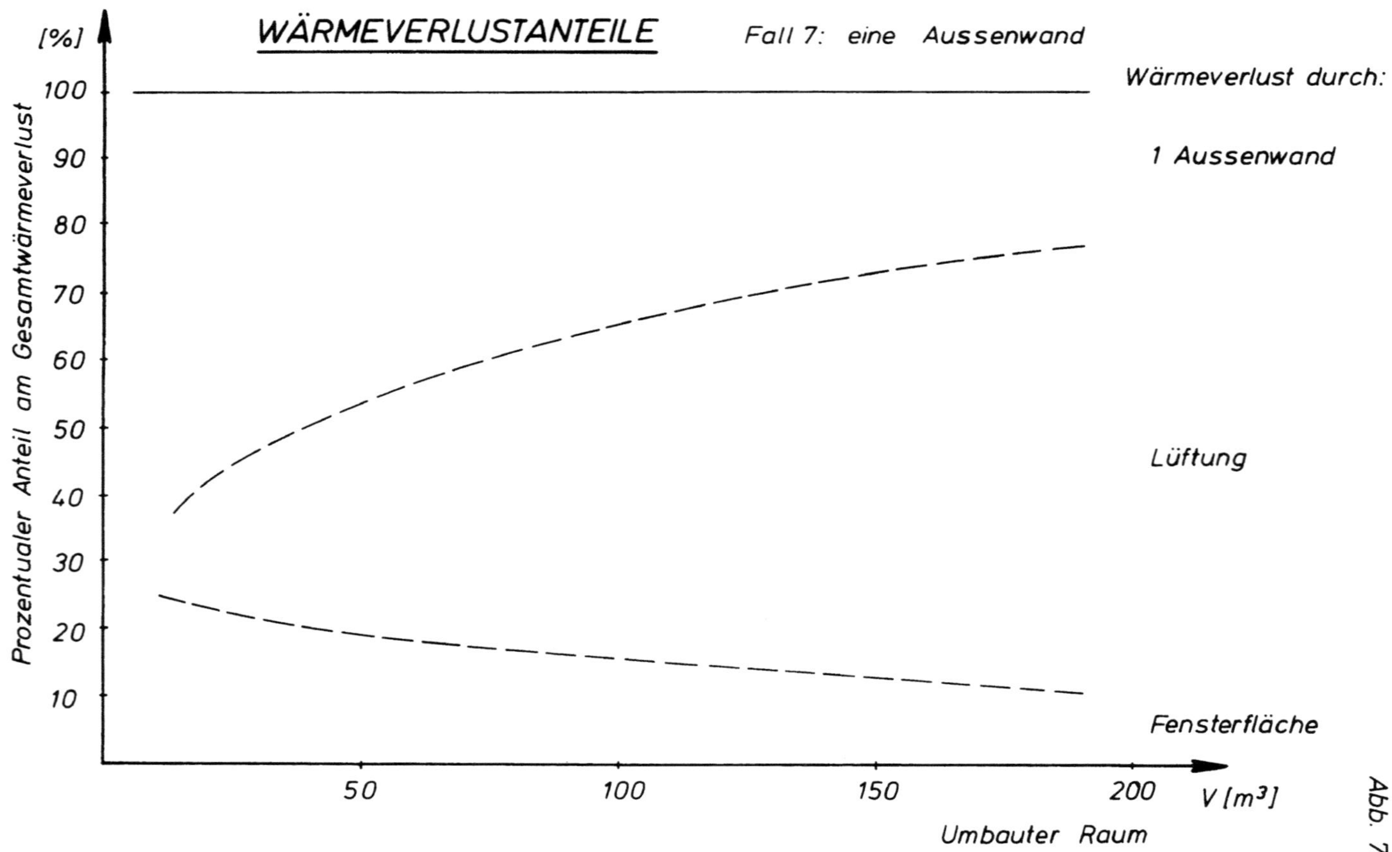
WÄRMEVERLUSTANTEILE
Fall 7: eine Aussenwand
[%]
Prozentualer Anteil am Gesamtwärmeverlust
100
90
80
70
60
50
40
30
20
10
Wärmeverlust durch:
1 Aussenwand
Lüftung
Fensterfläche
50
100
150
200
V [m³]
Umbauter Raum

Abb. 7g

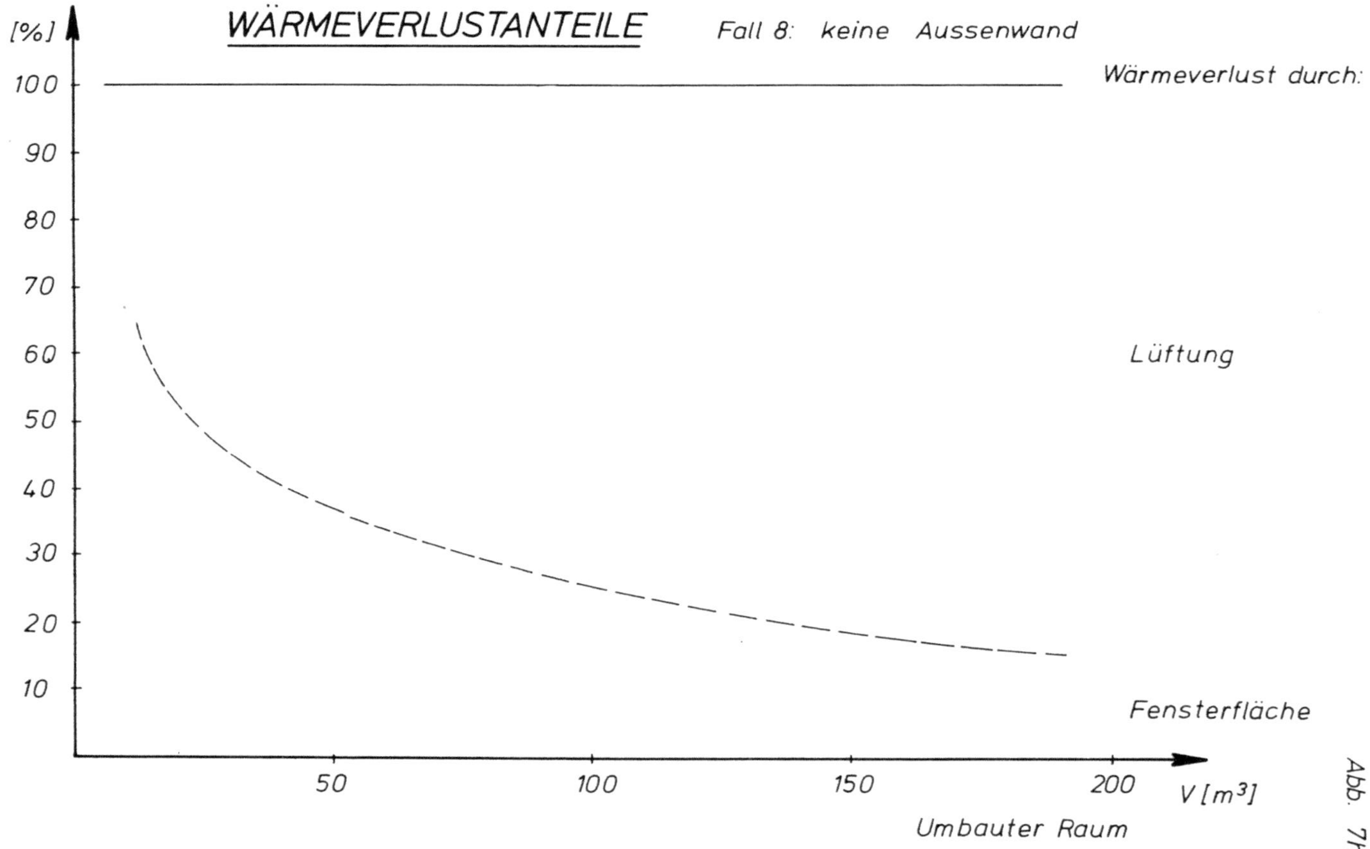
WÄRMEVERLUSTANTEILE
Fall 8: keine Aussenwand
Wärmeverlust durch:
Lüftung
Fensterfläche
[%]
100
90
80
70
60
50
40
30
20
10
50
100
150
200
V [m³]
Umbauter Raum

Abb. 7h

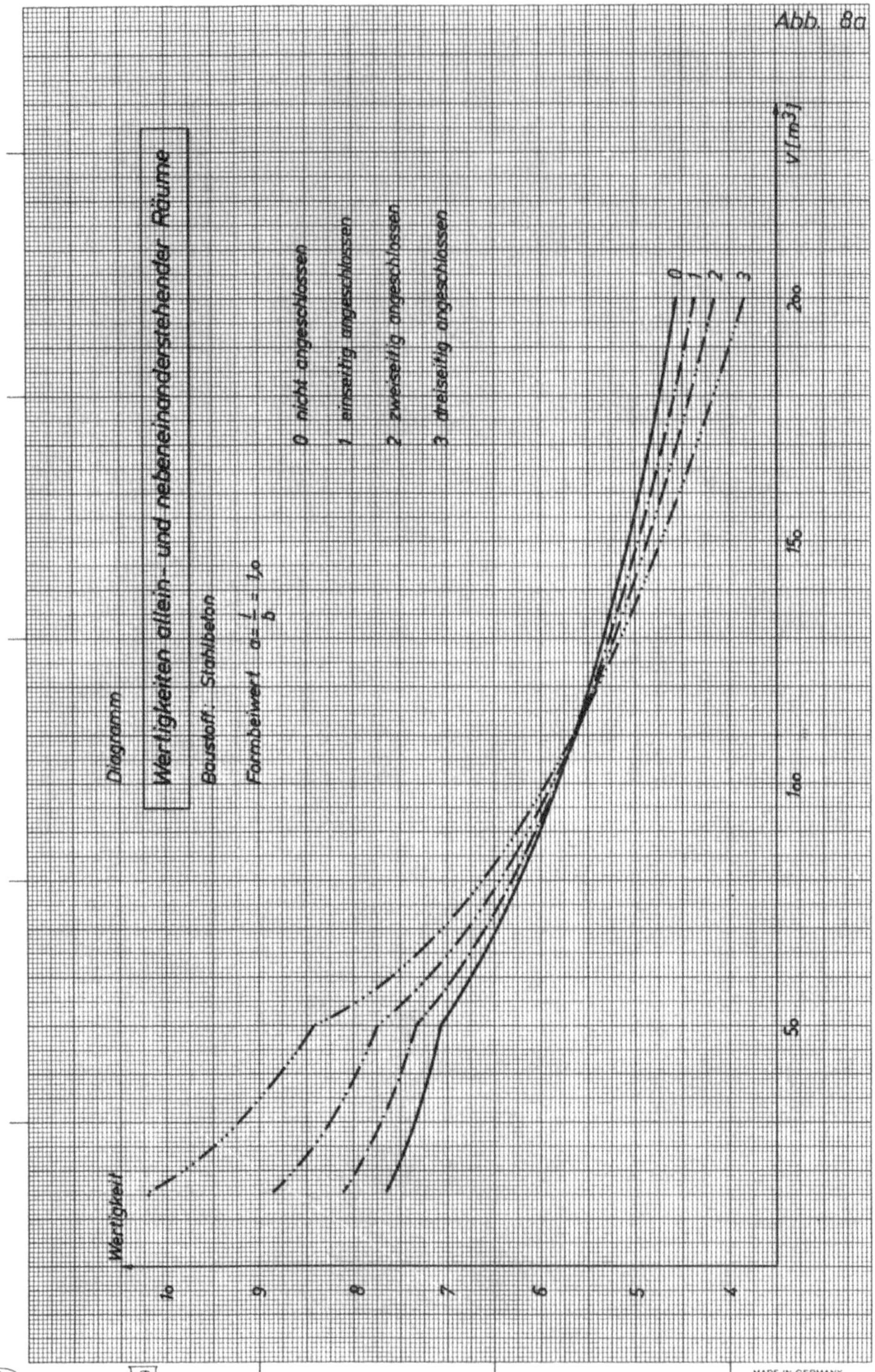

Abb. 8a
Diagramm
Wertigkeiten allein- und nebeneinanderstehender Räume
Baustoff: Stahlbeton
Formbeiwert a = l/b = 1,0
0 nicht angeschlossen
1 einseitig angeschlossen
2 zweiseitig angeschlossen
3 dreiseitig angeschlossen
Wertigkeit
V [m³]
10
9
8
7
6
5
4
50
100
150
200
0
1
2
3
SELECTA A 4 210 x 297 mm
MADE IN GERMANY

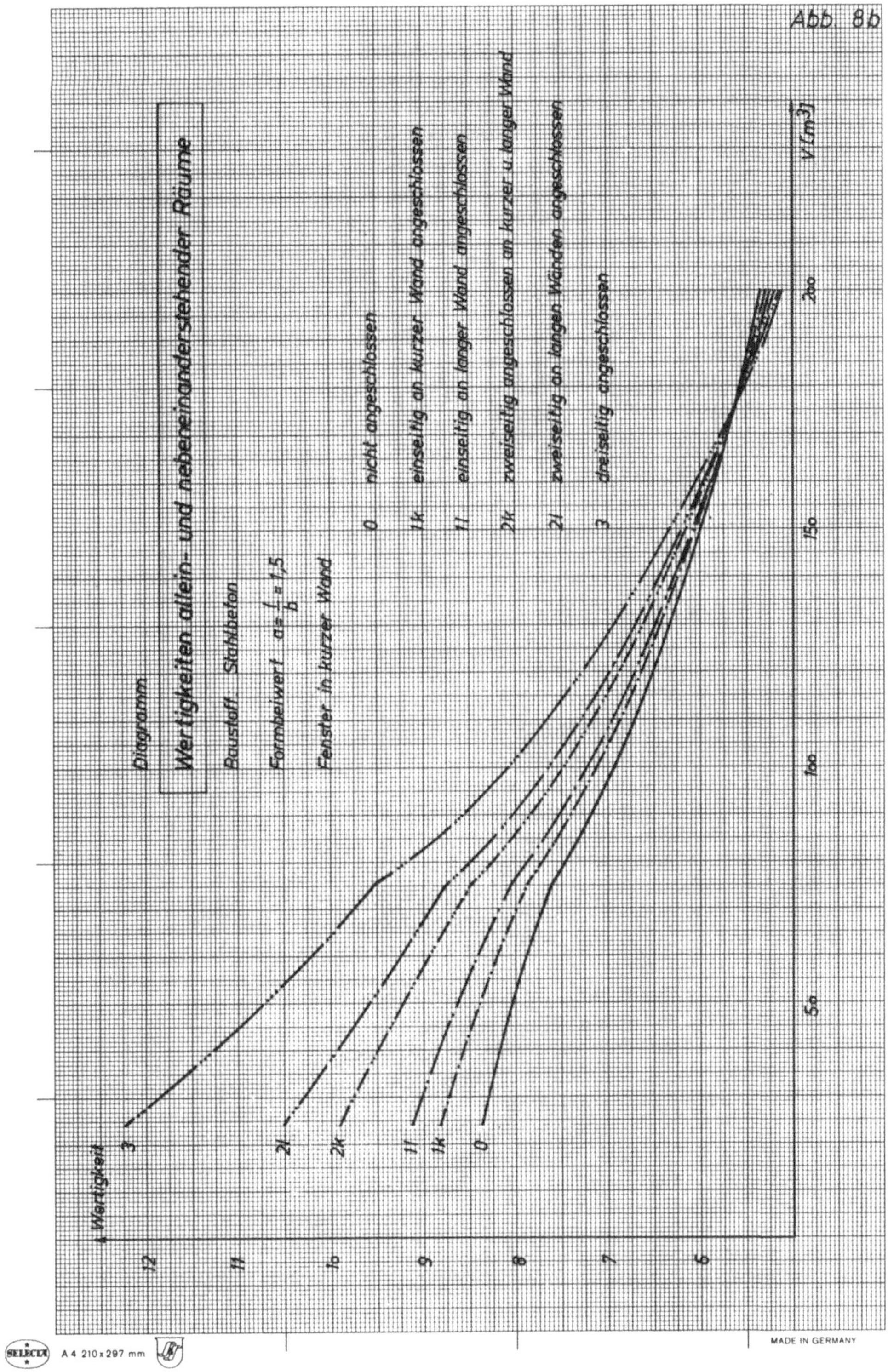
Abb. 8b
Diagramm
Wertigkeiten allein- und nebeneinanderstehender Räume
Baustoff: Stahlbeton
Formbeiwert a = l/b = 1,5
Fenster in kurzer Wand
0 nicht angeschlossen
1k einseitig an kurzer Wand angeschlossen
1l einseitig an langer Wand angeschlossen
2k zweiseitig angeschlossen an kurzer u. langer Wand
2l zweiseitig an langen Wänden angeschlossen
3 dreiseitig angeschlossen
Wertigkeit
12
11
1o
9
8
7
6
3
2l
2k
1l
1k
0
5o
1oo
15o
2oo
V [m³]
MADE IN GERMANY
SELECTA A 4 210 x 297 mm

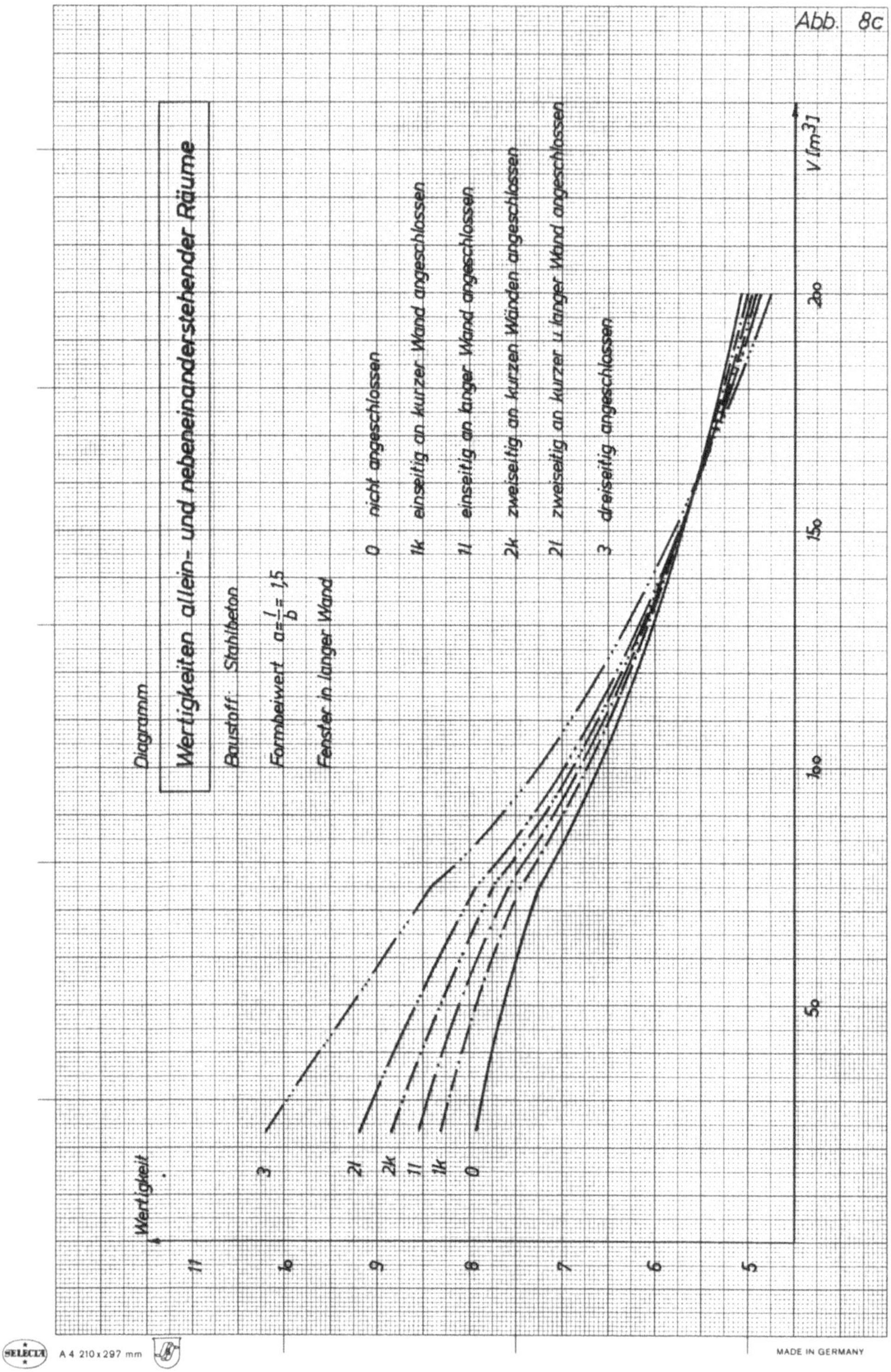
Abb. 8c
Diagramm
Wertigkeiten allein- und nebeneinanderstehender Räume
Baustoff: Stahlbeton
Formbeiwert a = l/b = 1,5
Fenster in langer Wand
0 nicht angeschlossen
1k einseitig an kurzer Wand angeschlossen
1l einseitig an langer Wand angeschlossen
2k zweiseitig an kurzen Wänden angeschlossen
2l zweiseitig an kurzer u. langer Wand angeschlossen
3 dreiseitig angeschlossen
Wertigkeit
V [m³]
50
100
150
200
5
6
7
8
9
10
11
MADE IN GERMANY

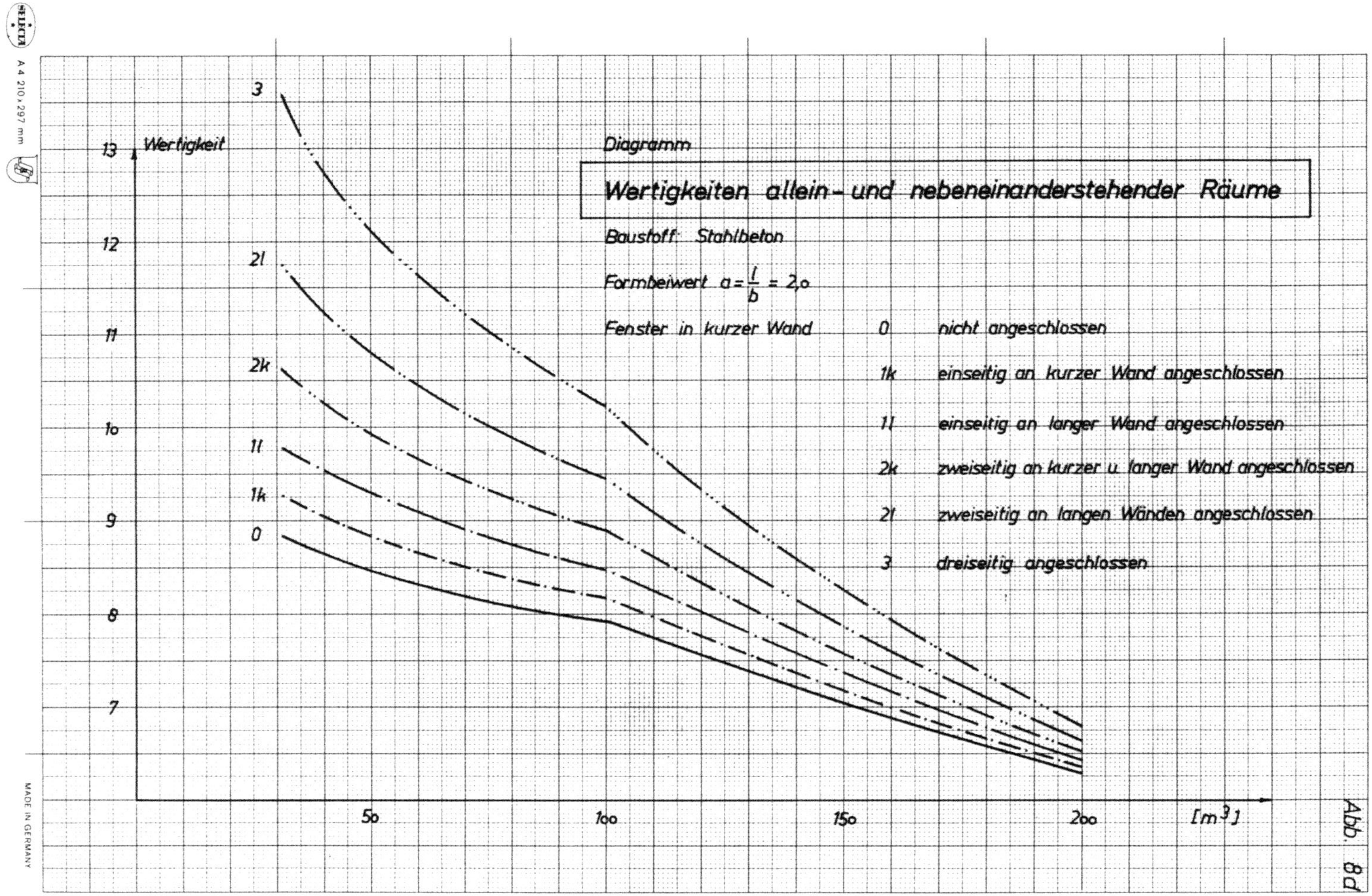
Diagramm
Wertigkeiten allein- und nebeneinanderstehender Räume
Baustoff: Stahlbeton
Formbeiwert $a = \frac{l}{b} = 2{,}0$
Fenster in kurzer Wand
0 nicht angeschlossen
1k einseitig an kurzer Wand angeschlossen
1l einseitig an langer Wand angeschlossen
2k zweiseitig an kurzer u. langer Wand angeschlossen
2l zweiseitig an langen Wänden angeschlossen
3 dreiseitig angeschlossen
Wertigkeit
13
12
11
10
9
8
7
3
2l
2k
1l
1k
0
50
100
150
200
[m³]
Abb. 8d

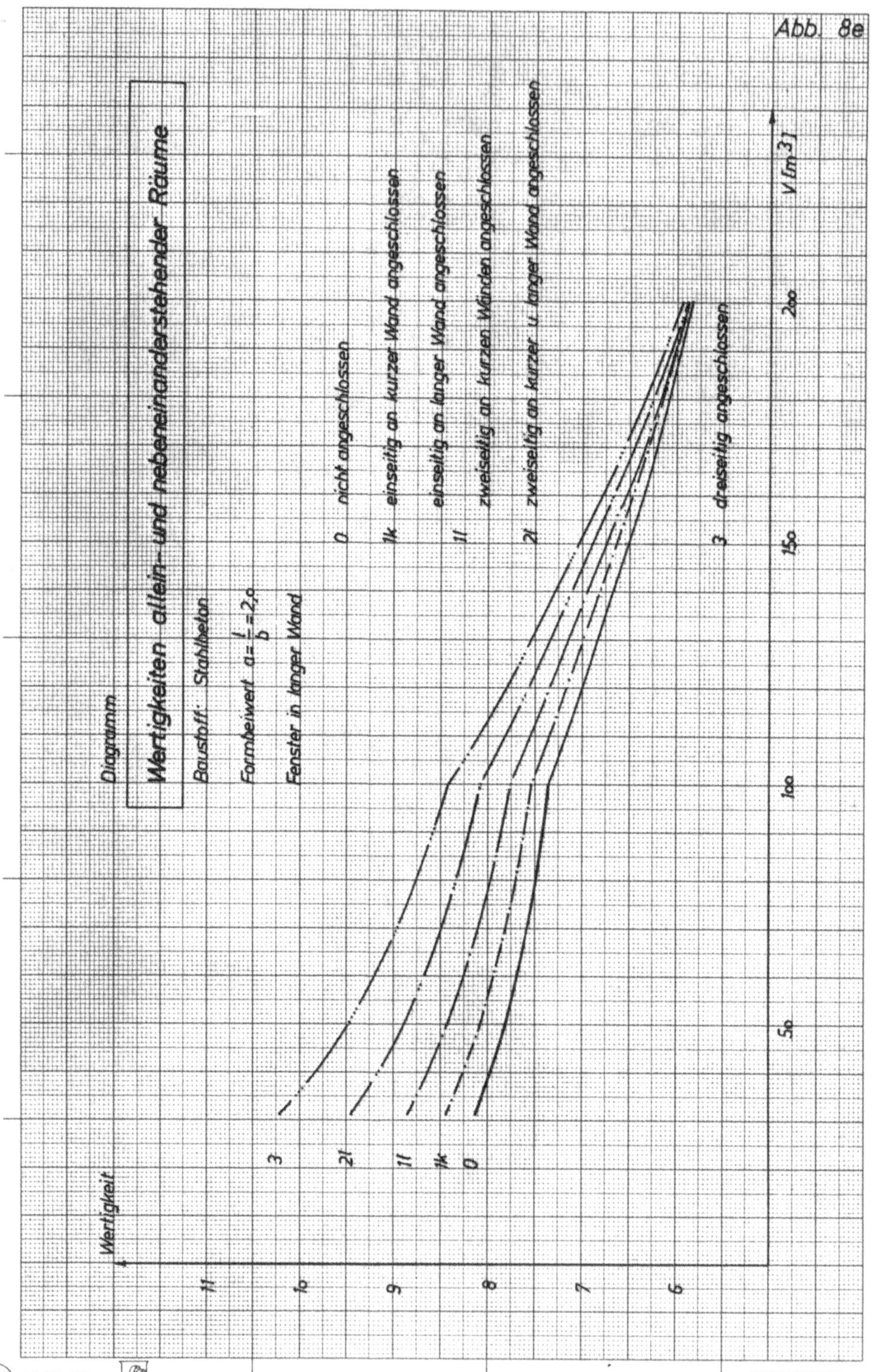
Abb. 8e
Diagramm
Wertigkeiten allein- und nebeneinanderstehender Räume
Baustoff: Stahlbeton
Formbeiwert a = l/b = 2,0
Fenster in langer Wand
0 nicht angeschlossen
1k einseitig an kurzer Wand angeschlossen
1l einseitig an langer Wand angeschlossen
2k zweiseitig an kurzen Wänden angeschlossen
2l zweiseitig an kurzer u. langer Wand angeschlossen
3 dreiseitig angeschlossen
Wertigkeit
V [m³]
50
100
150
200
6
7
8
9
10
11
3
2l
1l
1k
0
SELECTA A 4 210 x 297 mm
MADE IN GERMANY

Abb. 9

Kombinationsmöglichkeiten übereinanderstehender Räume

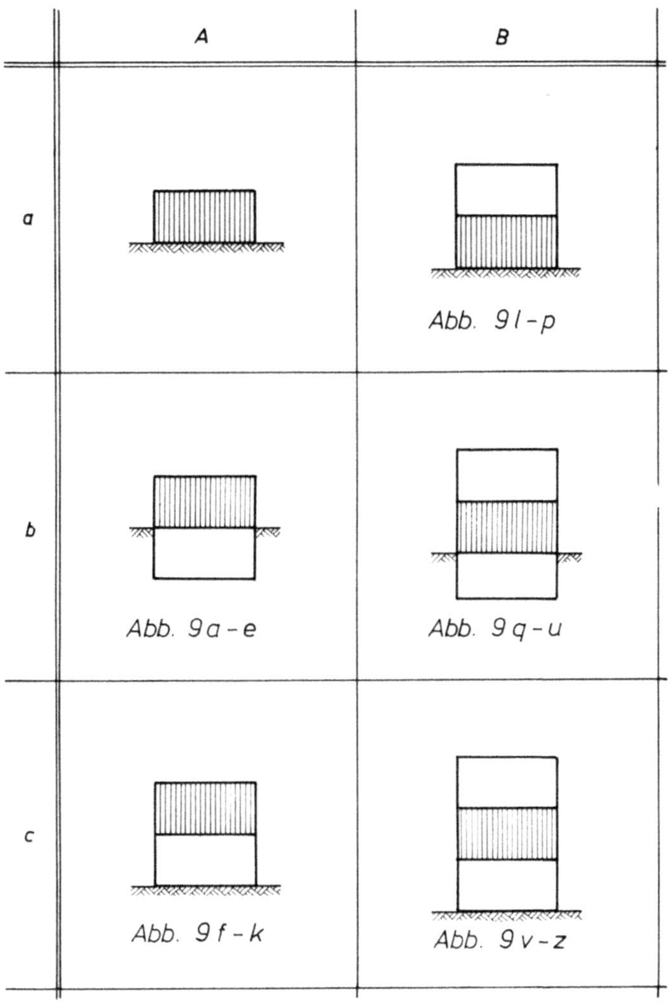

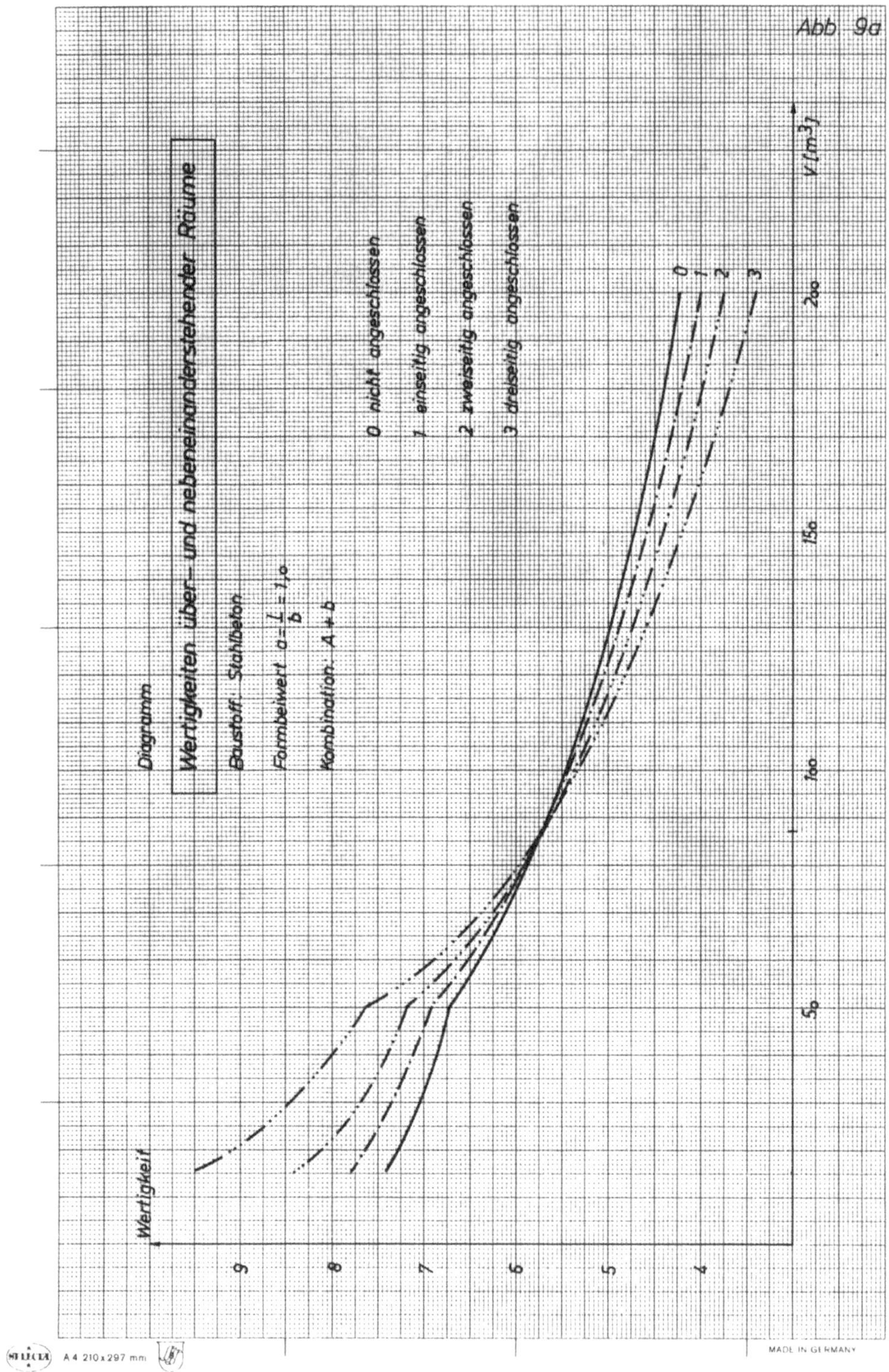
Abb. 9a
Diagramm
Wertigkeiten über- und nebeneinanderstehender Räume
Baustoff: Stahlbeton
Formbeiwert a = l/b = 1,0
Kombination: A + b
0 nicht angeschlossen
1 einseitig angeschlossen
2 zweiseitig angeschlossen
3 dreiseitig angeschlossen
Wertigkeit
9
8
7
6
5
4
V [m³]
5o
1oo
15o
2oo
0
1
2
3
A 4 210 x 297 mm
MADE IN GERMANY

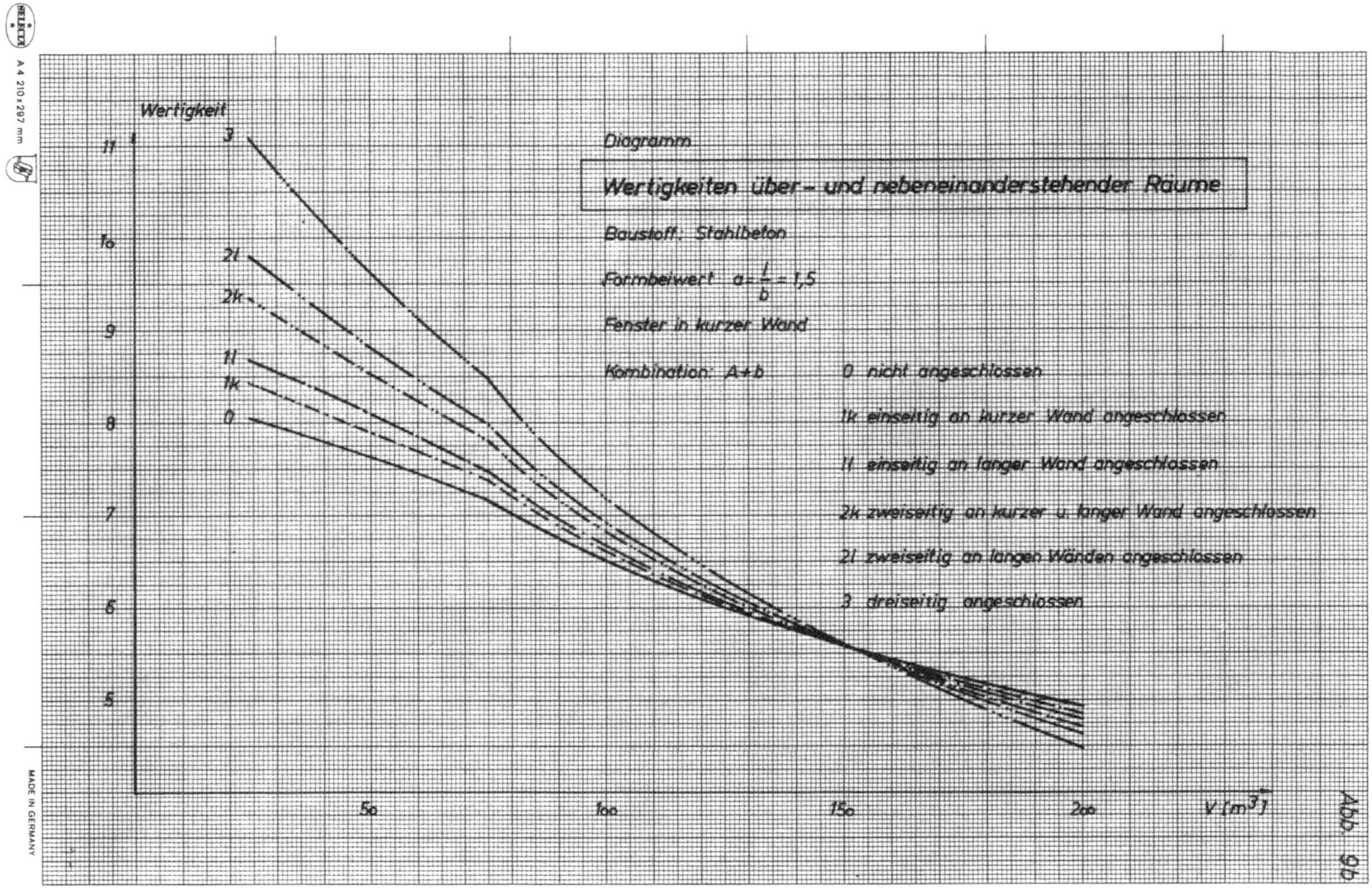
Diagramm
Wertigkeiten über- und nebeneinanderstehender Räume
Baustoff: Stahlbeton
Formbeiwert $a = \frac{l}{b} = 1{,}5$
Fenster in kurzer Wand
Kombination: A+b
0 nicht angeschlossen
1k einseitig an kurzer Wand angeschlossen
1l einseitig an langer Wand angeschlossen
2k zweiseitig an kurzer u. langer Wand angeschlossen
2l zweiseitig an langen Wänden angeschlossen
3 dreiseitig angeschlossen
Wertigkeit
11
10
9
8
7
6
5
3
2l
2k
1l
1k
0
50
100
150
200
V [m³]
Abb. 9b
A 4 210 x 297 mm
MADE IN GERMANY

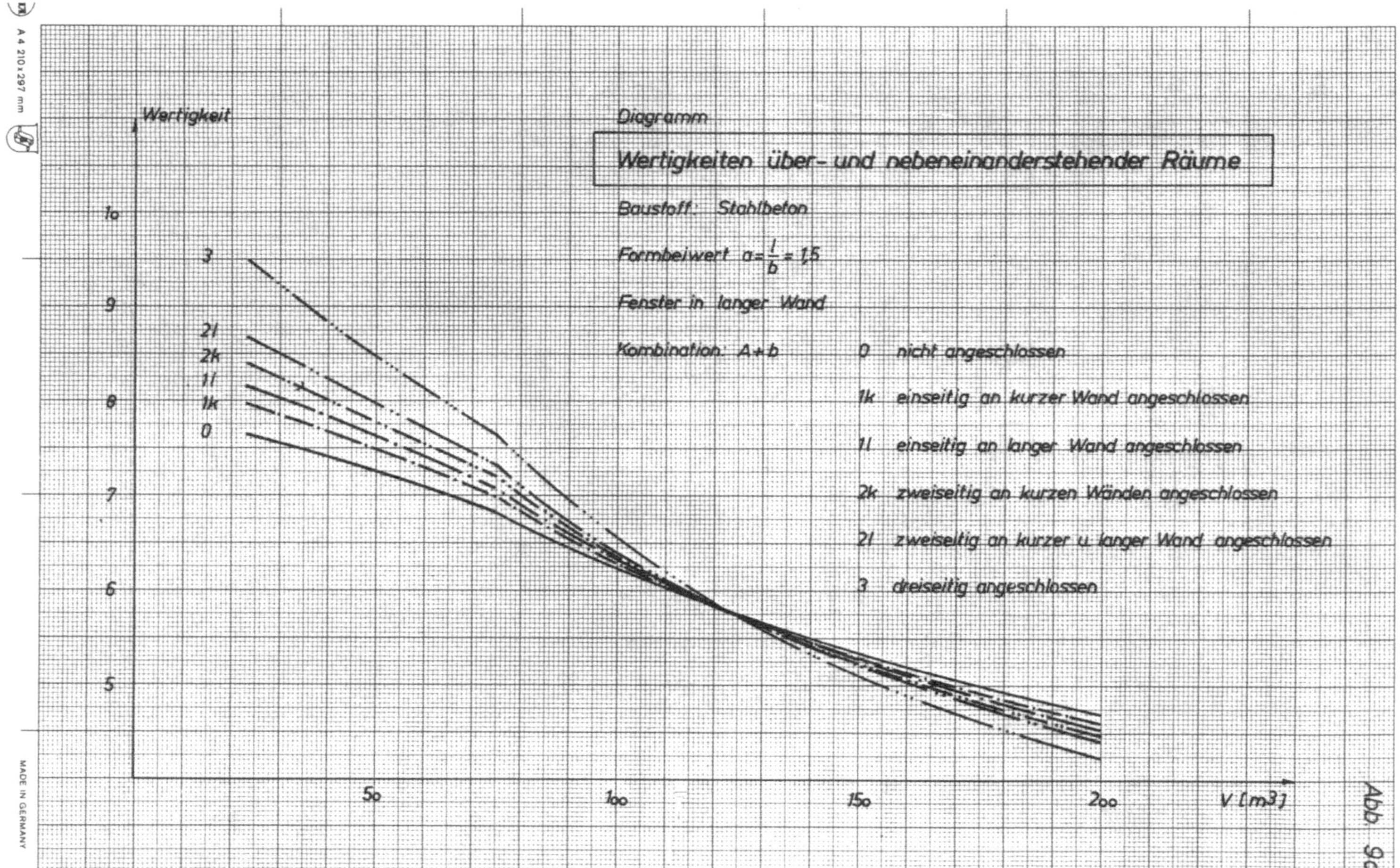
Diagramm
Wertigkeiten über- und nebeneinanderstehender Räume
Baustoff: Stahlbeton
Formbeiwert $a = \frac{l}{b} = 1,5$
Fenster in langer Wand
Kombination: A+b
0 nicht angeschlossen
1k einseitig an kurzer Wand angeschlossen
1l einseitig an langer Wand angeschlossen
2k zweiseitig an kurzen Wänden angeschlossen
2l zweiseitig an kurzer u. langer Wand angeschlossen
3 dreiseitig angeschlossen
Wertigkeit
10
9
8
7
6
5
3
2l
2k
1l
1k
0
50
100
150
200
V [m3]
Abb. 9c
A 4 210 x 297 mm
MADE IN GERMANY

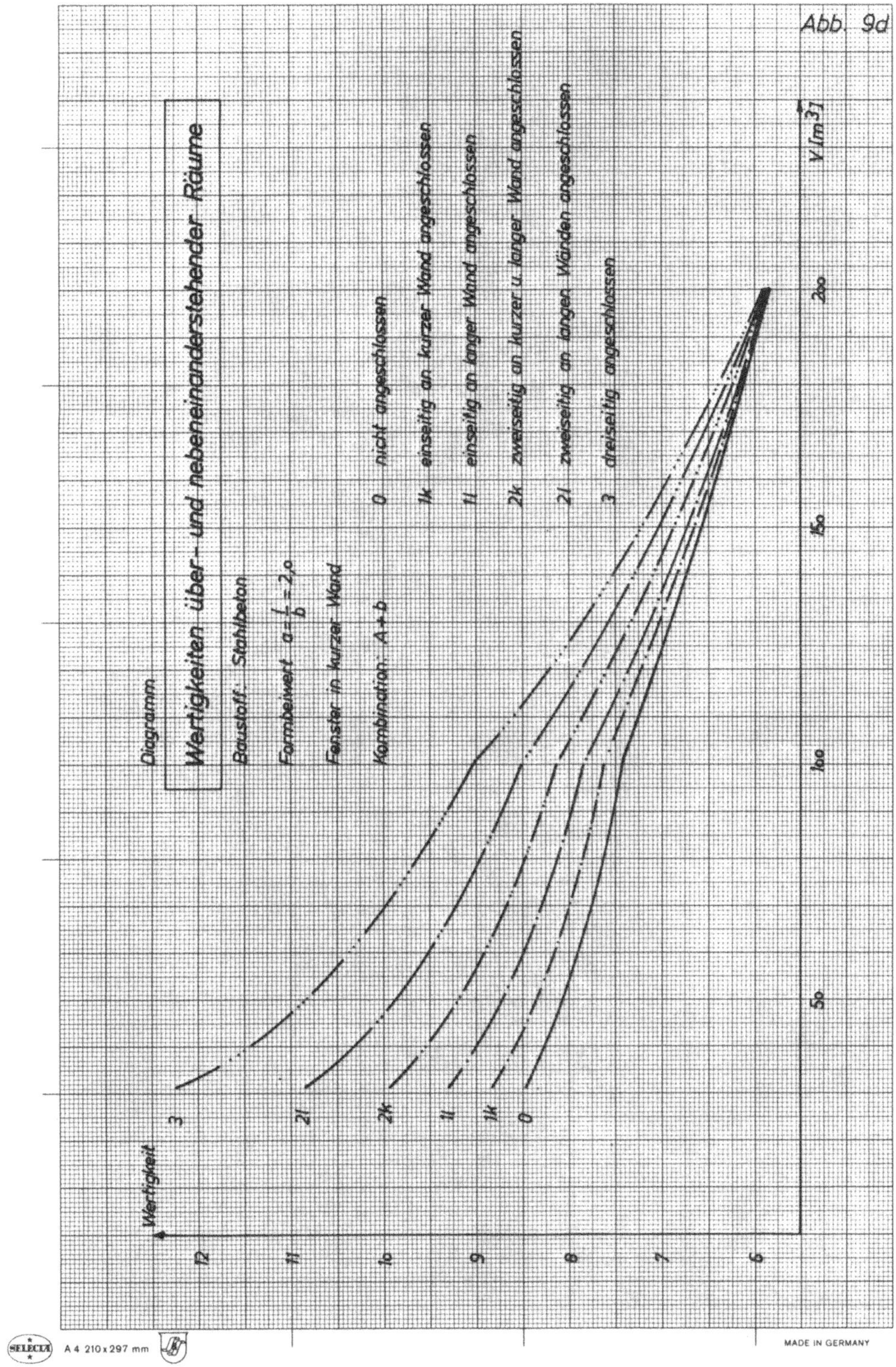
Abb. 9d
Diagramm
Wertigkeiten über- und nebeneinanderstehender Räume
Baustoff: Stahlbeton
Formbeiwert a = l/b = 2,0
Fenster in kurzer Wand
Kombination: A + b
0 nicht angeschlossen
1k einseitig an kurzer Wand angeschlossen
1l einseitig an langer Wand angeschlossen
2k zweiseitig an kurzer u. langer Wand angeschlossen
2l zweiseitig an langen Wänden angeschlossen
3 dreiseitig angeschlossen
Wertigkeit
12
11
10
9
8
7
6
3
2l
2k
1l
1k
0
50
100
150
200
V [m³]
SELECTA
A 4 210 x 297 mm
MADE IN GERMANY

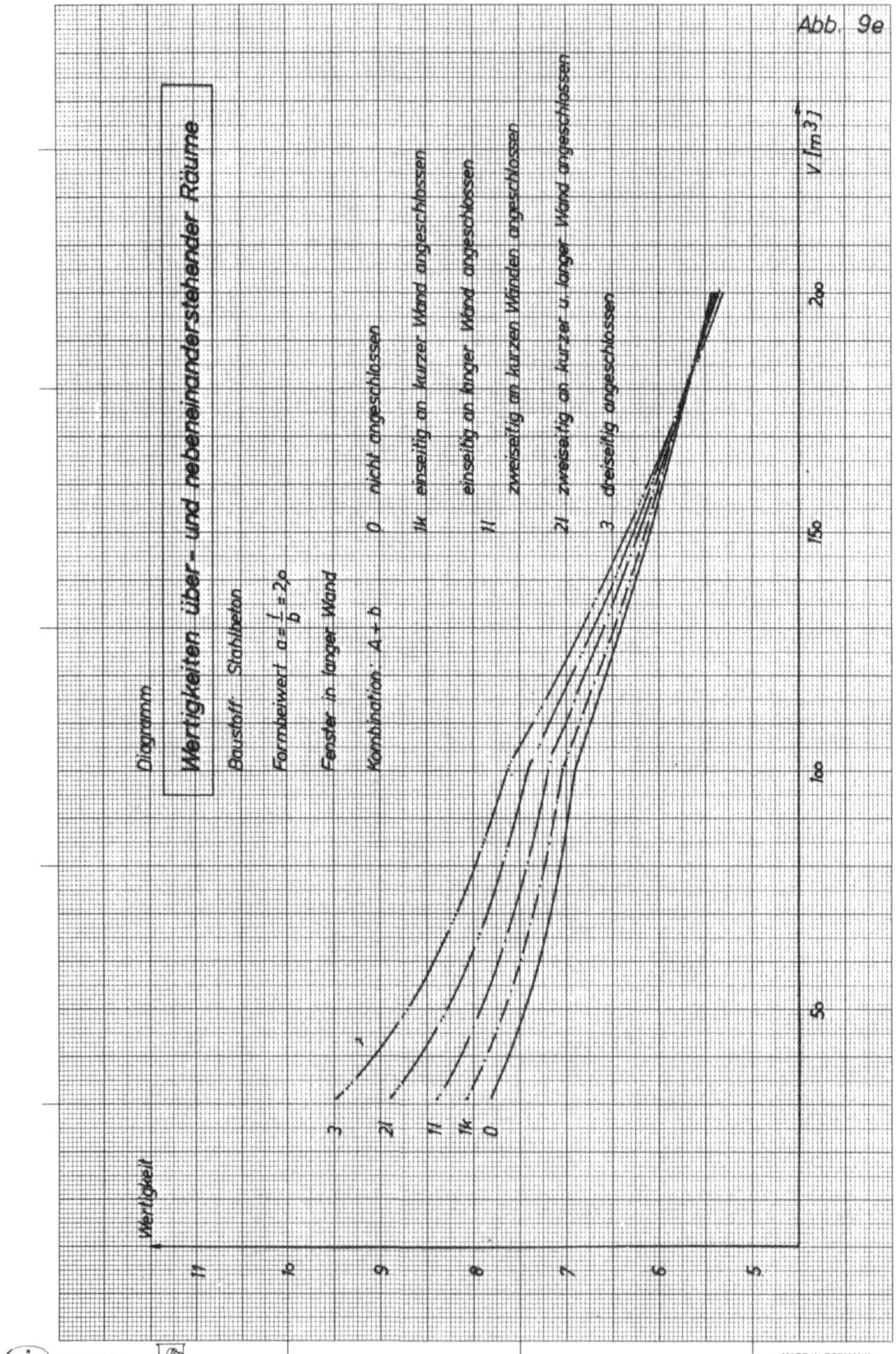
Abb. 9e
Diagramm
Wertigkeiten über- und nebeneinanderstehender Räume
Baustoff: Stahlbeton
Formbeiwert a = l/b = 2,0
Fenster in langer Wand
Kombination: A + b
0 nicht angeschlossen
1k einseitig an kurzer Wand angeschlossen
1l einseitig an langer Wand angeschlossen
2k zweiseitig an kurzen Wänden angeschlossen
2l zweiseitig an kurzer u. langer Wand angeschlossen
3 dreiseitig angeschlossen
Wertigkeit
11
10
9
8
7
6
5
3
2l
1l
1k
0
50
100
150
200
V [m³]
A 4 210 x 297 mm
MADE IN GERMANY

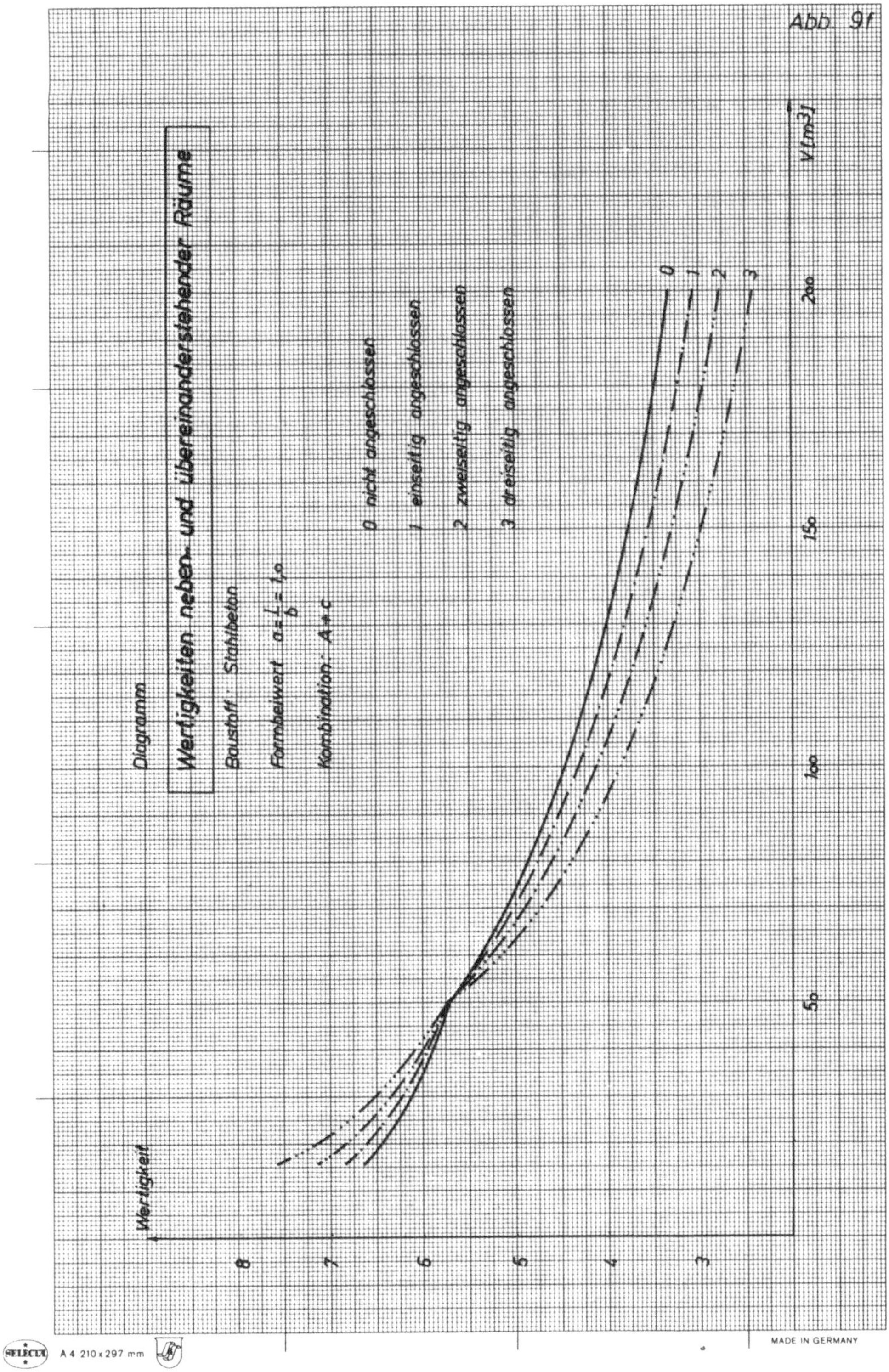
Abb. 9f
Diagramm
Wertigkeiten neben- und übereinanderstehender Räume
Baustoff: Stahlbeton
Formbeiwert $a = \frac{L}{b} = 1{,}0$
Kombination: A+c
0 nicht angeschlossen
1 einseitig angeschlossen
2 zweiseitig angeschlossen
3 dreiseitig angeschlossen
Wertigkeit
V [m³]
50
100
150
200
3
4
5
6
7
8
0
1
2
3

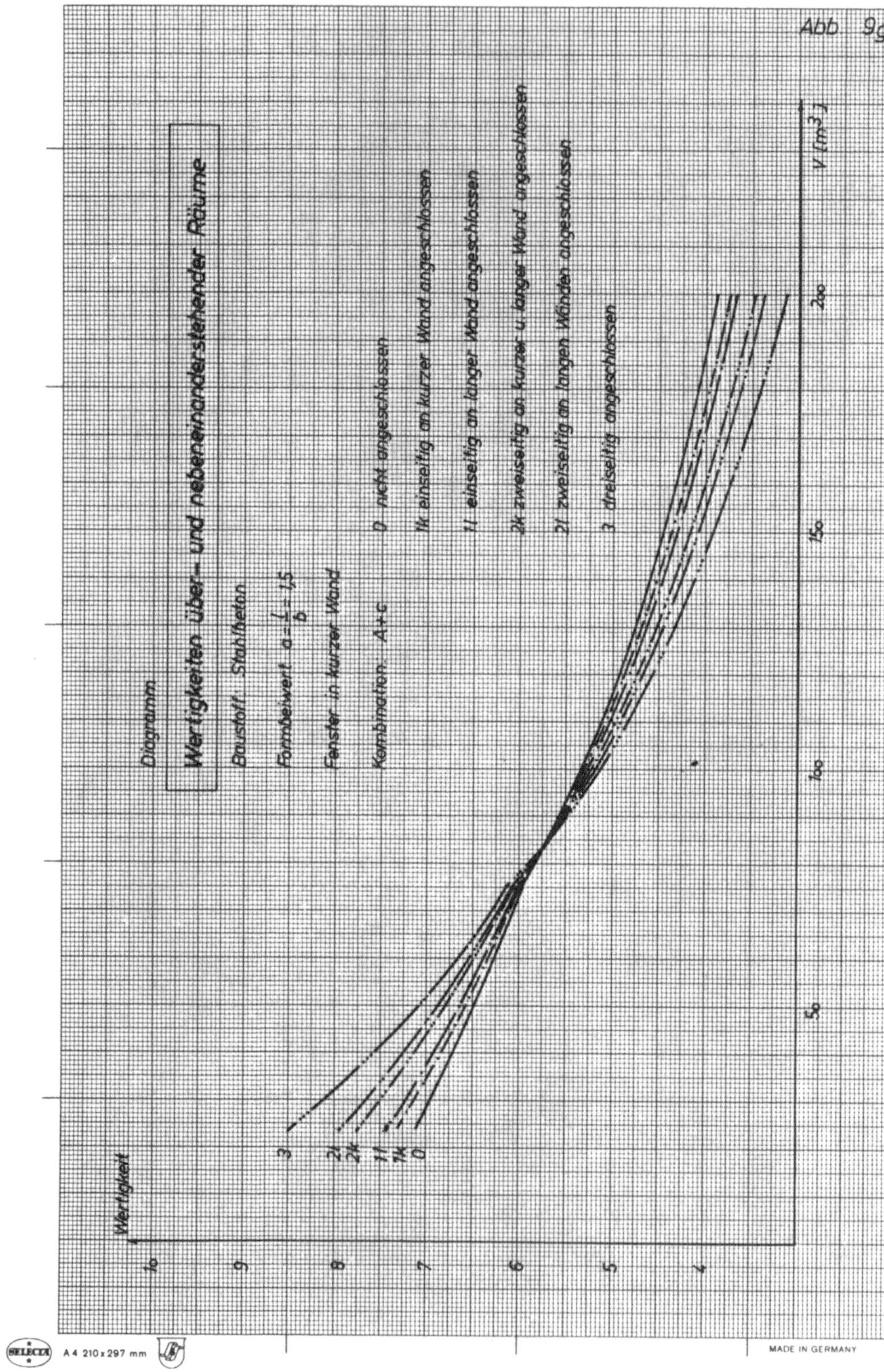

Diagramm
Wertigkeiten über- und nebeneinanderstehender Räume
Baustoff: Stahlbeton
Formbeiwert a = l/b = 1,5
Fenster in kurzer Wand
Kombination: A+c
0 nicht angeschlossen
1k einseitig an kurzer Wand angeschlossen
1l einseitig an langer Wand angeschlossen
2k zweiseitig an kurzer u. langer Wand angeschlossen
2l zweiseitig an langen Wänden angeschlossen
3 dreiseitig angeschlossen
Wertigkeit
10
9
8
7
6
5
4
3
2l
2k
1l
1k
0
50
100
150
200
V [m³]
Abb. 9g
A 4 210 x 297 mm
MADE IN GERMANY

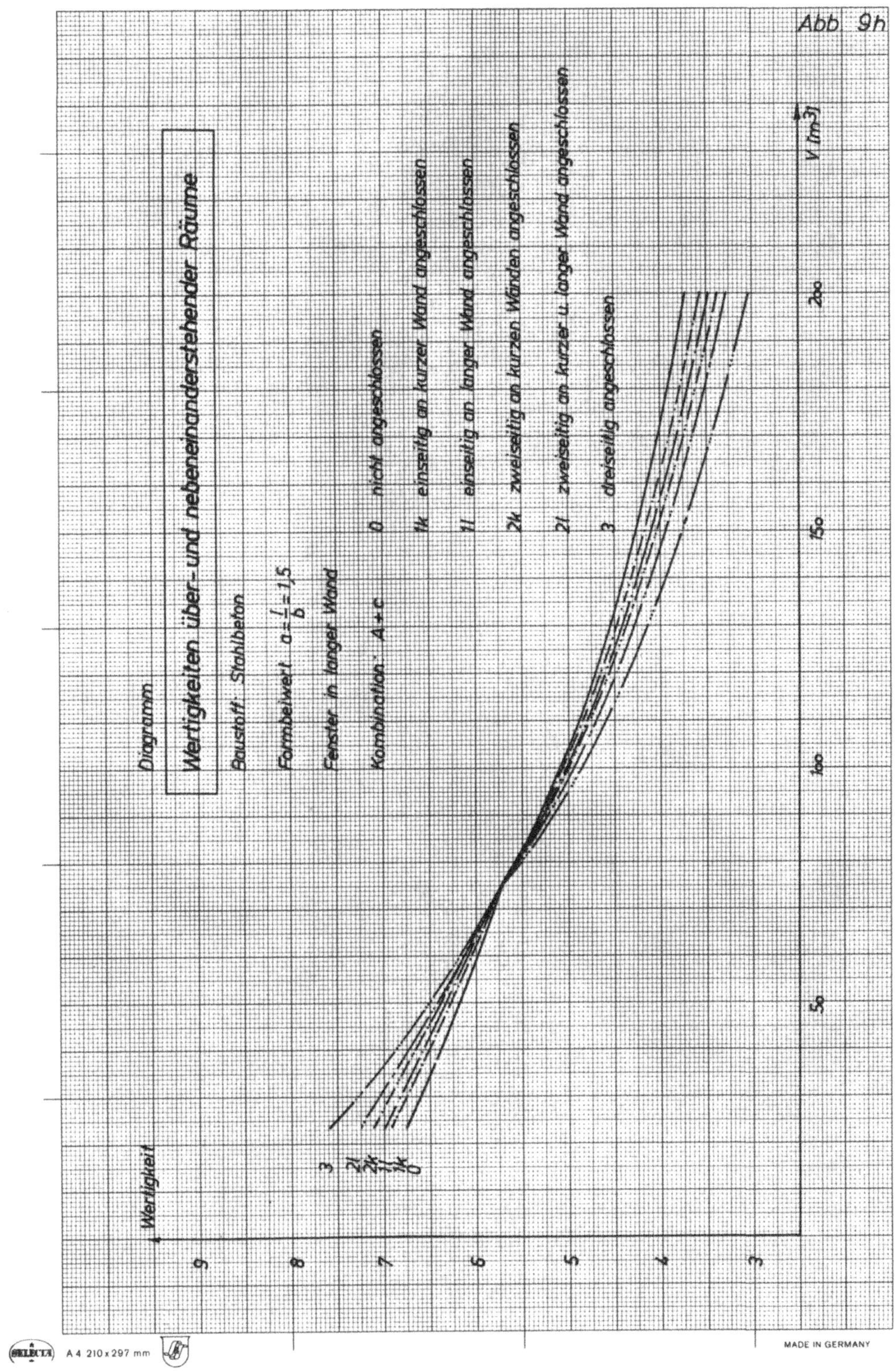

Abb. 9h
Diagramm
Wertigkeiten über- und nebeneinanderstehender Räume
Baustoff: Stahlbeton
Formbeiwert $a = \frac{l}{b} = 1{,}5$
Fenster in langer Wand
Kombination: A + c
0 nicht angeschlossen
1k einseitig an kurzer Wand angeschlossen
1l einseitig an langer Wand angeschlossen
2k zweiseitig an kurzen Wänden angeschlossen
2l zweiseitig an kurzer u. langer Wand angeschlossen
3 dreiseitig angeschlossen
Wertigkeit
9
8
7
6
5
4
3
50
100
150
200
V [m³]
MADE IN GERMANY
A 4 210 x 297 mm

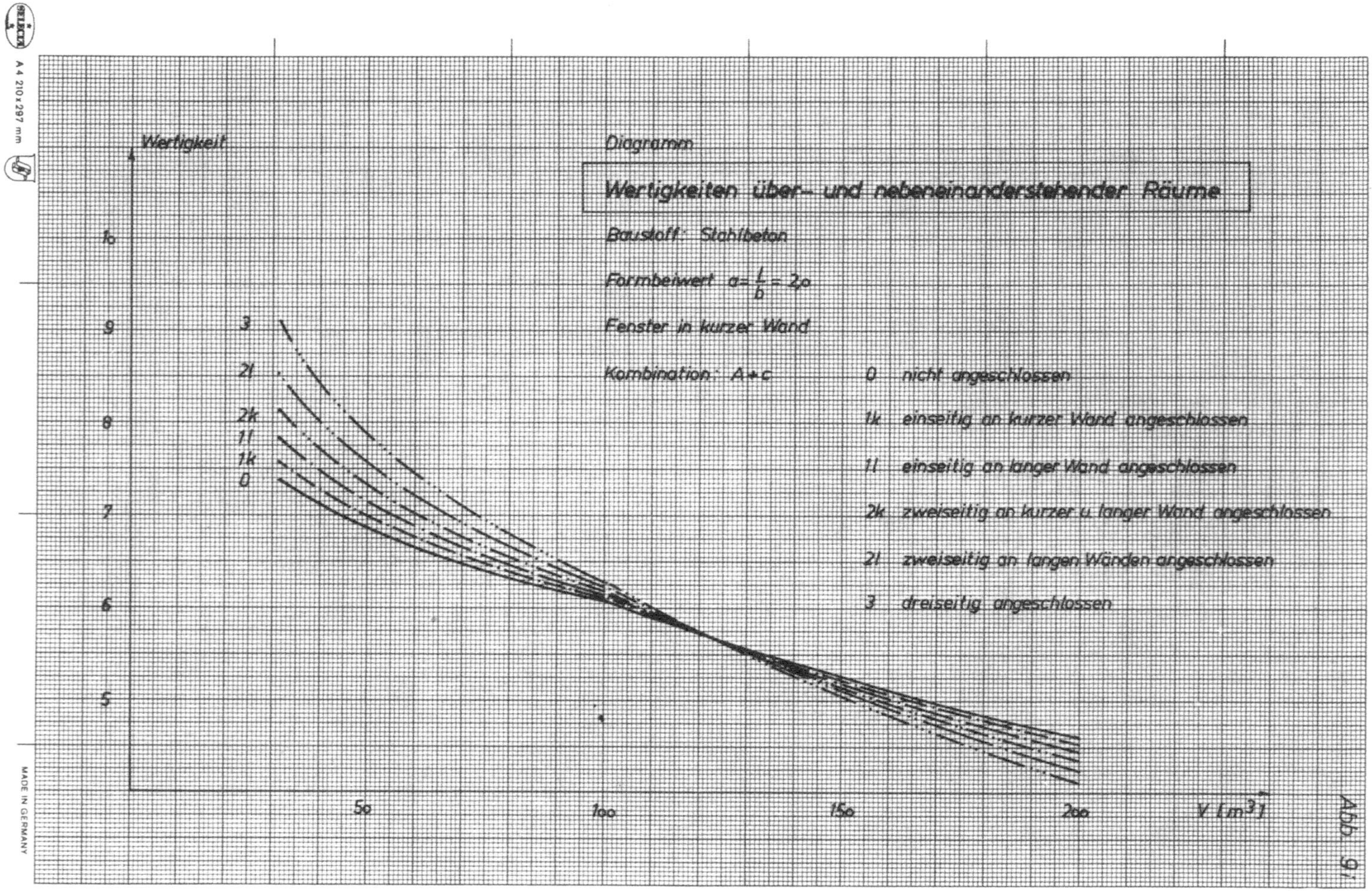
Wertigkeit
Diagramm
Wertigkeiten über- und nebeneinanderstehender Räume
Baustoff: Stahlbeton
Formbeiwert $a = \frac{l}{b} = 2{,}0$
Fenster in kurzer Wand
Kombination: A+c
0 nicht angeschlossen
1k einseitig an kurzer Wand angeschlossen
1l einseitig an langer Wand angeschlossen
2k zweiseitig an kurzer u. langer Wand angeschlossen
2l zweiseitig an langen Wänden angeschlossen
3 dreiseitig angeschlossen
3
2l
2k
1l
1k
0
10
9
8
7
6
5
50
100
150
200
V [m³]
Abb. 9i
A 4 210 x 297 mm
MADE IN GERMANY

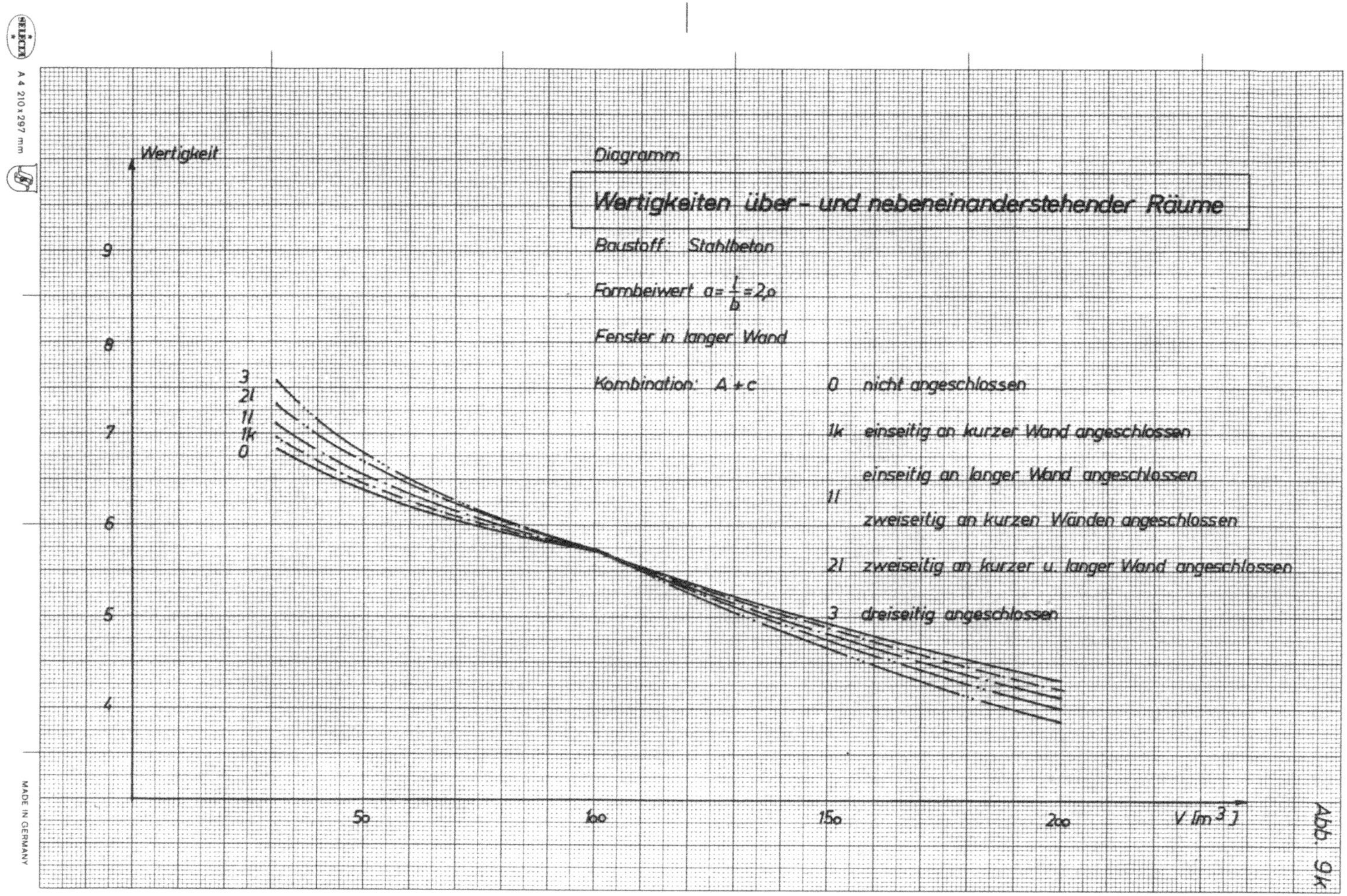
Diagramm
Wertigkeiten über- und nebeneinanderstehender Räume
Baustoff: Stahlbeton
Formbeiwert a = l/b = 2,0
Fenster in langer Wand
Kombination: A + c
0 nicht angeschlossen
1k einseitig an kurzer Wand angeschlossen
1l einseitig an langer Wand angeschlossen
zweiseitig an kurzen Wänden angeschlossen
2l zweiseitig an kurzer u. langer Wand angeschlossen
3 dreiseitig angeschlossen
Wertigkeit
9
8
7
6
5
4
3
2l
1l
1k
0
50
100
150
200
V [m³]
Abb. 9k
A 4 210 x 297 mm
MADE IN GERMANY

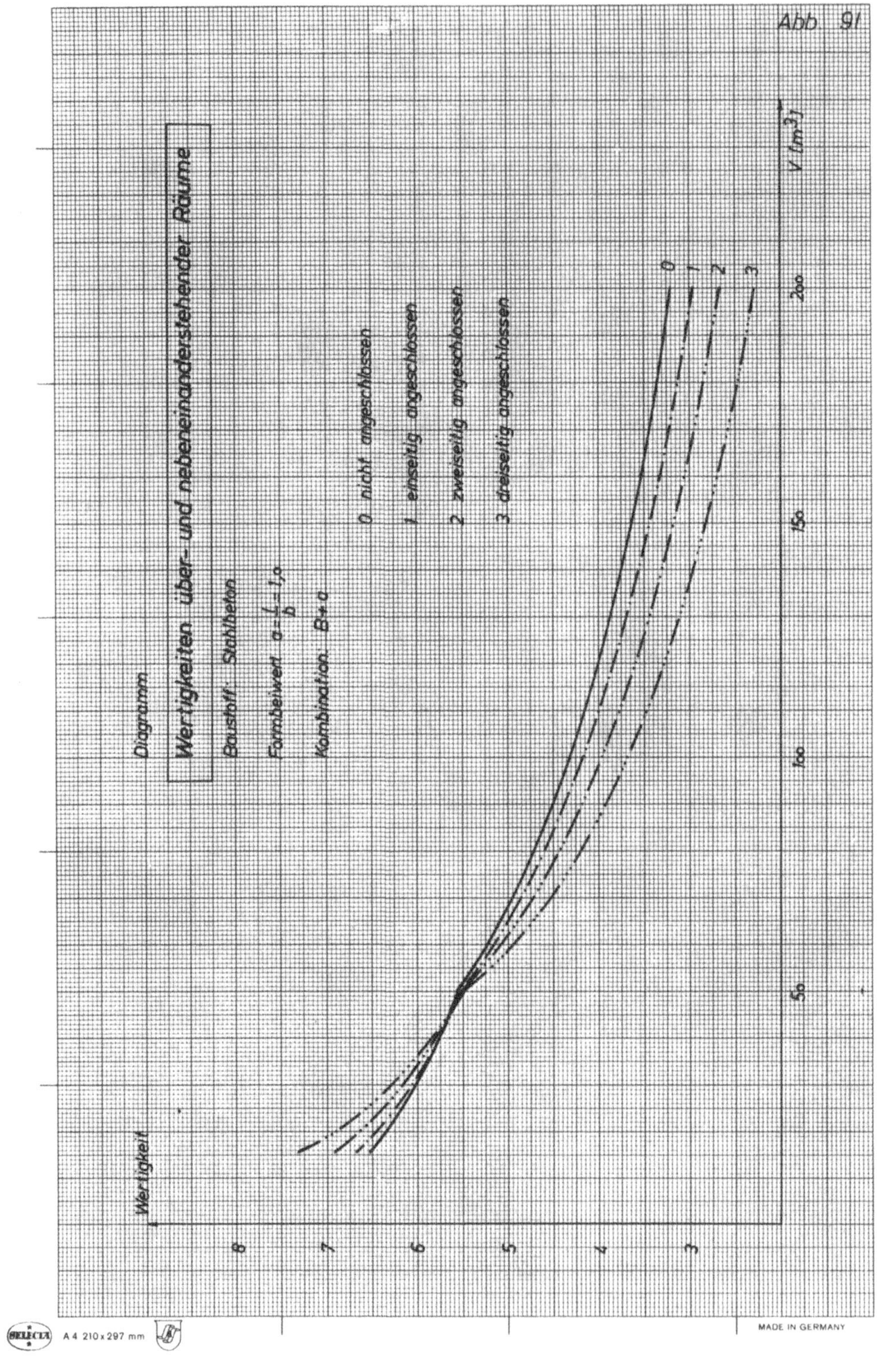
Abb 91
Diagramm
Wertigkeiten über- und nebeneinanderstehender Räume
Baustoff: Stahlbeton
Formbeiwert $a = \frac{L}{b} = 1{,}0$
Kombination: B+a
0 nicht angeschlossen
1 einseitig angeschlossen
2 zweiseitig angeschlossen
3 dreiseitig angeschlossen
Wertigkeit
V [m³]
50
100
150
200
8
7
6
5
4
3
0
1
2
3
A 4 210 x 297 mm
MADE IN GERMANY

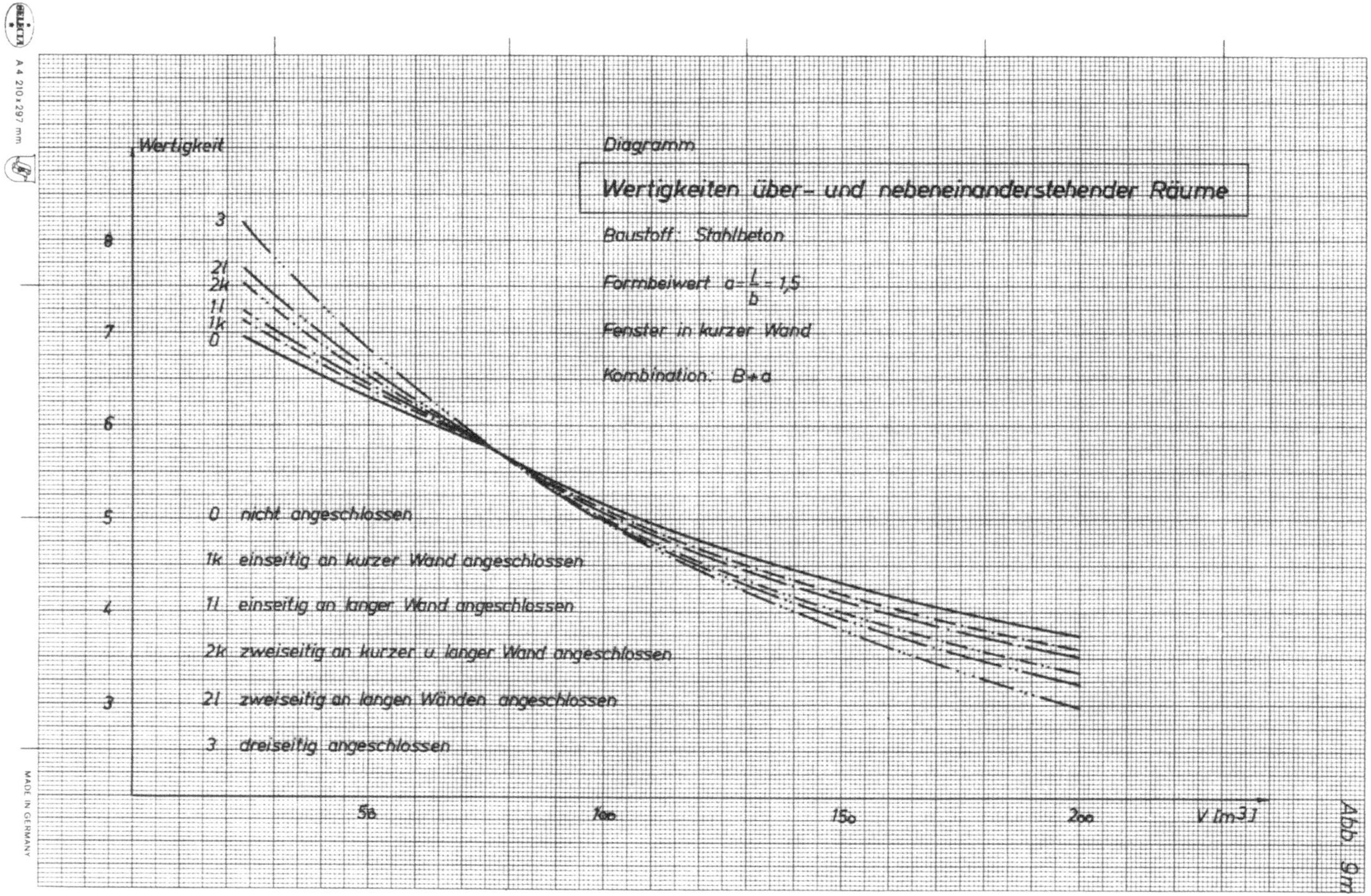
Wertigkeit
8
7
6
5
4
3
3
2l
2k
1l
1k
0
Diagramm
Wertigkeiten über- und nebeneinanderstehender Räume
Baustoff: Stahlbeton
Formbeiwert $a = \frac{L}{b} = 1{,}5$
Fenster in kurzer Wand
Kombination: B+a
0 nicht angeschlossen
1k einseitig an kurzer Wand angeschlossen
1l einseitig an langer Wand angeschlossen
2k zweiseitig an kurzer u. langer Wand angeschlossen
2l zweiseitig an langen Wänden angeschlossen
3 dreiseitig angeschlossen
50
100
150
200
V [m3]
Abb. 9m
A 4 210 x 297 mm
MADE IN GERMANY

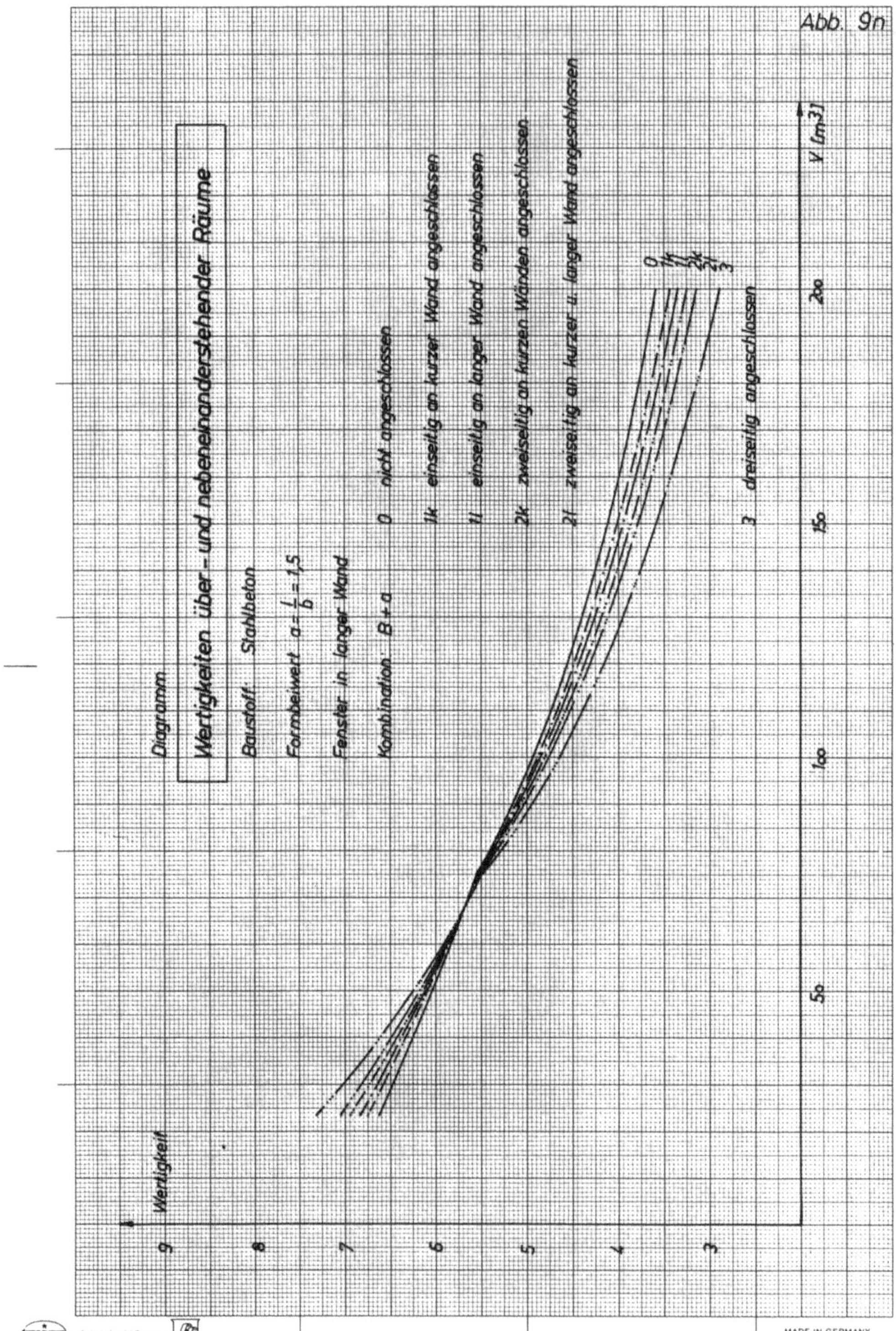
Abb. 9n
Diagramm
Wertigkeiten über- und nebeneinanderstehender Räume
Baustoff: Stahlbeton
Formbeiwert a = l/b = 1,5
Fenster in langer Wand
Kombination B + a
0 nicht angeschlossen
1k einseitig an kurzer Wand angeschlossen
1l einseitig an langer Wand angeschlossen
2k zweiseitig an kurzen Wänden angeschlossen
2l zweiseitig an kurzer u. langer Wand angeschlossen
3 dreiseitig angeschlossen
Wertigkeit
V [m³]
9
8
7
6
5
4
3
50
100
150
200
A 4 210 x 297 mm
MADE IN GERMANY

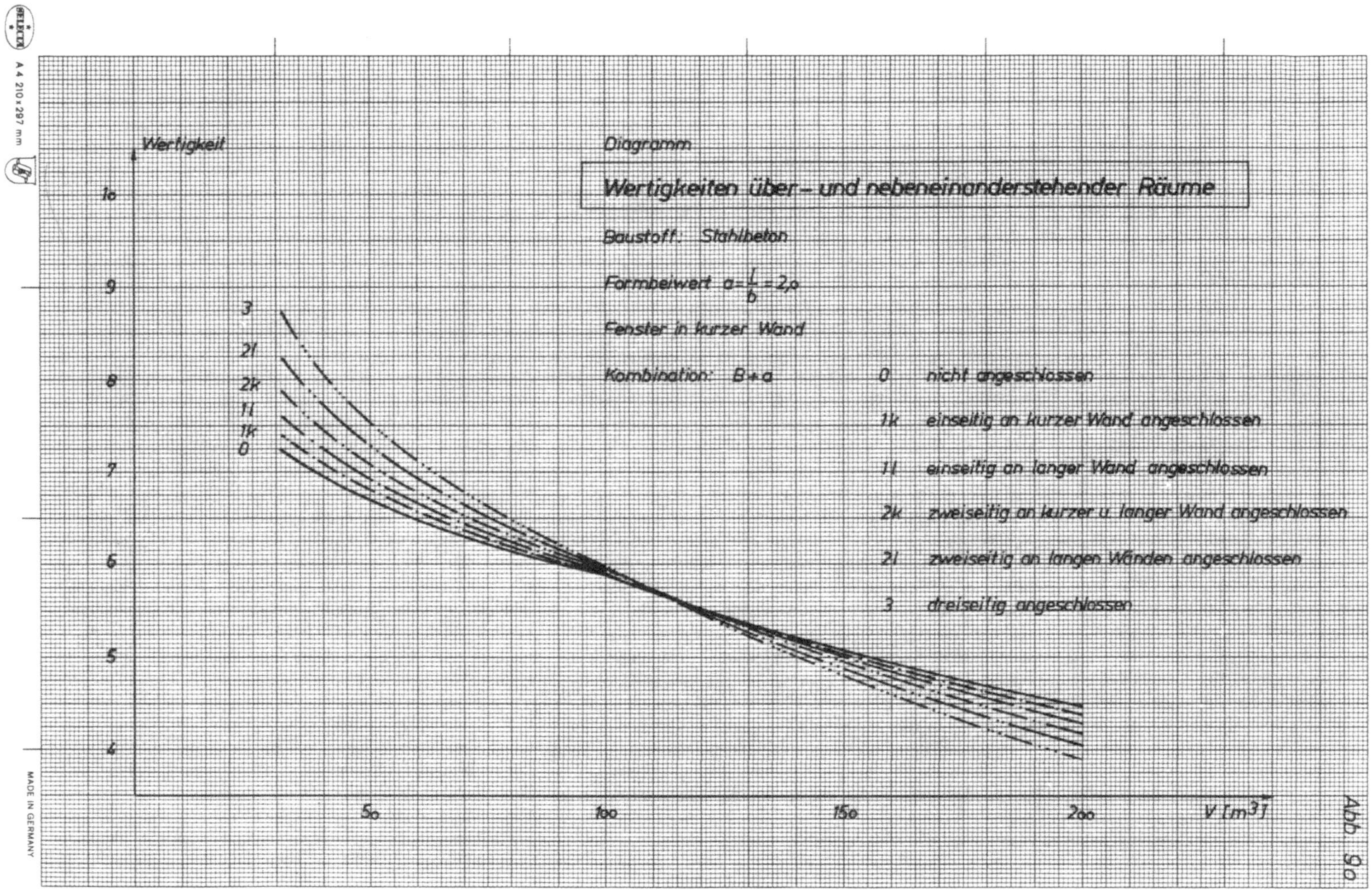
Wertigkeit
10
9
8
7
6
5
4
3
2l
2k
1l
1k
0
Diagramm
Wertigkeiten über- und nebeneinanderstehender Räume
Baustoff: Stahlbeton
Formbeiwert $a=\frac{l}{b}=2{,}0$
Fenster in kurzer Wand
Kombination: B + a
0 nicht angeschlossen
1k einseitig an kurzer Wand angeschlossen
1l einseitig an langer Wand angeschlossen
2k zweiseitig an kurzer u. langer Wand angeschlossen
2l zweiseitig an langen Wänden angeschlossen
3 dreiseitig angeschlossen
50
100
150
200
V [m³]
Abb. 90
A 4 210 x 297 mm
MADE IN GERMANY

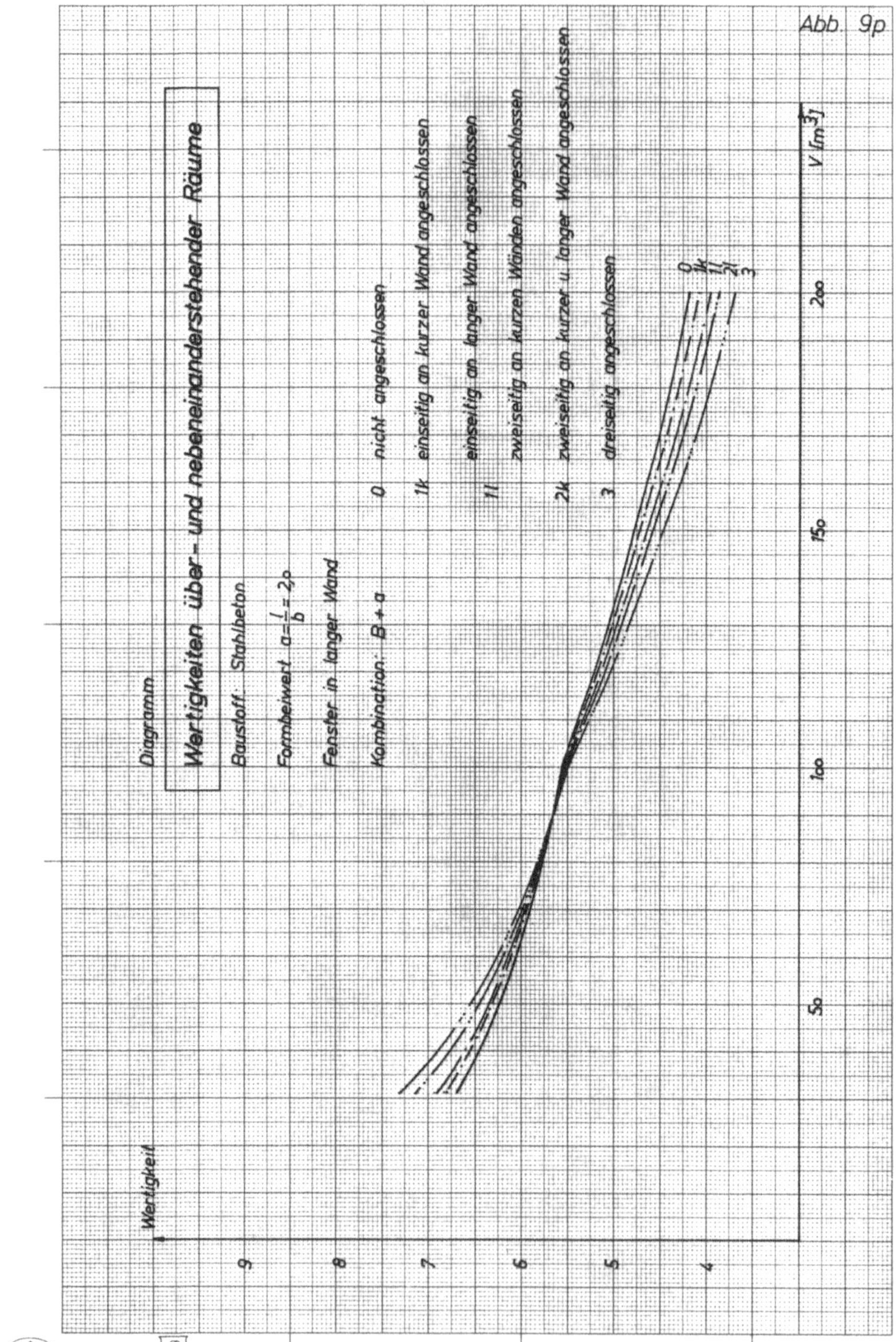
Abb. 9p
Diagramm
Wertigkeiten über- und nebeneinanderstehender Räume
Baustoff: Stahlbeton
Formbeiwert $a=\frac{l}{b}=2{,}0$
Fenster in langer Wand
Kombination: B+a
0 nicht angeschlossen
1k einseitig an kurzer Wand angeschlossen
1l einseitig an langer Wand angeschlossen
2k zweiseitig an kurzen Wänden angeschlossen
2l zweiseitig an kurzer u. langer Wand angeschlossen
3 dreiseitig angeschlossen
Wertigkeit
9
8
7
6
5
4
50
100
150
200
V [m³]
0
1k
1l
2l
3
A 4 210 x 297 mm
MADE IN GERMANY

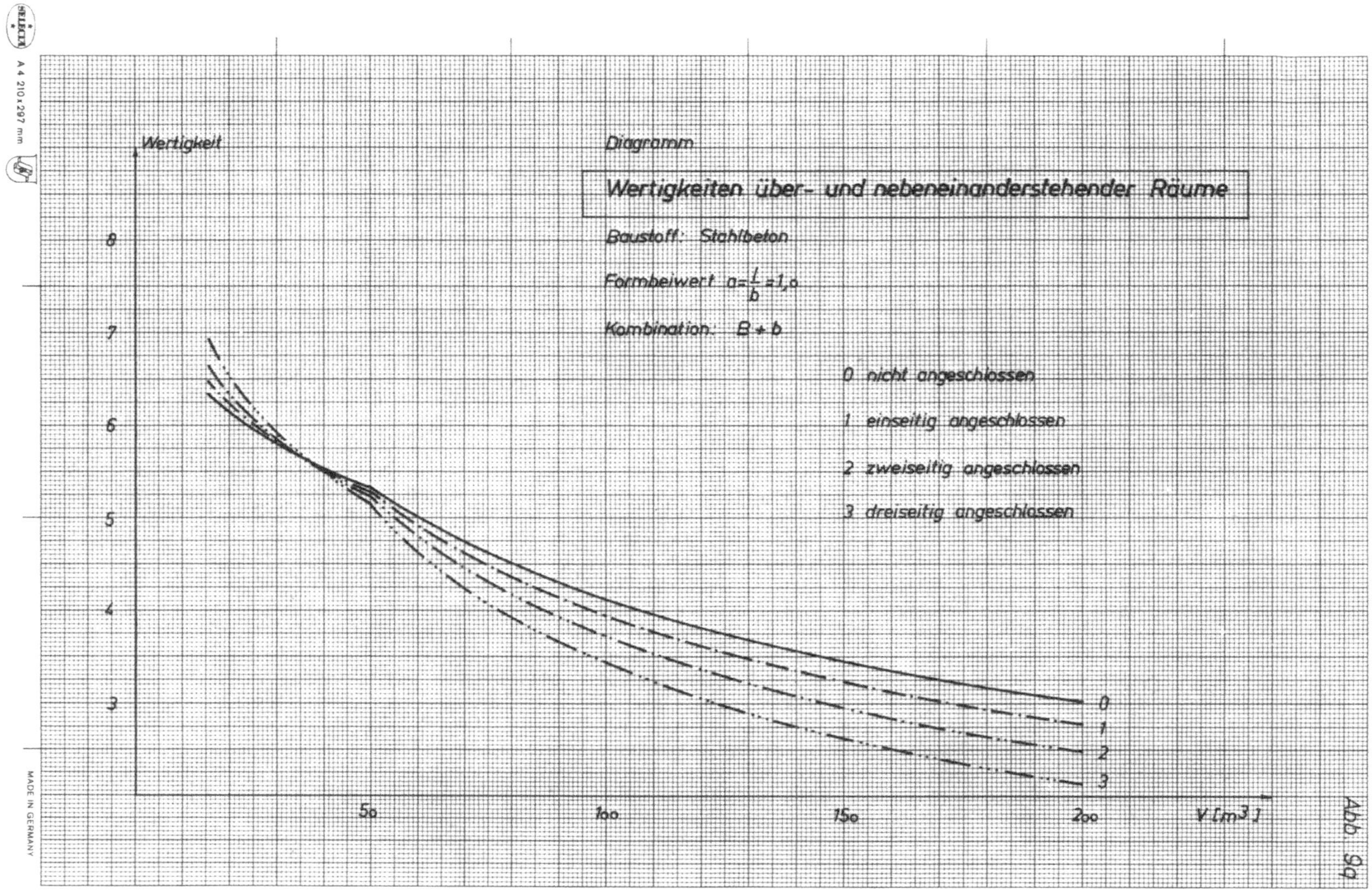
Abb. 9a
Diagramm
Wertigkeiten über- und nebeneinanderstehender Räume
Baustoff: Stahlbeton
Formbeiwert a=l/b=1,0
Kombination: B+b
0 nicht angeschlossen
1 einseitig angeschlossen
2 zweiseitig angeschlossen
3 dreiseitig angeschlossen
Wertigkeit
8
7
6
5
4
3
0
1
2
3
50
100
150
200
V [m³]
SELECTA A 4 210x297 mm
MADE IN GERMANY

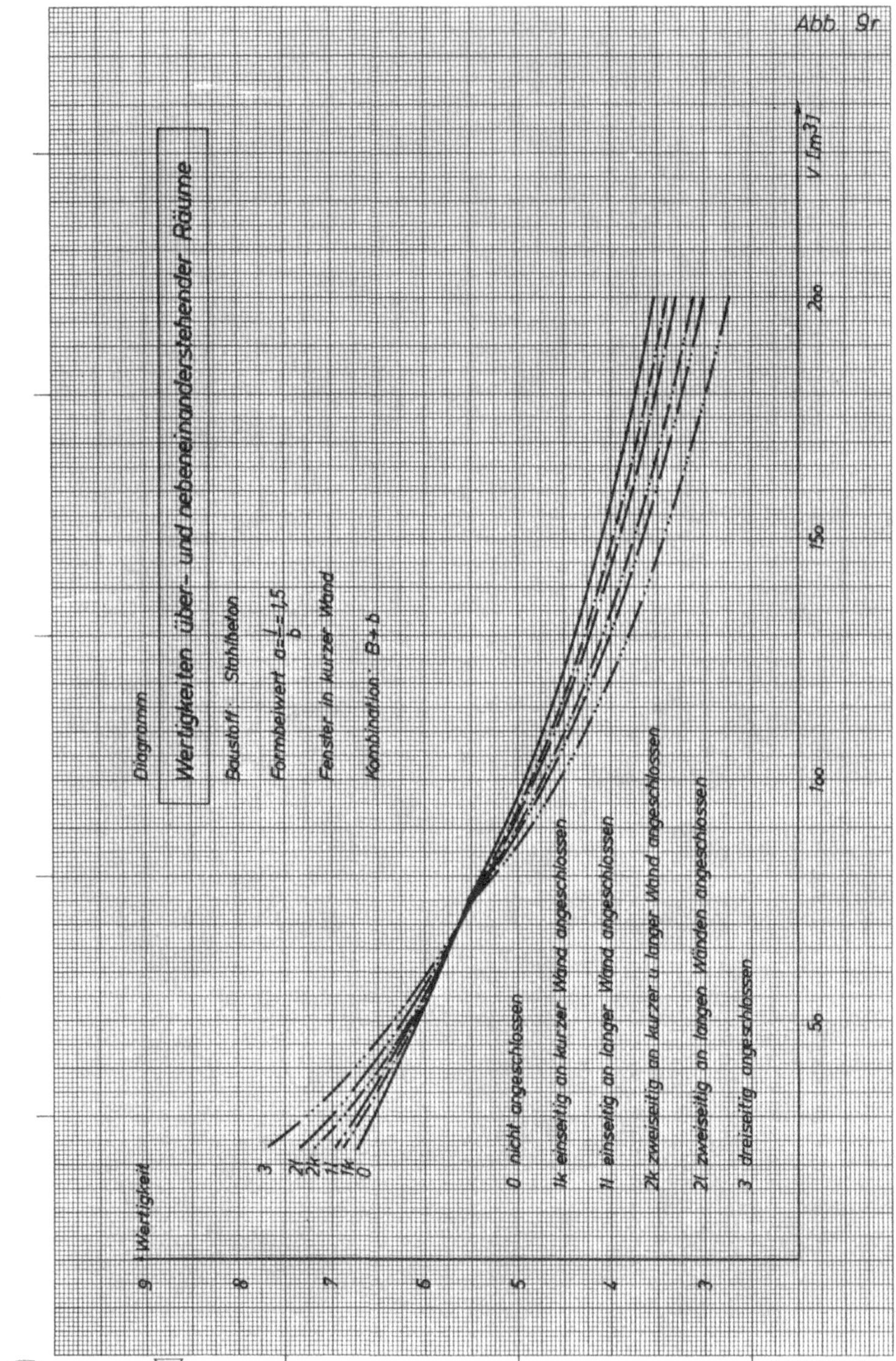
Abb. 9r
Diagramm
Wertigkeiten über- und nebeneinanderstehender Räume
Baustoff: Stahlbeton
Formbeiwert a = l/b = 1,5
Fenster in kurzer Wand
Kombination: B + b
Wertigkeit
9
8
7
6
5
4
3
3
2l
2k
1l
1k
0
0 nicht angeschlossen
1k einseitig an kurzer Wand angeschlossen
1l einseitig an langer Wand angeschlossen
2k zweiseitig an kurzer u. langer Wand angeschlossen
2l zweiseitig an langen Wänden angeschlossen
3 dreiseitig angeschlossen
50
100
150
200
V [m³]
A 4 210 x 297 mm
MADE IN GERMANY

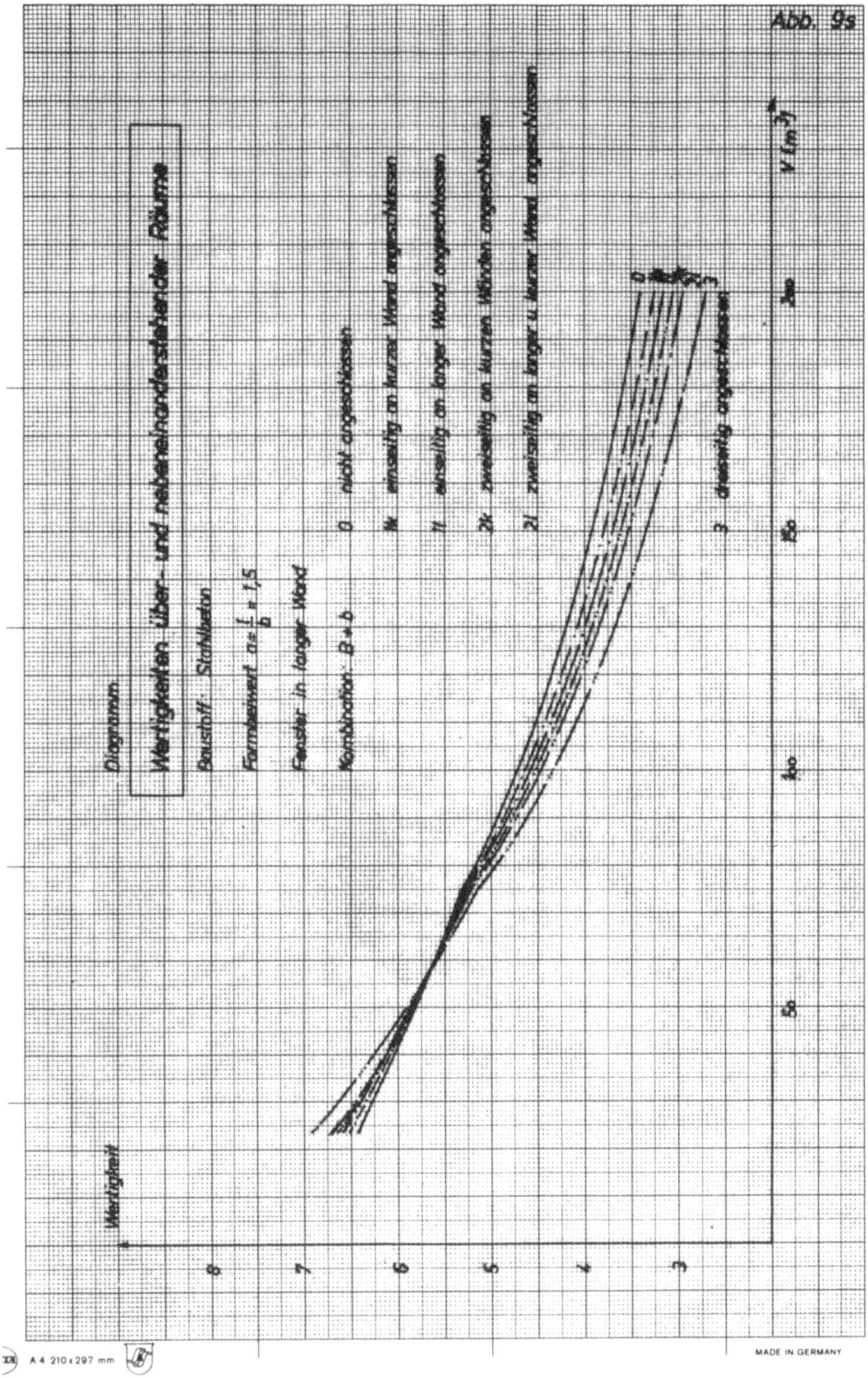
Abb. 9s
Diagramm
Wertigkeiten über- und nebeneinanderstehender Räume
Baustoff: Stahlbeton
Formbeiwert $a = \frac{l}{b} = 1,5$
Fenster in langer Wand
Kombination: B + b
0 nicht angeschlossen
1k einseitig an kurzer Wand angeschlossen
1l einseitig an langer Wand angeschlossen
2k zweiseitig an kurzen Wänden angeschlossen
2l zweiseitig an langer u. kurzer Wand angeschlossen
3 dreiseitig angeschlossen
Wertigkeit
8
7
6
5
4
3
50
100
150
200
V [m³]
A 4 210 x 297 mm
MADE IN GERMANY

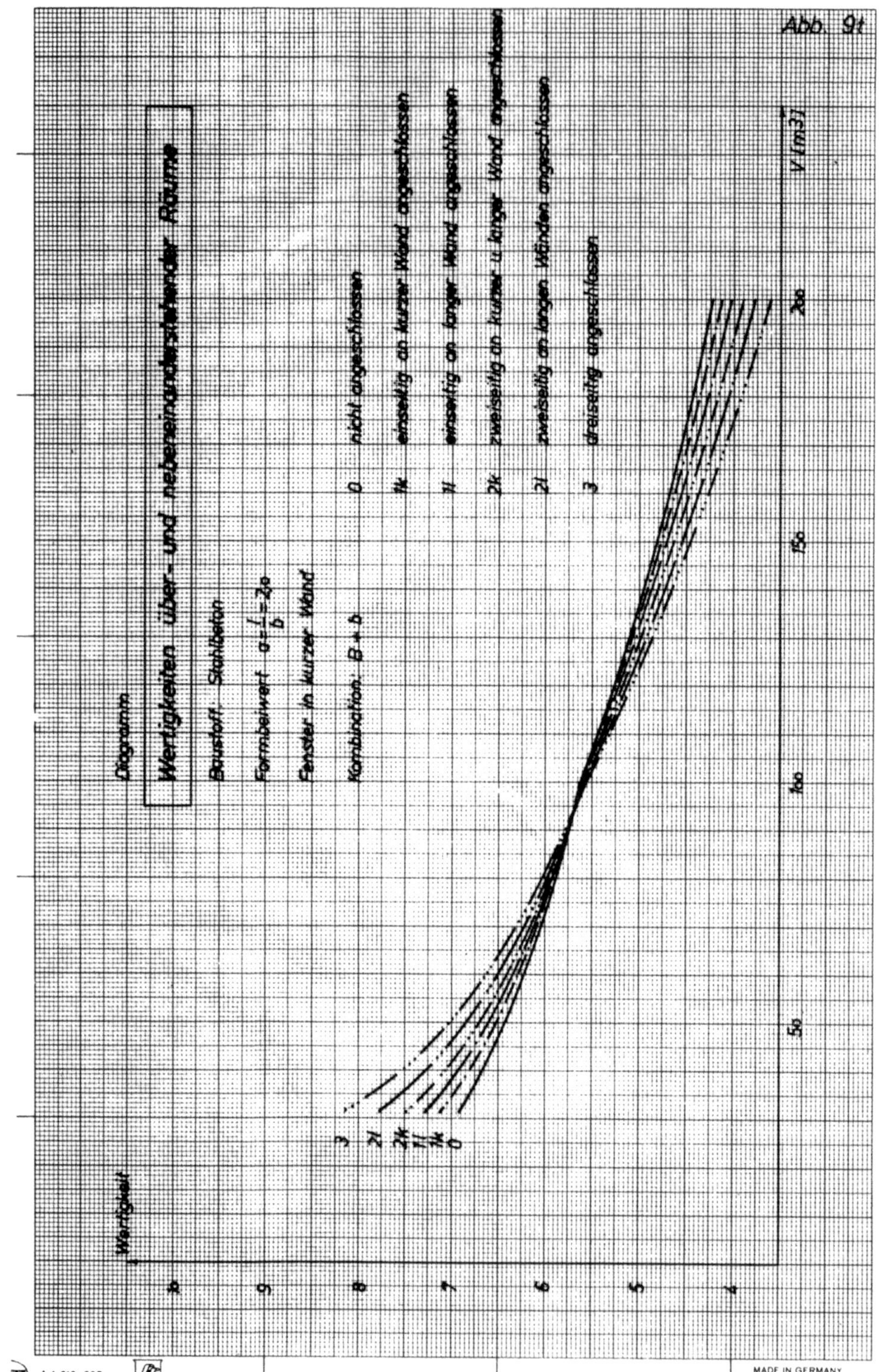
Abb. 9t
Diagramm
Wertigkeiten über- und nebeneinanderstehender Räume
Baustoff: Stahlbeton
Formbeiwert $a = \frac{l}{b} = 2{,}0$
Fenster in kurzer Wand
Kombination: B + b
0 nicht angeschlossen
1k einseitig an kurzer Wand angeschlossen
1l einseitig an langer Wand angeschlossen
2k zweiseitig an kurzer u. langer Wand angeschlossen
2l zweiseitig an langen Wänden angeschlossen
3 dreiseitig angeschlossen
Wertigkeit
10
9
8
7
6
5
4
3
2l
2k
1l
1k
0
50
100
150
200
V [m3]
A 4 210 x 297 mm
MADE IN GERMANY

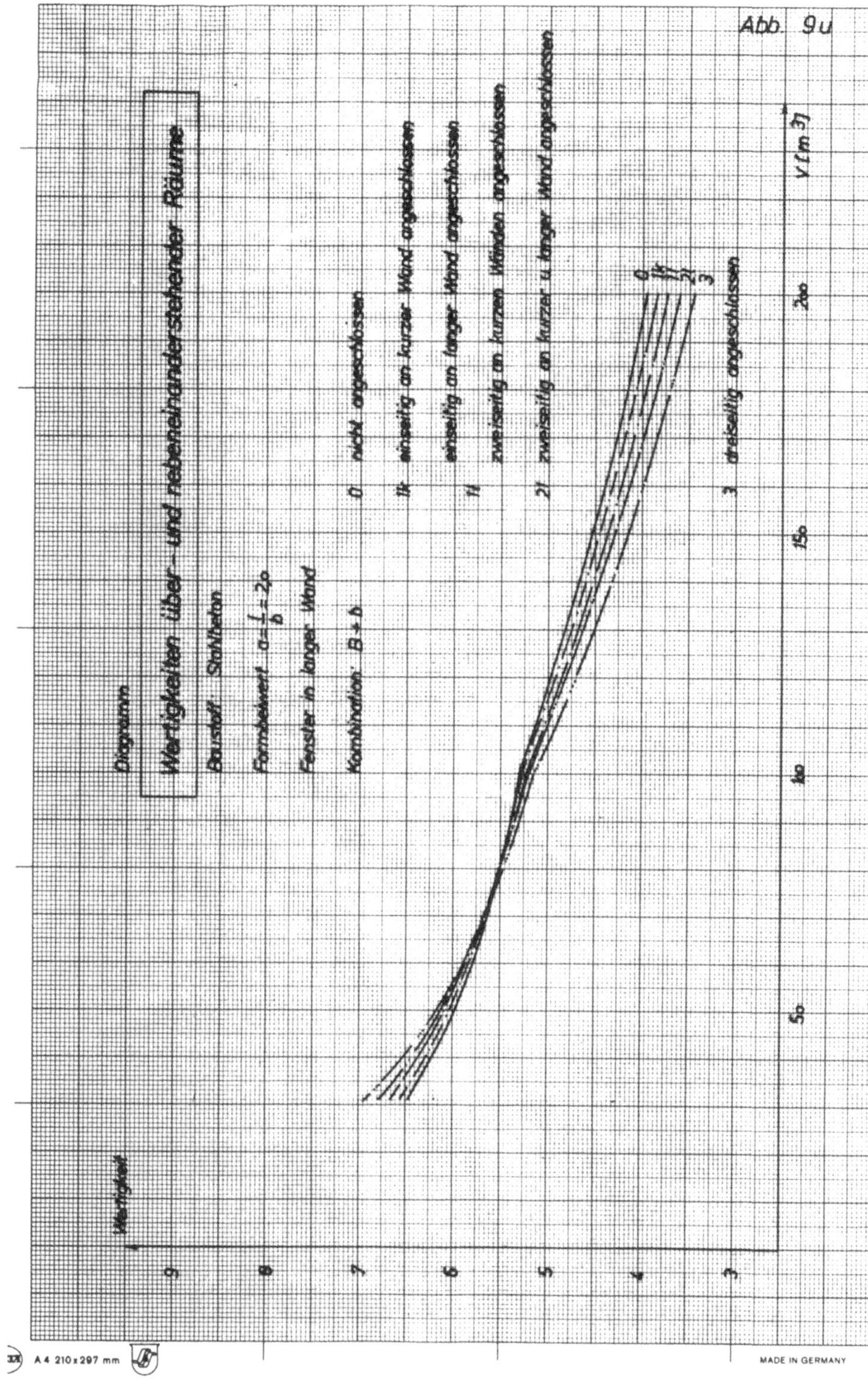
Abb. 9u
Diagramm
Wertigkeiten über- und nebeneinanderstehender Räume
Baustoff: Stahlbeton
Formbeiwert a = l/b = 2,0
Fenster in langer Wand
Kombination: B + b
0 nicht angeschlossen
1k einseitig an kurzer Wand angeschlossen
einseitig an langer Wand angeschlossen
1l
zweiseitig an kurzen Wänden angeschlossen
2l zweiseitig an kurzer u. langer Wand angeschlossen
3 dreiseitig angeschlossen
Wertigkeit
9
8
7
6
5
4
3
50
100
150
200
V [m³]
A 4 210 x 297 mm
MADE IN GERMANY

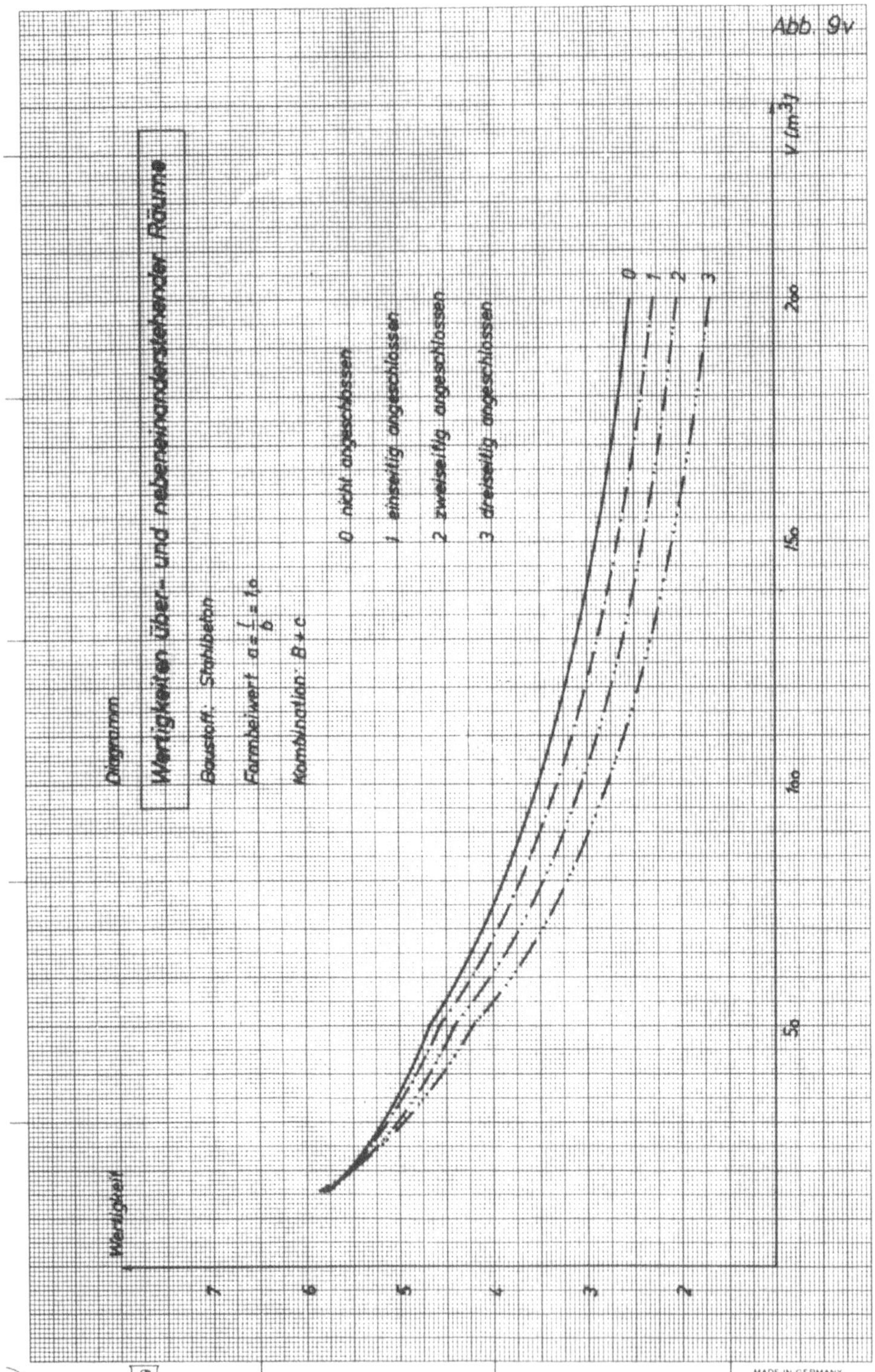

Abb. 9v
Diagramm
Wertigkeiten über- und nebeneinanderstehender Räume
Baustoff: Stahlbeton
Formbeiwert a = l/b = 1,0
Kombination: B + c
0 nicht angeschlossen
1 einseitig angeschlossen
2 zweiseitig angeschlossen
3 dreiseitig angeschlossen
Wertigkeit
V (m³)
2
3
4
5
6
7
50
100
150
200
0
1
2
3
A 4 210 x 297 mm
MADE IN GERMANY

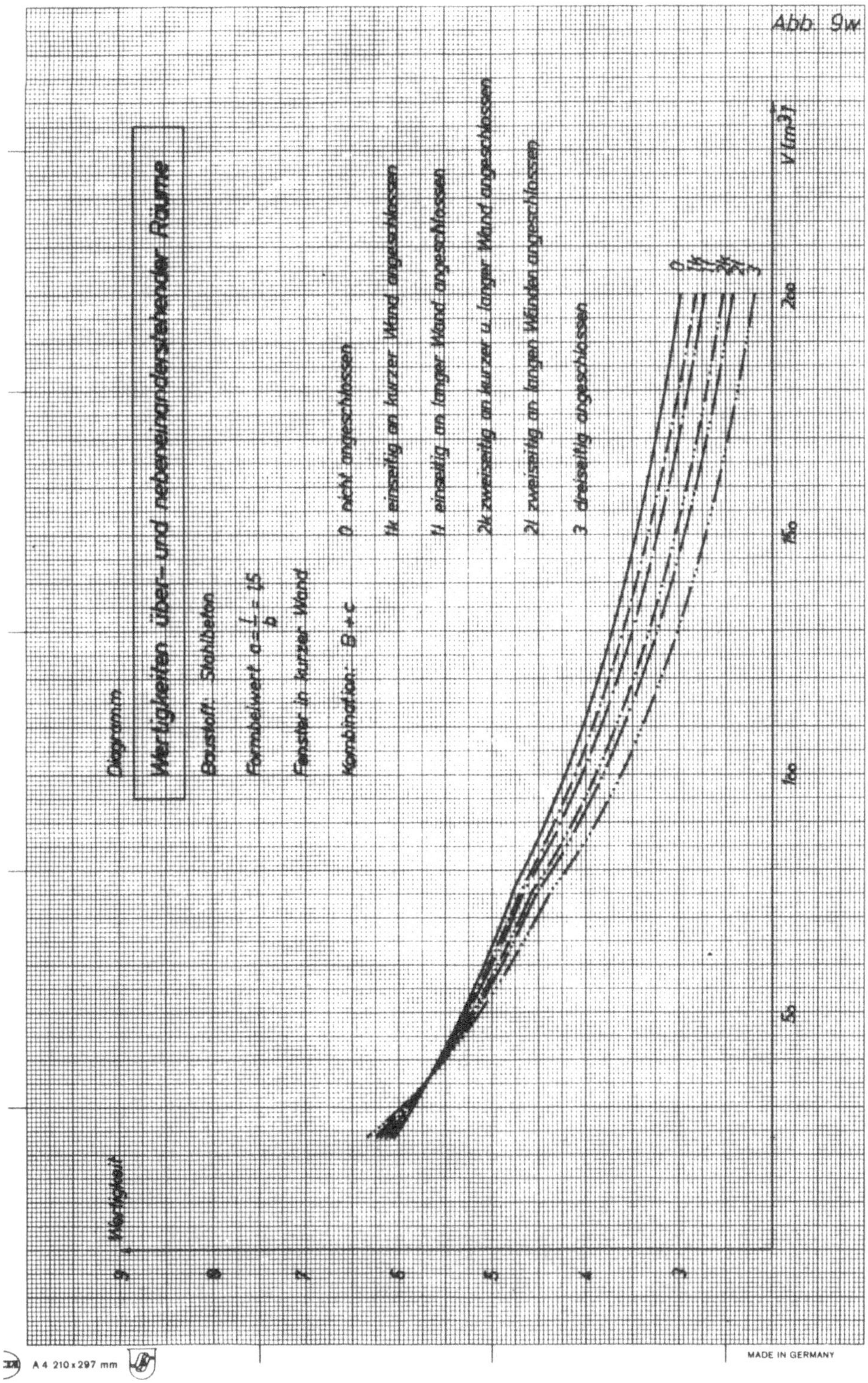
Abb. 9w
Diagramm
Wertigkeiten über- und nebeneinanderstehender Räume
Baustoff: Stahlbeton
Formbeiwert a = l/b = 1,5
Fenster in kurzer Wand
Kombination: B + c
0 nicht angeschlossen
1k einseitig an kurzer Wand angeschlossen
1l einseitig an langer Wand angeschlossen
2k zweiseitig an kurzer u. langer Wand angeschlossen
2l zweiseitig an langen Wänden angeschlossen
3 dreiseitig angeschlossen
Wertigkeit
9
8
7
6
5
4
3
50
100
150
200
V (m³)
0
1k
1l
2k
2l
3
A 4 210 x 297 mm
MADE IN GERMANY

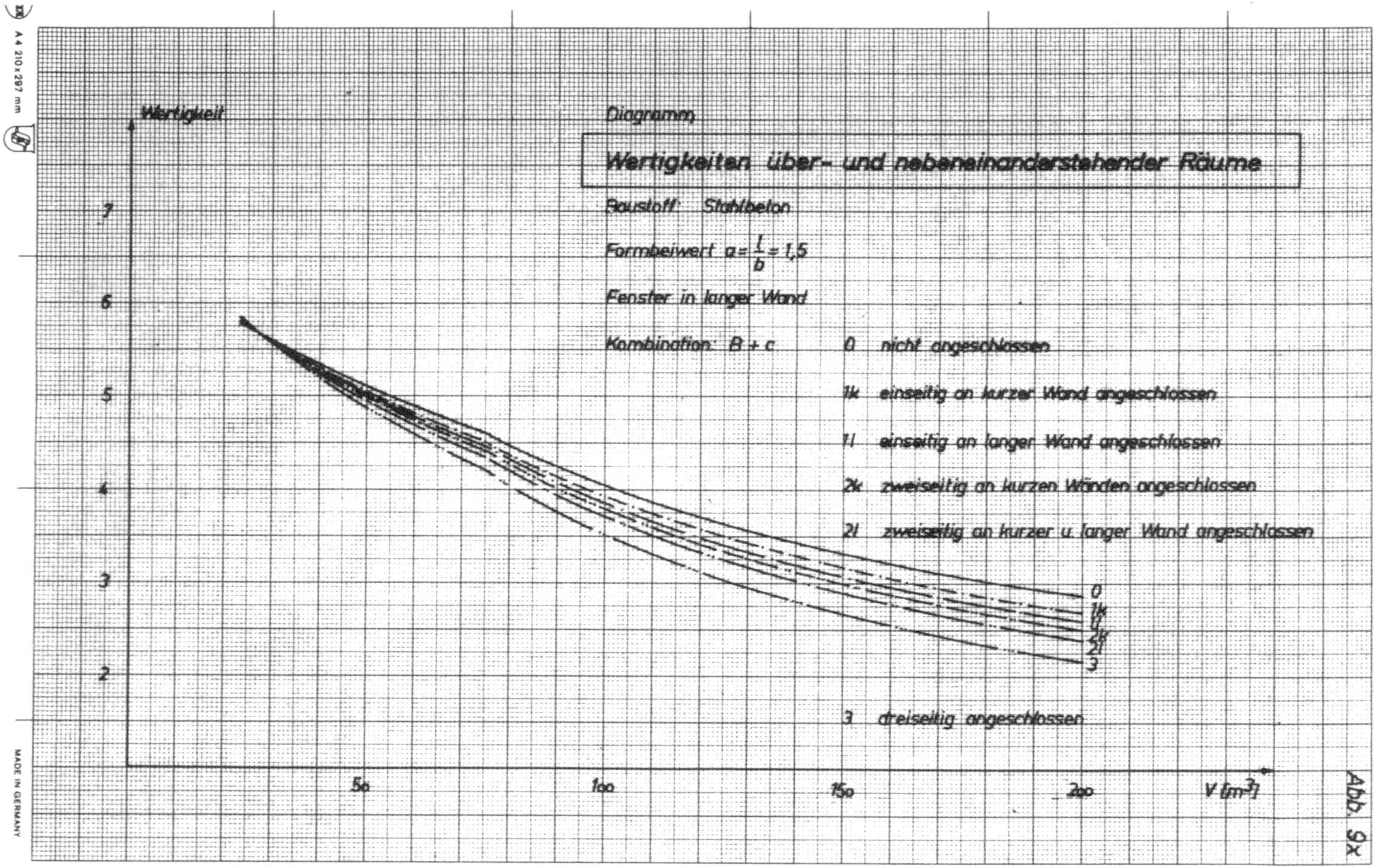
Diagramm
Wertigkeiten über- und nebeneinanderstehender Räume
Baustoff: Stahlbeton
Formbeiwert $a = \frac{l}{b} = 1,5$
Fenster in langer Wand
Kombination: B + c
0 nicht angeschlossen
1k einseitig an kurzer Wand angeschlossen
1l einseitig an langer Wand angeschlossen
2k zweiseitig an kurzen Wänden angeschlossen
2l zweiseitig an kurzer u. langer Wand angeschlossen
3 dreiseitig angeschlossen
Wertigkeit
7
6
5
4
3
2
50
100
150
200
V [m³]
Abb. 9x

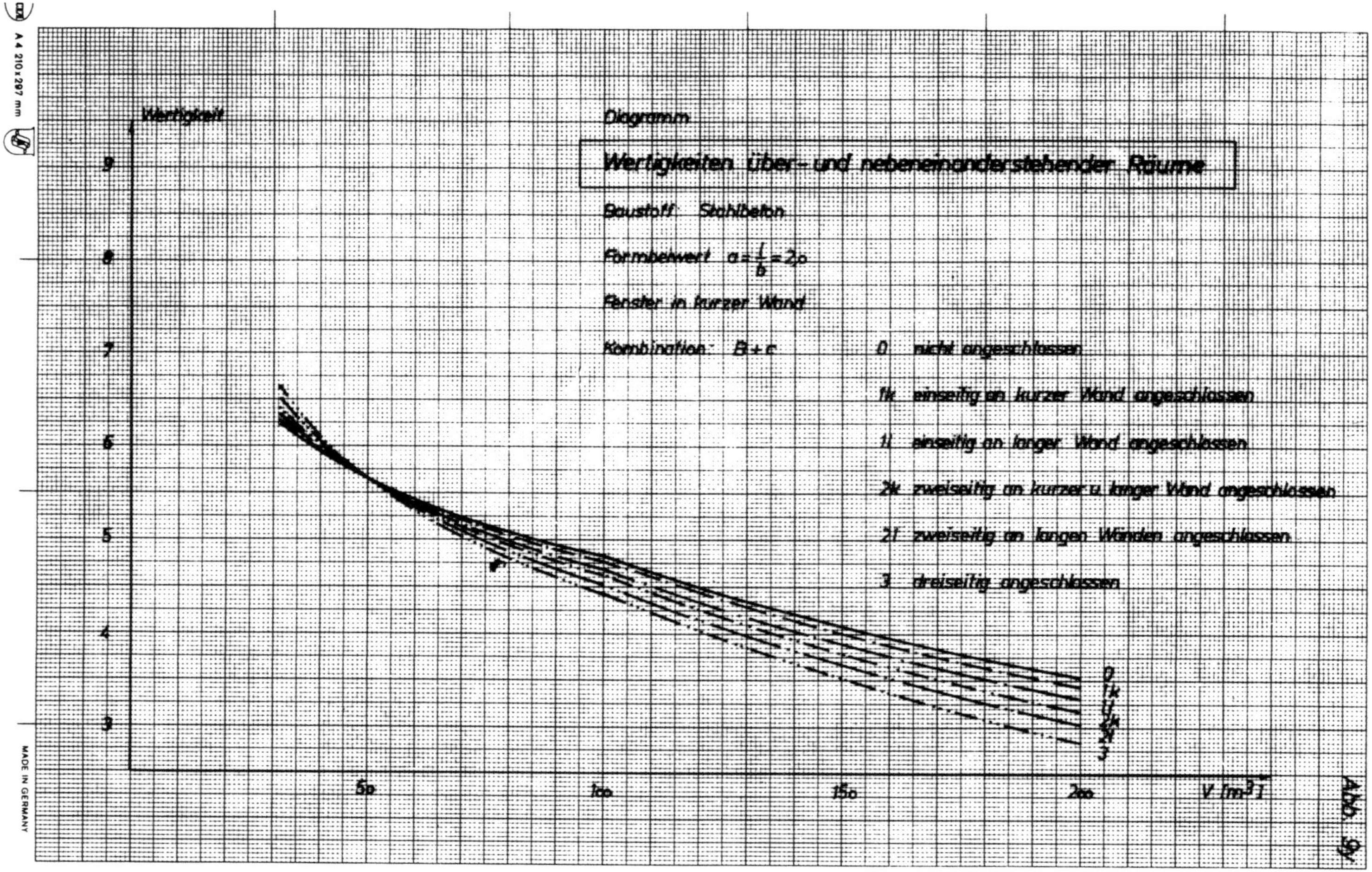
Wertigkeit
Diagramm
Wertigkeiten über- und nebeneinanderstehender Räume
Baustoff: Stahlbeton
Formbeiwert $a = \frac{l}{b} = 2{,}0$
Fenster in kurzer Wand
Kombination: B + c
0 nicht angeschlossen
1k einseitig an kurzer Wand angeschlossen
1l einseitig an langer Wand angeschlossen
2k zweiseitig an kurzer u. langer Wand angeschlossen
2l zweiseitig an langen Wänden angeschlossen
3 dreiseitig angeschlossen
9
8
7
6
5
4
3
50
100
150
200
V [m³]
0
1k
1l
2k
2l
3
Abb. 9y
A 4 210 x 297 mm
MADE IN GERMANY

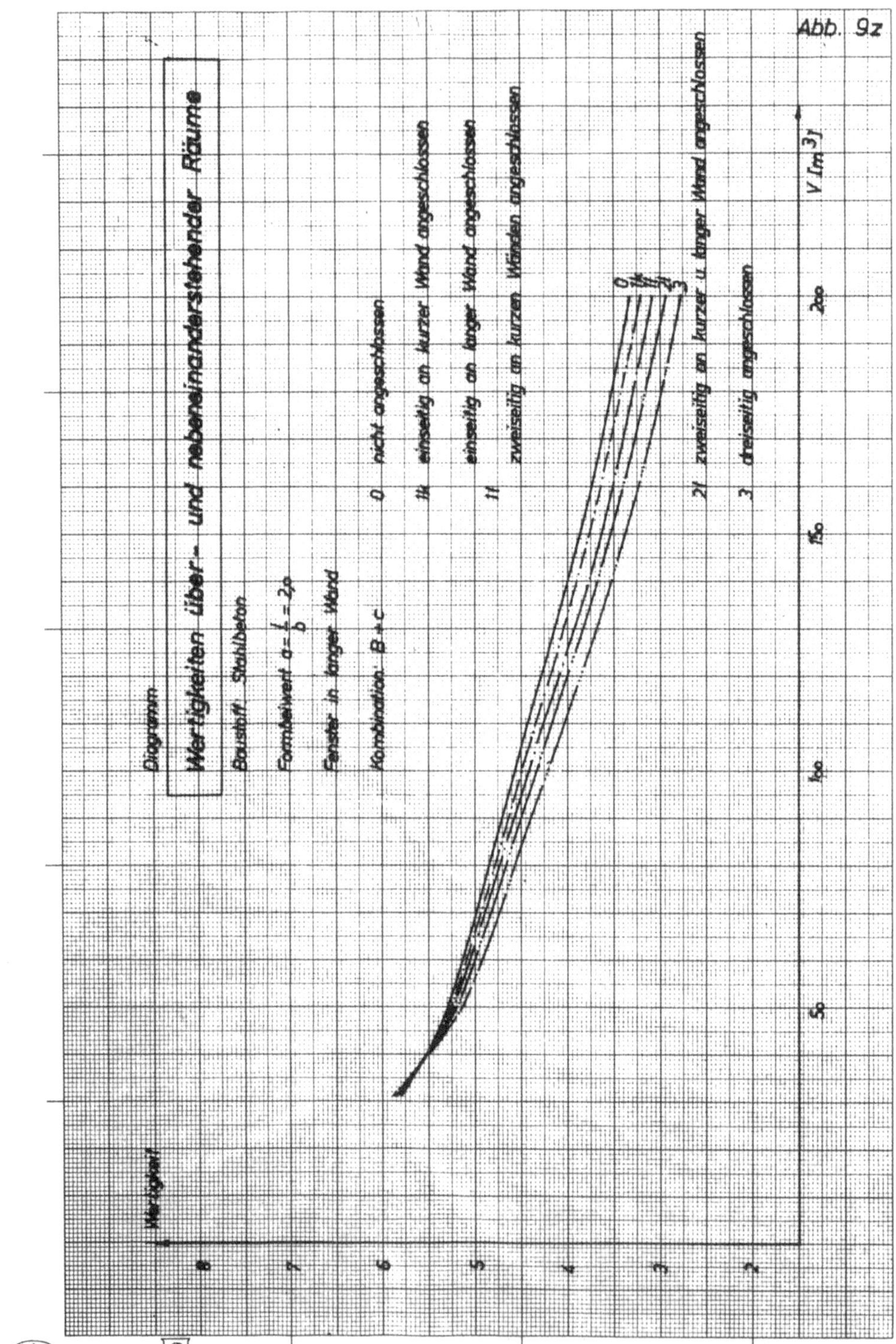
Abb. 9z
Diagramm
Wertigkeiten über- und nebeneinanderstehender Räume
Baustoff: Stahlbeton
Formbeiwert a = l/b = 2,0
Fenster in langer Wand
Kombination: B + c
0 nicht angeschlossen
1k einseitig an kurzer Wand angeschlossen
1l einseitig an langer Wand angeschlossen
2 zweiseitig an kurzen Wänden angeschlossen
2l zweiseitig an kurzer u. langer Wand angeschlossen
3 dreiseitig angeschlossen
Wertigkeit
V [m³]
50
100
150
200
2
3
4
5
6
7
8
A 4 210 x 297 mm
MADE IN GERMANY

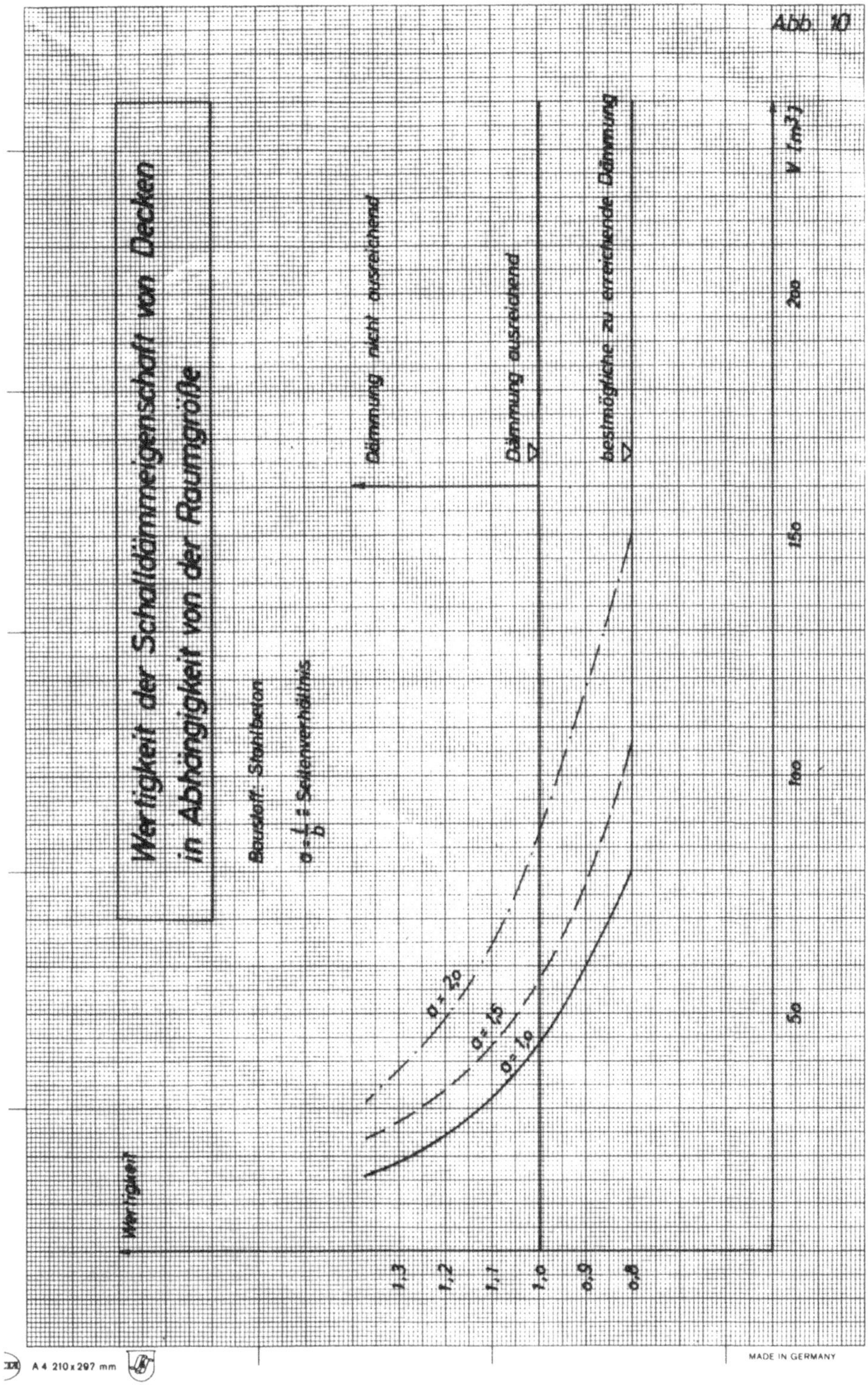
Abb. 10
Wertigkeit der Schalldämmeigenschaft von Decken
in Abhängigkeit von der Raumgröße
Baustoff: Stahlbeton
a = L/b = Seitenverhältnis
Wertigkeit
1,3
1,2
1,1
1,0
0,9
0,8
a = 2,0
a = 1,5
a = 1,0
Dämmung nicht ausreichend
Dämmung ausreichend
bestmögliche zu erreichende Dämmung
50
100
150
200
V [m³]
A 4 210 x 297 mm
MADE IN GERMANY

Zusammenfassung, Schlußfolgerungen und Ausblicke

Feststellungen:

In der Entwicklung des Wohnungsbaues zeigt sich eine häufigere Verwendung der Massivbauweise:

Dieser Sachverhalt ist vorwiegend begründet in

- den geringen Raumabmessungen (maximal ca. 6,50 m), die den geltenden Bestimmungen entsprechen. Für die Überspannung dieser Räume reicht erfahrungsgemäß im Wohnungsbau aufgrund der relativ geringen Verkehrslasten in der Regel die Stahlbetondeckenplatte (ohne Unterzüge) aus, so daß die Lastabtragung der Decken sich nicht auf bestimmte Auflagerungszonen konzentriert;

- der im Falle des Massivbaues infolge des Flächengewichts der Wände gegebenen günstigen Luftschalldämmung;

- der zur Zeit weitgehenden Anwendung der Ziegel- und Formsteinbauweisen.

Die Skelettbauweise bietet gegenüber der Massivbauweise den Vorzug, Nutzungsänderungen dadurch zu ermöglichen, daß innerhalb der Struktur des Tragwerks Raumbegrenzungen verschiebbar bzw. aufhebbar angeordnet werden können; jedoch ist diese Veränderbarkeit insbesondere infolge nutzungsbedingter Erschließungs- und Installationskerne begrenzt. Weitere Nachteile sind darin zu sehen, daß die (in der Massivbauweise in der Regel erfüllten) abschirmenden Aufgaben der Raumbegrenzung bei versetzbaren, somit möglichst leichten Trennwänden bzw. Schrankwandelementen nur ungenügend gelöst werden können; daß ferner der durch die zugunsten der Veränderbarkeit relativ großen Spannweiten bedingte konstruktive Aufwand erheblich ist.

Eine enge Stützenstellung würde hingegen die Freizügigkeit der Nutzung wiederum einengen.

Ein Vergleich sämtlicher nutzungsbedingter Forderungen zeigt, daß die flächenmäßigen Forderungen stärker differieren als die übrigen Forderungen.

Dieser Sachverhalt hat zur Folge, daß die einzelnen Räume in ihrer Nutzung nicht austauschbar sind. Aufgrund der geltenden Bestimmungen sind derartige Lösungen nicht möglich, da die obere Wohnflächenbegrenzung gemäß § 39 des II. Wohnungsbaugesetzes - abgesehen von begründeten Ausnahmen - lediglich Mindestflächen für die einzelnen Nutzungsbereiche entsprechend DIN 18011 und DIN 18022 zuläßt.

Folgerungen:

Für die beispielhaft gewählte Bauaufgabe sind die Vorzüge der Massivbauweise offensichtlich. Neben den tragenden werden gleichzeitig abschirmende Aufgaben (Schall, Wärme) erfüllt; der Baustoff wird in mehrfacher Hinsicht genutzt.

Untersuchungsergebnisse, denen zufolge die Großzahl der Nutzer eine vollständige und jederzeit mögliche Veränderbarkeit der Raumnutzungen wünscht, wurden nicht vorgefunden; derartige Bedürfnisse sind erfahrungsgemäß begrenzt.

Hingegen entsprechen die im Verlaufe der unterschiedlichen Nutzungsphasen einer Wohnung auftretenden Änderungswünsche in der Regel dem Wachstum der Familie, d.h. es besteht häufig ein zusätzlicher Bedarf an Kinderzimmern. Um den anfänglichen Aufwand an Wohnfläche gering zu halten, sollte aus diesem Grunde eine Mischung von Wohnungen mit einer unterschiedlichen Anzahl von Kinderzimmern angestrebt werden, welche sich jeweils an den Nahtstellen dieser Wohnungen befinden. Auf diese Weise besteht in langfristiger Hinsicht die Möglichkeit, diese Zimmer der anderen Wohnung zuzuordnen und somit - gesamtheitlich betrachtet - Umzugszwänge zu mildern.

Darüber hinaus erweitert eine Vergrößerung der einzelnen Raum-Nutzflächen in einem gewissen Ausmaß den Nutzungsspielraum der Räume und bietet zugleich die Möglichkeit, ursprünglich unterschiedliche Raumgrößen bzw. -abmessungen einander anzugleichen, - ein Sachverhalt, der neben den nutzungsbedingten Vorteilen sich in organisatorisch-technischer und wirtschaftlicher Hinsicht positiv auswirken kann (z.B. Elementbauweisen auf der Grundlage von Planungsrastern).

Aus den genannten Gründen sollte eine die gesamte Wohnfläche einer Wohnung einbeziehende Veränderbarkeit der Raumtrennungen nicht angestrebt werden; hinzu kommen die dargestellten Nachteile (hoher konstruktiver Aufwand, mangelhafte Luftschalldämmung, gegebenenfalls unbrauchbare Restflächen aufgrund der begrenzten Gesamtwohnfläche u.a.m.).

Wurde somit die Massivbauweise der Untersuchung aufgrund ihrer besonderen Vorteile zugrunde gelegt, so ist als sekundäre Maßnahme überall dort der Einsatz versetzbarer Trennwandsysteme sinnvoll, wo an die Raumtrennung keine besonderen Anforderungen hinsichtlich der Luftschalldämmung gestellt werden und keine extremen Spannweiten auftreten (z.B. Zweibettkinderzimmer = 2 Einbettkinderzimmer).

In Hinblick auf eine erwünschte Erweiterung der Nutzungsmöglichkeiten der einzelnen Räume bedürfen die geltenden Bestimmungen des öffentlich geförderten Wohnungsbaues einer Überprüfung und Verbesserung; die bisherige Entwicklung hat weitgehend "monofunktionale" Räume realisiert:

Nicht nur zugunsten einer höheren Wohnungsqualität, sondern auch zugunsten der wirtschaftlichen und technischen Vorteile ist eine Erweiterung der Nutzungsmöglichkeiten der Räume und Wohnungen vorteilhaft.

Aus den Untersuchungen läßt sich folgern, daß eine Vergrößerung der Grundflächen zugunsten erweiterter Nutzungsmöglichkeiten relativ geringere Aufwandssteigerungen hinsichtlich des Materials verursacht. Auch dieser Sachverhalt sollte für die Entwicklung der Förderungsbestimmungen als wesentliches Kriterium erachtet werden, insofern als Überschreitungen der Mindestflächen sich nicht in einem zu diesen Überschreitungen proportionalen Mehraufwand an Material ausdrücken.

Entsprechende Erkenntnisse können für andere Bauaufgaben in der gleichen Vorgehensweise abgeleitet werden.

Forschungsberichte des Landes Nordrhein-Westfalen

Herausgegeben im Auftrage des Ministerpräsidenten Heinz Kühn
vom Minister für Wissenschaft und Forschung Johannes Rau

Sachgruppenverzeichnis

Acetylen · Schweißtechnik
Acetylene · Welding gracitice
Acétylène · Technique du soudage
Acetileno · Técnica de la soldadura
Ацетилен и техника сварки

Arbeitswissenschaft
Labor science
Science du travail
Trabajo científico
Вопросы трудового процесса

Bau · Steine · Erden
Constructure · Construction material · Soilresearch
Construction · Matériaux de construction · Recherche souterraine
La construcción · Materiales de construcción · Reconocimiento del suelo
Строительство и строительные материалы

Bergbau
Mining
Exploitation des mines
Minería
Горное дело

Biologie
Biology
Biologie
Biología
Биология

Chemie
Chemistry
Chimie
Química
Химия

Druck · Farbe · Papier · Photographie
Printing · Color · Paper · Photography
Imprimerie · Couleur · Papier · Photographie
Artes gráficas · Color · Papel · Fotografía
Типография · Краски · Бумага · Фотография

Eisenverarbeitende Industrie
Metal working industry
Industrie du fer
Industria del hierro
Металлообработывающая промышленность

Elektrotechnik · Optik
Electrotechnology · Optics
Electrotechnique · Optique
Electrotécnica · Optica
Электротехника и оптика

Energiewirtschaft
Power economy
Energie
Energía
Энергетическое хозяйство

Fahrzeugbau · Gasmotoren
Vehicle construction · Engines
Construction de véhicules · Moteurs
Construcción de vehículos · Motores
Производство транспортных средств

Fertigung
Fabrication
Fabrication
Fabricación
Производство

Funktechnik · Astronomie
Radio engineering · Astronomy
Radiotechnique · Astronomie
Radiotécnica · Astronomía
Радиотехника и астрономия

GPSR Compliance

The European Union's (EU) General Product Safety Regulation (GPSR) is a set of rules that requires consumer products to be safe and our obligations to ensure this.

If you have any concerns about our products, you can contact us on ProductSafety@springernature.com

In case Publisher is established outside the EU, the EU authorized representative is:

Springer Nature Customer Service Center GmbH
Europaplatz 3
69115 Heidelberg, Germany

Batch number: 10584556

Printed by Printforce, the Netherlands